Klaus Schricker

Charakterisierung der Fügezone von laserbasiert gefügten Hybridverbunden aus teilkristallinen thermoplastischen Kunststoffen und Metallen

Fertigungstechnik – aus den Grundlagen für die Anwendung

Schriften aus der Ilmenauer Fertigungstechnik

Herausgegeben von
Univ.-Prof. Dr.-Ing. habil. Jean Pierre Bergmann
(Technische Universität Ilmenau).

Band 8

Charakterisierung der Fügezone von laserbasiert gefügten Hybridverbunden aus teilkristallinen thermoplastischen Kunststoffen und Metallen

Klaus Schricker

Universitätsverlag Ilmenau
2018

Impressum

Bibliografische Information der Deutschen Nationalbibliothek

Die Deutsche Nationalbibliothek verzeichnet diese Publikation in der Deutschen Nationalbibliografie; detaillierte bibliografische Angaben sind im Internet über http://dnb.d-nb.de abrufbar.

Diese Arbeit hat der Fakultät für Maschinenbau der Technischen Universität Ilmenau als Dissertation vorgelegen.

Tag der Einreichung:	17. Mai 2018
1. Gutachter:	Univ.-Prof. Dr.-Ing. habil. Jean Pierre Bergmann (Technische Universität Ilmenau)
2. Gutachter:	Prof. Dr.-Ing. Volker Schöppner (Universität Paderborn)
3. Gutachter:	Prof. Dr.-Ing. Sergio Amancio (Technische Universität Graz)
Tag der Verteidigung:	18. Dezember 2018

Technische Universität Ilmenau/Universitätsbibliothek
Universitätsverlag Ilmenau
Postfach 10 05 65
98684 Ilmenau
http://www.tu-ilmenau.de/universitaetsverlag

ISSN 2199-8159
ISBN 978-3-86360-202-4 (Druckausgabe)
URN urn:nbn:de:gbv:ilm1-2018000694

Danksagung

Die vorliegende Arbeit entstand während meiner Tätigkeit als wissenschaftlicher Mitarbeiter am Fachgebiet Fertigungstechnik der Technischen Universität Ilmenau. Mein besonderer Dank gilt daher dem Fachgebietsleiter Herrn Professor Dr.-Ing. habil. Jean Pierre Bergmann für die Betreuung der Arbeit, die fortwährende Unterstützung, die anregenden Diskussionen und den großen Freiraum in der Themenfindung und -bearbeitung.

Weiter möchte ich mich besonders bei Herrn Professor Dr.-Ing. habil. Volker Schöppner sowie Herrn Professor Dr.-Ing. Sergio Amancio für die Übernahme der Gutachten, den regen Austausch in den vergangenen Jahren sowie die wertvollen Anregungen bedanken.

Innerhalb des Fachgebietes Fertigungstechnik gilt mein Dank allen Kollegen und studentischen Mitarbeitern für die langjährige freundschaftliche Zusammenarbeit. Insbesondere möchte ich Herrn Dr.-Ing. Karsten Günther, Herrn M. Eng. Martin Bielenin, Herrn Dr.-Ing. Jörg Hildebrand, Herrn Dipl.-Ing. Michael Bastick, Frau Dipl.-Ing. Franziska Petzoldt und Herrn B. Sc. Sascha Diller hervorheben.

Darüber hinaus gilt mein Dank den Mitarbeitern des Fachgebietes Kunststofftechnik, insbesondere Herrn Professor Dr.-Ing. Michael Koch (†), Frau Heike Weigel und Herrn Michel Schlosser, sowie des Fachgebietes Werkstoffe der Elektrotechnik, insbesondere Frau Elvira Remdt, Herrn Dipl.-Ing. Marcus Hopfeld und Herrn apl. Professor Dr.-Ing. habil. Lothar Spieß.

Besonders möchte ich mich bei Herrn Dipl.-Ing. Hans Gebauer für die Freigabe des Demonstratorbauteils zur Verwendung in dieser Arbeit bedanken.

Mein Dank gilt weiter dem Thüringer Ministerium für Wirtschaft, Arbeit und Technologie (TMWAT) sowie dem Europäischen Sozialfond (ESF) für die Förderung des Teilprojektes „Thermisches Fügen von hybriden Materialkombinationen“ innerhalb der Forschergruppe „Kunststoffbasierte Leichtbauverbunde für Fahrzeuge“ (2011FGR0109), in dessen Rahmen der Grundstein dieser Arbeit gelegt wurde.

Abschließend sei meinen Eltern, Evelin und Hans Schricker, meiner Familie und meinen Freunden gedankt, die mich bei der Anfertigung der Arbeit stets unterstützt und mir diesen Weg ermöglicht haben.

Zusammenfassung

Das thermische Fügen ermöglicht die direkte Herstellung von Kunststoff-Metall-Verbunden ohne Verwendung von Zusatzstoffen oder Fügehilfselementen. Im Rahmen der Arbeit wurde die Fügezone zwischen teilkristallinen Kunststoffen und Metallen im laserbasierten Fügen beschrieben und der Einfluss auf die mechanischen Verbundeigenschaften ermittelt. Zur Abbildung eines breiten Anwendungsspektrums wurden die Untersuchungen anhand von Aluminium (EN AW 6082) und Stahl (X5CrNi18-10) sowie für PA 6, PA 6.6 und PP durchgeführt.

Die Charakterisierung der Fügezone erfolgte an Punktverbindungen sowie unter Einsatz eines Halbschnittversuchsstandes. Auf Basis von experimentellen Untersuchungen sowie der thermischen Simulation konnte die Fügezone anhand charakteristischer Isothermen verallgemeinert werden. Darauf aufbauend wurden wesentliche Vorgänge innerhalb der Fügezone (Schmelzen/Erstarren, Blasenbildung, Strömung) erfasst und mit dem Temperaturfeld bzw. werkstoffspezifischen Eigenschaften verknüpft. Die Schmelzzone innerhalb des Kunststoffes ist dabei maßgeblich für die Verbundherstellung zwischen beiden Werkstoffen und weist gegenüber dem Grundwerkstoff eine veränderte Morphologie sowie modifizierte Materialeigenschaften auf. Die Größe der Schmelzzone zeigt eine hohe Sensitivität gegenüber der Materialstärke des metallischen Fügepartners, der Laserstrahlleistung sowie dem Schmelzintervall des Kunststoffes. Im Hinblick auf die Verbundentstehung wurde die Bedeutung der Temperaturverteilung gegenüber der Fügezeit zur Füllung der Oberflächenstrukturen sowie eine unterstützende Wirkung der Volumenzunahme im Phasenübergang festflüssig nachgewiesen.

Die gewonnen Erkenntnissen wurden auf Überlappverbindungen übertragen und die Fügezone in Abhängigkeit der Streckenenergie charakterisiert. Darauf aufbauend erfolgte die Untersuchung der mechanischen Eigenschaften eines Verbundes aus PA 6 mit EN AW 6082 hinsichtlich des kohäsiven Versagensverhaltens. Steigende Streckenenergien führten zu einer verringerten Duktilität des Verbundes in der mechanischen Kurzzeitprüfung sowie zu einer nachteiligen Beeinflussung des Ermüdungsverhaltens. Als maßgeblicher Effekt wurde die Sekundärkristallisation des Kunststoffes identifiziert, die auf eine Wärmebehandlung der Schmelzzone im Fügeprozess zurückgeführt und anhand von Auslagerungsversuchen an Vergleichsproben verifiziert werden konnte.

Abstract

Thermal joining of polymers to metals enables a direct connection between both materials without the use of a filler material or joining element. In this work, the joining zone in laser-based joining between semi-crystalline plastics and metals was examined and evaluated regarding mechanical properties of the joint. In order to address a large number of industrial applications, aluminum (EN AW 6082) as well as steel (X5CrNi18-10) were used as metal joining partner and PA 6, PA 6.6 and PP were applied on the side of the plastic materials.

At the beginning, the investigations on the joining zone were carried out on spot joints and a half-section setup. The characterization was based on experimental investigations and thermal simulation. A generalization of the joining zone was given by material-dependent isotherms. Further examinations addressed the processes of melting and solidification, bubble formation and melt flow within the joining zone. The results were correlated to the temperature distribution respectively material specific properties. Thereby, the melting layer is decisive for forming a joint between both materials and changed in morphology as well as material properties compared to the base material. The size of the melting layer was highly sensitive to the metal sheet thickness, the laser beam power and the melting interval of the thermoplastic joining partner. Regarding joint formation, the penetration of microscopic surface structures was investigated. Thereby, the temperature distribution plays a dominant role compared to the joining time and the increasing volume during phase transition solid-liquid supports the penetration too.

The results were transferred to overlap joints and the joining zone was characterized depending on the energy input per unit length. On this basis, the mechanical properties of a PA 6-EN AW 6082 joint were investigated towards cohesive failure. An increasing energy input per unit length results in a reduced ductility in short-term testing and a decreased fatigue strength. Thereby, the heat treatment of the thermoplastic material led to secondary crystallization which was identified as primary influence for the change in mechanical properties and verified by heat treated control specimens.

Inhaltsverzeichnis

1 Einleitung

Die anhaltenden Fragestellungen zur Nutzung von Leichtbaupotenzialen, belastungsoptimierten Bauteilstrukturen und einem gezielten, anwendungsoptimierten Werkstoffeinsatz unter gleichzeitig wirkendem Kostendruck stellen hohe Anforderungen an neuartige Ingenieurkonstruktionen. Einen vielversprechenden Ansatz zur Erfüllung dieser spezifischen Anforderungsprofile stellen hybride Werkstoffsysteme dar, die eine Kombination artgleicher und artfremder Werkstoffe abbilden, um die geforderten Bauteilspezifikationen lokal und global erreichen zu können [Beh16]. Für die Verknüpfung unterschiedlicher Eigenschaftsprofile verfügen insbesondere Verbunde aus Kunststoffen und Metallen über ein sehr großes Anwendungspotenzial. Dieser Potenziale wollen sich verschiedene Industriezweige im Sinne des Material- und Strukturleichtbaus oder durch eine anforderungsspezifische Materialauswahl zur Senkung der Produktionskosten bedienen [Sob07].

Das Verbinden von Kunststoffen und Metallen, also Werkstoffen mit sehr unterschiedlichen Eigenschaftsprofilen, erfordert dabei eine angepasste Füge- und Montagetechnik, um den Herausforderungen unterschiedlicher thermischer Ausdehnungskoeffizienten, Korrosionspotenzial oder Verarbeitungstemperaturen begegnen zu können [Mes15]. Für die industrielle Anwendung muss dabei die Prozessführung mit den jeweiligen Werkstoffeigenschaften sowie der konstruktiven Ausführung der Fügestelle verknüpft werden, um ein prozesssicheres, effizientes und kostengünstiges Fügen der jeweiligen Materialpaarung bzw. Mischbauweise sicherzustellen.

Die Anwendung von Werkstoffsystemen Kunststoff-Metall findet dabei im industriellen Maßstab bisher nur unter Verwendung von Klebstoffen oder Fügeelementen (bspw. Schrauben) statt. Der Einsatz einer direkten Fügetechnik von Metall und Kunststoff verfügt an dieser Stelle über ein großes Potenzial hinsichtlich der Herstellung von tragfähigen Hybridverbunden. Einerseits aus wirtschaftlicher Sicht durch den Verzicht auf Fügeelemente oder Zusatzstoffe, andererseits in Hinblick auf technologische Herausforderungen wie der Kontaktkorrosion mit dem Fügeelement [Sch13] oder der Alterungsbeständigkeit von Klebstoffen bzw. geklebten Verbunden [Aro18, Pap16]. Dabei ist ein direktes thermisches Fügen von Kunststoffen mit Metallen aufgrund der Werkstoffeigenschaften auf Thermoplaste begrenzt, die in industriell hergestellten Produkten aufgrund von großserientauglichen Urform- und Umformprozessen größte Verbreitung finden [BKV16]. Vor allem teilkristalline Kunststoffe bieten dabei deutliche Vorteile hinsichtlich der erreichbaren Festigkeit und Zähigkeit sowie Warmform- und Chemikalienbeständigkeit [Ehr07, Sch03].

Mögliche Anwendungsfälle für den Einsatz von tragfähigen Hybridverbunden finden sich u. a. in der Fahrzeug- sowie Hausgerätetechnik wieder und adressieren dabei vorrangig Verbindungen am Überlappstoß. Der Überlappstoß weist dabei die Vorteile einer unkomplizierten konstruktiven Umsetzung, einer kostengünstigen Nahtvorbereitung sowie eines einfachen Toleranzausgleichs zwischen zwei Bauteilen auf und ist damit für Großserienprodukte besonders geeignet [Ber03, Neu02, Rad94, Gei95].

Der letztendliche Schritt zur Übertragung der fügetechnischen Prozesse aus dem Labormaßstab in die industrielle Fertigung ist dabei noch nicht vollständig vollzogen – denn neben vorliegenden Erkenntnissen zu erreichbaren Verbundfestigkeiten und realisierbaren Materialpaarungen liegt kein tiefgreifendes Verständnis der Wechselwirkung von Prozesstechnik, Werkstoffen und daraus resultierenden Verbundeigenschaften vor. Diese Betrachtungen stehen deshalb im Mittelpunkt der Arbeit.

2 Stand der Technik

2.1 Thermisches Fügen von Kunststoffen mit Metallen

2.1.1 Abgrenzung des thermischen Fügens zu alternativen Verfahren

Die Herstellung von Kunststoff-Metall-Hybridverbunden kann grundsätzlich in zwei Verfahrensansätze unterteilt werden. Bei In-Mould-Verfahren finden der Urformprozess des Kunststoffes sowie das Fügen des Hybridverbundes simultan in einem Werkzeug statt, während bei Post-Mould-Verfahren Urformen und Fügen getrennte Prozessschritte darstellen [End02, Flo11]. In-Mould-Verfahren, bspw. Insert- oder Outserttechnik, verfügen über Einschränkungen bezüglich der Gestaltungsfreiheit der Einlegeteile, deren engen Formtoleranzen und einer aufwendigen Werkzeuggestaltung [Ehr04, End02]. Post-Mould-Verfahren bieten demgegenüber weiterreichende Möglichkeiten zur Realisierung eines bauteilspezifischen Fügeprozesses mit hoher Gestaltungsfreiheit, bspw. durch mechanische oder thermische Verfahren [Flo11].

Mechanische Verfahren, bspw. Clinchen [Fri13, Geo14], Stanznieten [Fra12], Kragenfügen [End02] oder Reibnieten [Ama08], werden als punktförmige Verbindungen ausgeführt und verfügen über eine hohe Flexibilität hinsichtlich der Materialkombinationen sowie kurze Fügezeiten. Unabhängig von der Materialpaarung und den möglichen Nachteilen bei der Verarbeitung faserverstärkter Kunststoffe (Faserbruch bei langfaserverstärkten Kunststoffen [Pod15, Pod15a], Delamination [Zha15]), weisen Punktverbindungen unter Last lokale Spannungsspitzen [Bah12, Ehr04, Sil11] auf und stellen keine durchgehende Fügenaht zwischen zwei Bauteilen her, bspw. um dichte Kunststoff-Metall-Verbunde zu ermöglichen [Geo14].

Der Einsatz durchgehender Fügenähte in Form von flächigen Verbindungen ermöglicht demgegenüber eine gleichmäßigere Spannungsverteilung sowie einen kontinuierlichen Kraftfluss im Lastfall und kann mit oder ohne Verwendung eines Klebstoffes ausgeführt werden [Ehr04, Hab09, Sil11]. Das Kleben verfügt dabei im Allgemeinen über Vorteile hinsichtlich des Ausgleichs von Fertigungstoleranzen, der Realisierung gas- und flüssigkeitsdichter Verbindungen, schwingungsdämpfender Eigenschaften und keiner bzw. nur einer geringen thermischen Belastung der Fügepartner [Ehr04, Hab09]. Nachteilig sind der Klebstoffauftrag, lange Aushärtezeiten, die Alterungsbeständigkeit des Klebstoffes, begrenzte Demontagemöglichkeiten und insbesondere die aufwendige Oberflächenbehandlung vieler thermoplastischer Kunststoffe, bspw. bei Polypropylen oder Polyamiden [Ehr04, Hab09, Roe14]. Für die Herstellung von Hybridverbunden kommen aufgrund der unterschiedlichen Werkstoffeigenschaften von Kunststoff und Metall vorrangig Reaktionsklebstoffe zum Einsatz, wobei bspw.

das unpolare Polypropylen ohne Oberflächenbehandlung als nicht klebbar gilt, da die Adhäsion auf zwischenmolekularen Wechselwirkungen beruht [Hab09].

Das thermische Fügen von Hybridverbunden aus thermoplastischen Kunststoffen mit Metallen kann die genannten Nachteile kompensieren und bietet die Möglichkeit eines direkten, flächigen Verbindens beider Fügepartner ohne Zuhilfenahme von Klebstoffen oder Fügeelementen.

2.1.2 Verfahrensprinzip thermisches Fügen

Das grundsätzliche Verfahrensprinzip des thermischen Fügens thermoplastischer Kunststoffe mit Metallen ist in Abbildung 2-1 (links) modellhaft dargestellt. Das System Kunststoff-Metall befindet sich an der Grenzfläche in Kontakt. Auf den Rand des Systems wirken einerseits eine Leistung P, die zur Erwärmung der Fügepartner dient, und andererseits der Fügedruck f (dargestellt als Flächenlast). Die resultierende Wärmeleistung P_M im metallischen Fügepartner geht durch Wärmetransport an der Grenzfläche anteilig in den Kunststoff (P_K) über. Im Allgemeinen wird der metallische Fügepartner durch die eingebrachte Leistung nicht geschmolzen, auch um Anwendungen im Sichtbereich zu ermöglichen. Der Kunststoff bildet, bei ausreichender Leistung P_K, eine plastifizierte bzw. schmelzflüssige Phase an der Grenzfläche zum Metall aus. Durch mechanische bzw. chemisch-physikalische Adhäsionskräfte kommt es nach der Erstarrung zur Ausbildung eines festen Verbundes zwischen beiden Fügepartnern [Kat07]. Diese resultierende Fügezone ist räumlich begrenzt und reicht von der Grenzfläche bis in die Tiefe des Kunststoffes hinein, die eine Veränderung in Morphologie und Mikrostruktur durch den Energieeintrag im Prozess erfahren hat. Darüber hinaus kommt es an der Grenzfläche zur Ausbildung unterschiedlicher Effekte, die einen Einfluss auf die Verbundeigenschaften ausüben können (Abbildung 2-1, rechts). Beispielhaft zu nennen sind die vollständige oder teilweise Füllung von Oberflächenstrukturen (a und b, [Sch14]), die Ausbildung von Blasen (c, [Kat12]) sowie die physikalisch-chemischen Wechselwirkungen zwischen beiden Fügepartnern (d, [Ara14, Kaw10]).

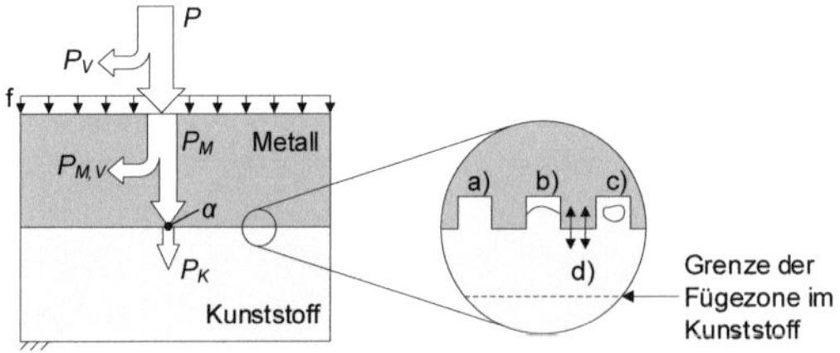

Abbildung 2-1 Verfahrensprinzip des thermischen Fügens von teilkristallinen Thermoplasten mit Metallen (modellhafte Darstellung)

Die notwendige Leistung zur Erzeugung dieser Fügezone kann dabei durch unterschiedliche Energieträger eingebracht werden (siehe 2.1.3). Die relevanten Verlustleistungen werden durch die Wechselwirkungen zwischen Energieträger und Werkstoff (bspw. Reflexion von Laserstrahlung an der Oberfläche, P_V) und den Verlustwärmestrom innerhalb des metallischen Fügepartners ($P_{M,V}$) bestimmt. Darüber hinaus begrenzt der thermische Kontaktwiderstand der Grenzfläche (α) den Wärmetransport zwischen beiden Fügepartnern aufgrund der nicht-idealen Oberflächenbeschaffenheit [Mar12]. Dadurch steht, abhängig von Stoffwerten und Werkstoffeigenschaften, nur ein begrenzter Anteil der eingebrachten Leistung für die Verbundherstellung zur Verfügung. Im Stand der Technik finden unterschiedliche Energieträger und Verfahrensvarianten Berücksichtigung, die einen ausreichenden Energieeintrag ermöglichen, um eine Fügezone zwischen Kunststoff und Metall auszubilden.

2.1.3 Energieeintrag und laserbasiertes thermisches Fügen

Der Energieeintrag für das Fügen von Kunststoffen mit Metallen wird in Anlehnung an DIN 1910-100 [DIN08] und an DIN 1910-3 [DIN77] betrachtet. Das thermische Fügen kann dabei mittels den Energieträgern elektrischer Strom (bspw. Widerstandschweißen [Age01, Bie16, Bie16a], Induktion [Roe11, Mit08, Mit09, Mit13, Vel05, Vel07]), Strahlung (bspw. Laserstrahlung [Geo04, Kat07]), fester Körper (bspw. Rührreibschweißen [Ama11, Est15, Gou15, Liu14, Wir14], Heizelementschweißen [Flo11, Sic14]), Bewegung von Masse (bspw. Ultraschallschweißen [Bal07, Bal09, Bal12]) sowie in Kombinationen davon (ultraschallunterstütztes Laserstrahlfügen [Che16], Ultraschallschweißen mit temperiertem Amboss [Yeh16]) ausgeführt werden.

Das laserbasierte thermische Fügen bietet im Vergleich zu weiteren Verfahren Vorteile durch den berührungslosen Energieeintrag des Laserstrahls, der flexiblen Anwendung an unterschiedlichen Füge- und Bauteilgeometrien sowie der Einstellung prozess- und werkstoffangepasster Zeit-Temperatur-Profile unter Verwendung angepasster Strahlformen [Dau95, Sta16].

Für das laserbasierte thermische Fügen werden zwei grundsätzliche Verfahrensvarianten unterschieden, das Wärmeleitungs- und das Durchstrahlfügen [Kra03, Niw08]. Im Wärmeleitungsfügen wird die Energie des Laserstrahls auf der Metalloberfläche absorbiert und in Wärme umgewandelt (Abbildung 2-2a). Aufgrund der Wärmeleitung und des Wärmeübergangs an der Grenzfläche Kunststoff-Metall wird der Kunststoff lokal geschmolzen (teilkristalline Kunststoffe) bzw. plastifiziert (amorphe Kunststoffe). Der Kunststoff kann damit in die Oberflächenstrukturen des Metalls eindringen bzw. diese benetzen. Nach dem Erstarren bzw. Erkalten entsteht ein fester Verbund aus Kunststoff und Metall. Eine detaillierte Beschreibung des Verbindungsmechanismus erfolgt unter 2.1.6.1.

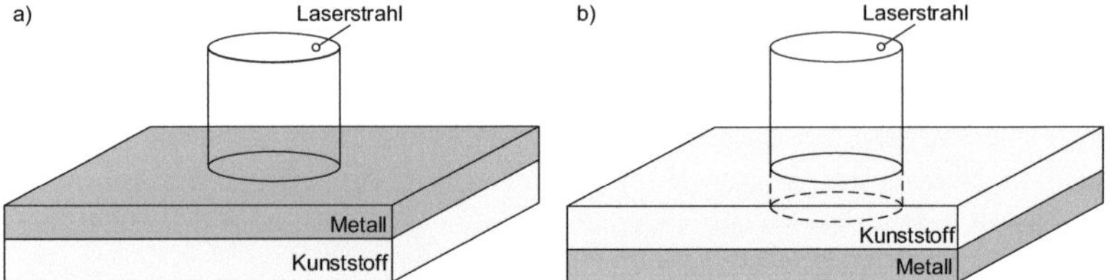

Abbildung 2-2 Schematische Darstellung der Verfahrensvarianten des a) Wärmeleitungsfügens und b) Durchstrahlfügens

Im Durchstrahlfügen muss der Laserstrahl durch den thermoplastischen Fügepartner transmittiert und an der Grenzfläche auf der Metalloberfläche absorbiert werden [Kra03] (Abbildung 2-2b). Der Verbindungsmechanismus erfolgt gleichermaßen zur Beschreibung des Wärmeleitungsfügens aufgrund der Benetzung bzw. Strukturfüllung der Metalloberfläche durch den Kunststoff und seine anschließende Erstarrung. Das Durchstrahlfügen setzt eine minimale Transmissivität des Kunststoffes im Wellenlängenbereich des Laserstrahls von 15 % voraus [Kra03], um die Volumenabsorption im thermoplastischen Fügepartner zu begrenzen, und ist deshalb für Kunststoffe mit hohem Faservolumengehalt nicht anwendbar. Die Wechselwirkungszone Laserstrahl-Werkstück als Ort der höchsten Temperaturen liegt dabei direkt an der Grenzfläche zwischen beiden Fügepartnern, weshalb es zu einer erhöhten thermischen Belastung des Kunststoffes im Vergleich zum Wärmeleitungsfügen kommen kann [Niw08].

Die Beschreibung erfolgt dabei unter Anwendung üblicher Größen der Schweißtechnik, bspw. in Form des Energieeintrags [Far11, Hop16] oder der Streckenenergie [Ame16a, Roe14]. Eine Betrachtung des thermischen Wirkungsgrades bzw. des Prozesswirkungsgrades nach [Hue14] ist gegenwärtig nicht bekannt, allerdings wird ein Einfluss der Werkstoffeigenschaften auf den Energiebedarf zur Erzeugung der Fügestelle von [Hop16] andiskutiert. Weiterführende Untersuchungen setzten dafür allerdings eine analytische oder numerische Beschreibung des Prozesses voraus.

2.1.4 Prozessmodellierung und -simulation

In der thermischen Materialbearbeitung existieren unterschiedliche Ansätze für eine analytische sowie numerische Berechnung der Temperaturverteilungen im Werkstück. Im thermischen Fügen von Kunststoff-Metall-Verbunden wird die Fügezone dabei im Wesentlichen durch das Metall in fester Phase sowie den Phasenübergang fest-flüssig im Kunststoff bestimmt, da gasförmig vorliegende Bereiche, bspw. in Form von Blasen, nur eine periphere Randerscheinung sind. Aus diesem Grund finden weitere Aggregatszustände wie Gas oder Plasma, die beispielsweise in der Kapillare beim Tiefschweißen von metallischen Werkstoffen von entscheidender Bedeutung sind, im Folgenden keine Berücksichtigung.

Die Ansätze zur Beschreibung der Temperaturverteilungen im Werkstück werden genutzt, um relevante Mechanismen und Randbedingungen für unterschiedliche Anwendungsfälle abzubilden. Die analytischen sowie numerischen Modellierungsansätze des Temperaturfeldes weisen dabei einen unterschiedlichen Grad der Vereinfachung auf [Hue14]. Eine Vielzahl analytischer Vergleichsrechnungen basieren auf Berechnungen der Wärmeleitungsgleichung unter verschiedenen Rand- und Anfangsbedingungen. Für deren Lösbarkeit werden meist temperaturabhängige Werkstoffeigenschaften, latente Wärme oder reale Werkstückgeometrien vernachlässigt, gleichzeitig können diese Lösungen aber eine hinreichende Aussage über die physikalischen Zusammenhänge in Abhängigkeit der Werkstoffeigenschaften liefern [Hue14]. Ausgehend von der Geometrie des halbunendlichen Körpers [Car59, Mar12] oder der unendlich ausgedehnten Scheibe [Bec96, Ros46] liegen Lösungen zu konstanter [Car59, Mar12] und gaußförmiger [Car59, Cli77] Intensitätsverteilung sowie ruhender [Car59, Mar12] und bewegter [Kah09, Ryk52, Rad99] Wärmequelle vor. Deren Anwendbarkeit für die Berechnung der transienten Temperaturverteilung beim thermischen Fügen ist allerdings begrenzt. Einerseits liegen keine Lösungen für mehrlagige geometrische Aufbauten, beispielsweise zur Abbildung der Fügeanordnung im Überlappstoß, vor. Andererseits ist die Verwendung einiger Modelle bei Kunststoffen aufgrund der sehr geringen Temperaturleitfähigkeit nicht zielführend, beispielsweise für punktförmige Wärmequellen, da keine stichhaltigen Aussagen ($T \rightarrow \infty$) in der relevanten Umgebung der Wärmeeinbringung getroffen werden können [Hue14].

Komplexere Modelle können nicht mehr analytisch gelöst werden und erfordern die Anwendung der numerischen Simulation, um beispielsweise den zeitabhängigen Energieeintrag beim gepulsten Laserstrahlschweißen [Fre99] abzubilden oder den Einfluss thermokinetisch-struktureller Phasenumwandlungen durch den Schweißprozess [San10] zu beschreiben.

Für das thermische Fügen von Kunststoffen mit Metallen liegen dabei nur vereinzelte Arbeiten vor. [Vel07a] stellt ein analytisches Modell auf Basis der Arbeit von [Col07] für das Induktionsfügen vor, das die homogene Erwärmung des metallischen Fügepartners abbildet. Dabei findet der Wärmeübergang zum thermoplastischen Fügepartner aber keine Berücksichtigung [Col07], weshalb der Temperaturverlauf in der Grenzfläche nicht direkt berechnet werden kann [Col07, Vel07a]. [Flo11] entwickelte eine thermische Simulation für das Wärmeleitungsfügen mittels Heizelement für lange Zeiten bis 500 s. In der Simulation werden Wärmeleitung, Konvektion und Wärmestrahlung berücksichtigt, um eine hinreichende Aussage über den Fügeprozess sicherzustellen. Durch Temperaturverläufe über die Materialstärke des Kunststoffes sowie an der Grenzfläche, zeigt [Flo11], dass sich die thermische Beeinflussung auf die Fügezone beschränkt. Die durchgeführte Sensitivitätsanalyse zur Charakterisierung des Einflusses von Temperaturleitfähigkeit, Wärmeleitfähigkeit und spezifischer Wärmekapazität (Veränderung: ± 25 %) liefert bei [Flo11] keine nennenswerten Einflüsse für Maximaltemperatur oder Prozessendtemperatur, lediglich das zeitliche Auftreten der Maximaltemperatur wird verschoben. Vereinfachend betrachtet [Flo11] die Phasenumwandlung des Kunststoffes nur sprunghaft und berücksichtigt keine temperaturabhängigen Stoffwerte des Metalls. Im Bereich der laserbasierten Fügeprozesse liegen Erkenntnisse für das Durchstrahlfügen [Far11] sowie das Wärmeleitungsfügen [Ame15, Jia17, Rod14] vor. Eine thermische Simulation wurde von [Far11] genutzt, um die Temperaturverteilung zwischen Kunststoff und Metall abzubilden. Vereinfachend wurde eine zweidimensionale Berechnung unter Vernachlässigung des Phasenübergangs fest-flüssig durchgeführt, ohne Informationen zu temperaturabhängigen oder konstanten Stoffdaten des Kunststoffes anzugeben. Die Validierung der Simulationsergebnisse findet nur eingeschränkt durch einen Vergleich zwischen berechneten Maximaltemperaturen und der Überprüfung zum Vorliegen eines Schmelzbades im metallischen Fügepartner bzw. Blasenbildung im Kunststoff statt. Damit liefern die berechneten Temperaturfelder nur eine eingeschränkt nutzbare Aussage zum Fügeprozess. Das Wärmeleitungsfügen mittels Laserstrahl wird in [Ame15] und [Jia17] als thermisches Modell unter idealisierten Kontaktbedingungen zwischen Kunststoff und Metall beschrieben. Vereinfachend wird der Laserstrahl als konstante Wärmestromdichte am Rand betrachtet. Thermophysikalische Stoffdaten finden bei [Jia17] als Wärmeleitfähigkeit und spezifische Wärmekapazität Anwendung, während [Ame15] die Dichte als konstante Größen annimmt. Eine Aussage zum Phasenübergang im Kunststoff wird von [Ame15] und [Jia17] nicht getroffen, allerdings wird mit einer konstanten Schmelztemperatur gerechnet. Für die Validierung werden die Maximaltemperaturen der Oberflächen [Jia17], die Temperaturverläufe an der Grenzfläche Kunststoff-Metall [Ame15], die Breite der Fügezone [Ame15, Jia17] sowie die Schmelzschichtdicke [Jia17] herangezogen. Die Abweichungen von mehr als 20 % des Ergebnisses sowie eine positive bzw. negative Krümmung im Kurvenverlauf für Simulation bzw. Experiment lassen den Schluss zu, dass die Abbildung der Fügezonenbreite mit den gewählten Vereinfachungen in [Ame15] nicht hinreichend möglich ist. Der Vergleich von Simulation und Experiment in [Jia17] wird anhand der Anbindungsbreite und Schmelzschichtdicke in Abhängigkeit der Laserstrahlleistung durchgeführt. Dabei kommt es zu Abweichungen bis 300 % im unteren (125 W) und 26 % im oberen (350 W) betrachteten Leistungsbereich zwischen Simulation und Experiment, wodurch die Aussagkraft der Simulation sehr eingeschränkt ist.

Eine weiterreichende Modellierung des Prozesses liefert [Rod14] mit der Simulation eines quasi-stationären Fügeprozesses mit dem Ziel, in Abhängigkeit der Leistungsdichte und Wechselwirkungszeit die Maximaltemperaturen in der Fügezone zur Ableitung eines Prozessfensters zu ermitteln. Neben Wärmeleitung, Konvektion und Wärmestrahlung finden der thermische Kontaktwiderstand an der Grenzfläche sowie der temperaturabhängige Absorptionsgrad Anwendung. Die Werkstoffdaten des Kunststoffes sind nur partiell als temperaturabhängig berücksichtigt, da Wärmeleitfähigkeit und spez. Wärmekapazität konstant angenommen werden. Zur Phasenumwandlung und deren Berücksichtigung findet sich keine Aussage. Vereinfachend wird der quasistationäre Energieeintrag durch den Laserstrahl mit gaußförmiger Intensitätsverteilung als Wärmestromdichte am Rand abgebildet. Die Validierung findet durch einen Vergleich der Maximaltemperaturen statt, bis zu 11 % abweichen und damit eine hinreichende Übereinstimmung liefern. Allerdings findet keine zeitabhängige Betrachtung der Temperaturen bzw. der sich ausbildenden Fügezone statt.

Die Berücksichtigung bisher vernachlässigter Einflussgrößen, insbesondere dem Phasenübergang, dem damit verknüpften Schmelzintervall sowie temperaturabhängigen Stoffwerten sind Ansatzpunkte zur Erweiterung der bestehenden Modellansätze. Diese Erweiterungen sind erforderlich, um die Temperaturverteilung in beiden Fügepartnern hinreichend abzubilden und damit systematische Untersuchungen auf Basis der numerischen Simulation durchführen zu können. Dieses Vorgehen ermöglicht eine Beschreibung der zeitlichen und geometrischen Ausbildung einer Fügezone sowie ihre Charakterisierung anhand relevanter Temperaturbereiche in Abhängigkeit der eingesetzten Werkstoffe.

2.1.5 Fügezone im thermischen Fügen

In Abhängigkeit des Fügeprozesses werden für Thermoplast-Metall-Verbindungen unterschiedliche Zonen beschrieben, wobei für die Fügezone an sich keine eindeutige Definition vorliegt. Durch die zahlreichen Verfahrensvarianten und Energieträger resultieren unterschiedliche Einflussbereiche innerhalb der Werkstoffe. Die bisher weitreichendste Erklärung liefern [Gou14] und [Gou15] für das Reibpunktfügen durch die Ermittlung einer mechanischen, thermo-mechanischen und thermisch beeinflussten Zone innerhalb des Metalls sowie der Diskussion einer kombinierten Schmelz- und Wärmeeinflusszone im Kunststoff. Bei der Betrachtung rein thermischer Fügeprozesse kommt es zu einer ähnlichen Ausbildung verschiedener Bereiche. Für den metallischen Fügepartner wird von einem gezielten Aufschmelzen berichtet, was zur Erhöhung der absorbierten Laserstrahlung führt [Jia17, Far11, Far12, Kat10, Lam14]. Weiter kann es in Abhängigkeit der eingesetzten Werkstoffe und Zeit-Temperatur-Regime zur Ausbildung einer Wärmeeinflusszone im Bereich des festen Grundwerkstoffes kommen, bspw. durch Entfestigung aushärtbarer Aluminiumlegierungen [Kam14]. Für Heizraten von 100 $K \cdot s^{-1}$, die deutlich unterhalb dem Wärmeleitungsfügen liegen, findet bereits ab Temperaturen von 260 °C und Zeiten von 2 s eine Veränderung bzw. Auflösung der für die Festigkeit maßgeblichen Ausscheidungen statt, wobei steigende Temperaturen und Heizraten die Vorgänge weiter beschleunigen [Gra16].

Im Kunststoff kommt es durch den Wärmeübergang entlang der Grenzflächenschicht zu einem lokalen Schmelzen. In der Literatur wird in Regel die Überschreitung der Schmelztemperatur als Voraussetzung für das Herstellen einer Fügeverbindung angenommen, damit die Metalloberfläche benetzt und Oberflächenstrukturen mit Kunststoff gefüllt werden können [Ame15, Ber13, Gou15, Mit09, Mit13, Sch16, Vel07a]. Die Schmelztemperatur kann dabei auf die Peaktemperatur des Schmelzintervalls (siehe [DIN10]) zurückgeführt werden, liegt damit allerdings inmitten des Phasenübergangs fest-flüssig. [Flo11] erwähnt das Vorhandensein einer Schmelze und eines mischphasigen Bereichs, verzichtet an dieser Stelle aber auf eine tiefgehende Betrachtung zur Ausprägung dieser Schmelzzone sowie auf eine Verallgemeinerung der Erkenntnisse anhand werkstoffabhängiger Kenngrößen. Weitere Ansätze zur geometrischen Erfassung der Schmelzzone liegen hinsichtlich der Anbindungsbreite an der Grenzfläche [Ame14, Ame15, Hua14, Jia17, Lam17] sowie vereinzelt in Richtung der Materialtiefe vor [Ara14, Hua14, Kat10, Sch16]. Durch das Schmelzen und Erstarren des Materials kommt es ebenfalls zur Veränderung der Werkstoffeigenschaften, was anhand eines verringerten Kristallisationsgrades im Vergleich zum Grundwerkstoff nachgewiesen wurde [Col07, Gou15, Mit09, Vel07a].

Für die Erzeugung der Fügezone wird im Allgemeinen ein bevorzugtes Temperaturintervall adressiert, das zwischen der Schmelztemperatur als unterer und einer Zersetzungstemperatur als oberer Grenze liegt [Gou15, Mit09]. Eine steigende Fügetemperatur und längeres Zeitintervall in dem der Kunststoff schmelzflüssig vorliegt, sollen dabei auch einen positiven Einfluss auf die Benetzung der Metalloberfläche und die Füllung ihrer Strukturen ausüben, um Fehlstellen mit mangelhafter Anbindung zwischen beiden Werkstoffen zu begrenzen [Ame15a, Sch16, Sta16]. Bei einer zu hohen thermischen Belastung des thermoplastischen Materials sowie durch die Verdampfung von gelöstem Wasser kann es zur Blasenbildung kommen, was einerseits Hohlräume innerhalb der Fügezone verursacht, aber andererseits die Schmelze in Richtung der Grenzfläche pressen und die Anbindung verbessern soll (siehe 2.1.8) [Ame16a, Kat07, Sch15].

Die vereinzelten Untersuchungen können in ein Modell für thermische Fügeprozesse überführt werden. Dabei ist die Fügezone der Bereich des Verbundes, der einerseits eine bleibende Veränderung im thermischen Prozess erfährt und in dem andererseits eine Verbindung zwischen beiden Werkstoffen hergestellt wird (Abbildung 2-3). In Abhängigkeit des Werkstoffes, der maximalen Temperaturen und des Energieträgers kann es im metallischen Fügepartners zu einer Schmelzzone ($T \geq T_s$) sowie zu einer Wärmeeinflusszone ($T \geq T_{wez}$) kommen. Durch den Wärmeübergang weist der teilkristalline, thermoplastische Kunststoff eine Schmelz- und Wärmeeinflusszone ($T \geq T_{pm} \geq T_g$) auf, wodurch die Benetzung der Metalloberfläche bzw. eine Strukturfüllung ermöglicht und eine Verbindung entlang der Grenzflächenschicht zwischen beiden Werkstoffen hergestellt wird. Diese wird in Anlehnung an die zur Schweißzone bei metallischen Werkstoffen nach [DIN79] als Schmelzzone definiert. Innerhalb dieser Schmelzzone können auch Fehlstellen in Form von Anbindungsfehlern oder Blasen (mit Innendruck p_g) auftreten. Die Blasenbildung ist durch die Überschreitung der

Zersetzungstemperatur ($T \geq T_Z$) bzw. der Verdampfungstemperatur von Wasser oder anderen flüchtigen Bestandteilen ($T \geq T_V$) bedingt. Keine Berücksichtigung haben bisher das Schmelzintervall des Kunststoffes, die temperaturabhängigen Werkstoffeigenschaften, die Wärmeeinflusszone durch Sekundärkristallisation oberhalb der Glasübergangstemperatur ($T \geq T_g$) sowie das Zusammenspiel mit den fügetechnischen Prozessgrößen gefunden.

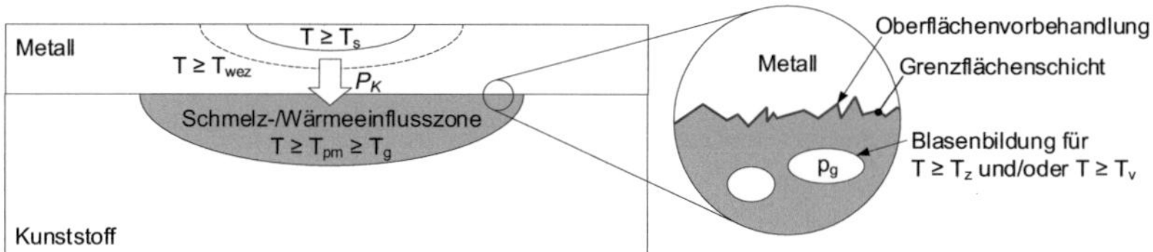

Abbildung 2-3 Schematische Darstellung der Fügezone von laserbasiert gefügten Kunststoff-Metall-Verbunden mit charakteristischen Isothermen

Eine ganzheitliche Betrachtung zur Entstehung und Ausprägung der Fügezone, ihrem Einfluss auf die Verbundeigenschaften in Abhängigkeit der eingesetzten Werkstoffe sowie das Zusammenspiel mit der Prozessführung ist im gegenwärtigen Stand der Technik damit nicht gegeben. Demgegenüber sind Teilaspekte bereits sehr ausführlich beschrieben, weshalb nachfolgend die Grenzfläche, der Verbindungsmechanismus sowie die Oberflächenvorbehandlung und ihre Auswirkung auf die mechanischen Eigenschaften des Verbundes betrachtet werden.

2.1.6 Grenzfläche des Kunststoff-Metall-Verbundes

Die Flächen, die einen Körper endlicher Ausdehnung gegen die Umgebung scharf abgrenzen und an denen sich physikalische Eigenschaften sowie ggf. chemische Beschaffenheit unterscheiden, werden nach [Wol57] als Grenzflächen bezeichnet. Im thermischen Fügen von Kunststoffen mit Metallen werden zwei Volumenphasen über eine Grenzfläche verbunden [Bis93]. Die adhäsiven Wechselwirkungen zwischen den Werkstoffen treten dabei nicht nur an der Oberfläche auf, sondern erstrecken sich über mehrere Atomlagen bzw. Molekülschichten, weshalb von einer Grenzflächenschicht auszugehen ist [Bis93, Jun13, Jun13a, Kaw10a]. Diese Grenzflächenschicht ist für den Verbund von zentraler Bedeutung: Einerseits wird die Energie im thermischen Fügeprozess über die Grenzflächenschicht übertragen, an der ein thermischer Kontaktwiderstand wirkt [Mar12], um eine Fügezone im Kunststoff ausbilden zu können. Andererseits ermöglicht der wirksame Verbindungsmechanismus entlang dieser Grenzflächenschicht in der Bauteilanwendung die Kraftübertragung zwischen beiden Fügepartnern bei der Lasteinleitung.

2.1.6.1 Verbindungsmechanismus

Die Grenzflächenschicht hat einen maßgeblichen Einfluss auf den Verbindungsmechanismus und wird vorrangig durch Topographie und Morphologie der Metalloberfläche, die chemische Zusammensetzung und Struktur, den energetischen Zustand der Fügeteiloberflächen sowie den inneren Spannungszustand charakterisiert [Bis93]. Der Verbindungsmechanismus kann dabei in drei Mechanismen – Kraft-, Stoff- und Formschluss – eingeteilt werden [VDI04]. Diese Unterteilung ermöglicht die Betrachtung unterschiedlicher Einflussfaktoren seitens Werkstoff und Prozess in Hinblick auf den Verbindungsmechanismus.

Im Fügeprozess benetzt bzw. penetriert der Kunststoff die Metalloberfläche, wodurch sich in der Abkühlung ein Spannungszustand innerhalb der Grenzflächenschicht ergeben kann [Roe14]. Diese Eigenspannungen können, bedingt durch unterschiedliche thermische Ausdehnungskoeffizienten (siehe 2.2.3) sowie das Schwindungsverhalten (siehe 2.2.1), in einem Kraftschluss zwischen beiden Fügepartnern resultieren [Flo11, Pau14, Sch16]. Eine Einordnung des kraftschlüssigen Anteils am Verbindungsmechanismus liegt im Stand der Technik derzeit nicht vor, allerdings ist aufgrund des Relaxationsverhaltens des thermoplastischen Fügepartners von einem zeitabhängigen Einfluss auszugehen. Eine isolierte Betrachtung des kraftschlüssigen Anteils am Verbindungsmechanismus kann aufgrund seiner Wechselwirkung mit der Oberflächentopographie derzeit nicht vorgenommen werden.

Ein Stoffschluss zwischen Kunststoff und Metall kann durch die im Stand der Technik vorliegenden Modelle der spezifischen Adhäsion beschrieben werden [Bis93]. Diese umfassen das Weak-Boundary-Layer, die Autoadhäsion, die Polarisationstheorie, die elektrostatischen Theorie, die Diffusionstheorie, die Thermodynamik der Phasengrenzen sowie die chemischen Bindungen und wurden in ihrer Bedeutung für das thermische Fügen bereits mehrfach theoretisch behandelt [Flo11, Roe14, Sch16]. Es hat sich gezeigt, dass eine isolierte Betrachtung einzelner Modelle keine hinreichende Aussage zum Einfluss des Stoffschlusses auf die Verbundfestigkeit ermöglicht, da eine gegenseitige Überlagerung und Beeinflussung physikalischer und chemischer Vorgänge sowie eine Wechselwirkung mit der mechanischen Adhäsion vorliegen kann [Ach09, Bis93, Hua14, Jun16, Sch16]. Der stoffschlüssige Wirkmechanismus durch physikalische oder chemische Bindungskräfte zwischen Kunststoffen und Metallen kann trotz unterschiedlicher chemischer Strukturen auftreten. Im Fügeprozess wird unter Erwärmung und Druck ein entsprechend geringer Abstand zwischen beiden Werkstoffen eingestellt, dass die Bindungskräfte wirksam werden können [Bis93, Kat07, Kaw10, Kaw10a, Sch16]. Die Erwärmung wird durch den Energieträger (siehe 2.1.3) unter Anwendung eines Fügedrucks umgesetzt. Die Wirksamkeit der Bindungskräfte hängt dabei, neben einem geringen Abstand zwischen beiden Werkstoffen, von der chemischen Zusammensetzung, dem Aggregatszustand und der Struktur der Makromoleküle innerhalb der Grenzflächenschicht ab.

Der Energieeintrag kann dabei Einfluss auf den Aggregatszustand sowie die Struktur nehmen und die Ausbildung von Bindungen maßgeblich beeinflussen [Che16, Pat09]. Einerseits ist eine hinreichende Beweglichkeit der Makromoleküle durch die Erwärmung im Fügeprozess erforderlich, damit diese sich in Richtung der Metalloberflächen orientieren können [Lam14]. Andererseits können entstehende Zersetzungsprodukte mit der Oberfläche reagieren und zusätzliche Bindungen ausbilden [Cha16, Che14].

Die Betrachtung der chemischen Zusammensetzung der Fügepartner betrifft einerseits die oxidischen Schichten der Metalloberfläche sowie den Aufbau und die funktionellen Gruppen des Kunststoffes. Der Einfluss oxidischer Schichten auf die Verbundfestigkeit ist in Abhängigkeit des Sauerstoffgehaltes [Hin11, Zha16] sowie der Schichtdicke [Jun16] beschrieben. Einerseits wurde der Einfluss von Oxiden bzw. durch Feuchtigkeitsaufnahme entstehenden Hydroxiden auf physikalische Wechselwirkungen, d. h. Wasserstoffbrückenbindungen und Dipolkräfte, mit den funktionellen Gruppen der Kunststoffe zurückgeführt [Ara14, Bis93, Che16, Hin11, Jun16, Kat07, Kaw10, Kaw10a, Lam14, Ram92, Tan09]. Andererseits ist von der Bildung chemischer Bindungen mit dem Kunststoff im Zusammenspiel mit der Werkstoff- bzw. Schichtzusammensetzung auszugehen, beispielsweise zwischen Chrom-Nickel-Stahl 1.4301 mit Polyethylenterephthalat unter Bildung von Chromoxiden [Kat07, Kat08] oder verzinktem Stahl und Acrylnitril-Butadien-Styrol [Jun16]. Für Titanwerkstoffe beschreibt [Wan10] ein Schichtmodell zur Bindungsausbildung zwischen Titan-Titan(IV)-oxid-Titankarbid-Polyethylenterephthalat. Vergleichbare Bindungsnachweise erfolgen für Titan 3.7165 mit PA 6.6 CF20 [Hua14], Titan mit Polyimid [Mia05, Geo04, Pat09] und Titan mit Polyethylenterephthalat [Cha16, Che16].

Durch die poröse Struktur der Oxide wird einerseits eine Oberflächenvergrößerung für weitere Bindungen erreicht, andererseits auch der formschlüssige Wirkmechanismus beeinflusst [Ame16, Gou15, Jun16, Kaw10, Kaw10a, Zha16]. Damit ist keine eindeutige Trennung zwischen den Wirkmechanismen möglich.

Dabei ist der Formschluss zwischen Kunststoff und Metall durch die Oberflächentopographie und der daraus resultierenden mechanischen Verankerung bedingt [Bis93]. Das setzt eine Füllung der Oberflächenstrukturen mit plastifizierten bzw. schmelzflüssigem Kunststoff im Fügeprozess voraus, die durch die Rheologie, Kapillarströmung und Druckverhältnisse in der Struktur beschrieben werden kann [Age01]. Diese resultierende Verankerung kann sich von Strukturtiefen unter einem Nanometer, bspw. in Vertiefungen oxidischer Deckschichten [Ame16, Bal13, Bal13a, Did13, Jun16, Zha16], bis hin zu oberhalb eines Millimeters [Cen12, Mar12a, Sch14, Sch16] erstrecken. Die Oberflächenvorbehandlung ist von entscheidender Bedeutung zur Einstellung der Topographie in Hinblick auf die Maximierung des formschlüssigen Wirkmechanismus zur Steigerung der Verbundfestigkeit (siehe 2.1.6.2). Der Formschluss kann dabei der maßgebliche Mechanismus sein, wenn aufgrund mangelhafter spezifischer Adhäsion ansonsten kein Verbund zwischen beiden Werkstoffen erreicht werden kann, bspw. bei PP mit EN AW 1050 [Hin11]. Demgegenüber ist bei vorhandener spezifischer Adhäsion sowie unbekanntem Spannungszustand eine vereinzelte Betrachtung der mechanischen Verankerung nicht ausreichend, da Wechselwirkungen mit Kraft- und Stoffschluss vorliegen können.

Die Betrachtungen zu Kraft-, Stoff- und Formschluss zeigen, dass eine enge Verknüpfung zwischen den einzelnen Wirkmechanismen besteht. Festzuhalten ist, dass Oberflächentopographie und -morphologie von entscheidender Bedeutung für den Verbindungsmechanismus sind, weshalb diese Gegenstand zahlreicher Untersuchungen waren. Deren gezielte Beeinflussung kann dabei durch verschiedene Maßnahmen zur Oberflächenbehandlung erreicht werden.

2.1.6.2 Oberflächenbehandlung der Fügepartner

Die Oberflächenbehandlung der Fügepartner – Metall wie Kunststoff – wird in Hinblick auf die Maximierung der mechanischen Festigkeit durchgeführt. Dabei adressieren die Oberflächenvorbereitung und -vorbehandlung eine Verbesserung der vorliegenden Wirkmechanismen [Hab09]. Ein darüberhinausgehender Einfluss auf den Kraftschluss ist anzunehmen (siehe 2.1.6.1). Im Rahmen der Oberflächenvorbereitung werden beide Fügepartner üblicherweise gereinigt, bspw. mittels Ethanol oder Aceton [Lam14, Wan10, Zha16], um vorhandene Verunreinigungen zu entfernen und einen ausreichenden Kontakt zwischen beiden Werkstoffen im Fügeprozess sicherzustellen.

Die darauffolgende Oberflächenvorbehandlung kann in mechanische, physikalische sowie (elektro-)chemische Verfahren eingeteilt werden und zielt auf die Anpassung der Oberflächentopographie bzw. -morphologie ab [Hab09]. Kunststoffseitig wurden Untersuchungen mittels chemischer und physikalischer Verfahren zur Veränderung der Oberflächenmorphologie durchgeführt. Die Anwendung von Atmosphärendruck-, Sauerstoff- und Stickstoffplasma sowie UV-/Ozon-Vorbehandlungen sind in der Literatur beschrieben und zielen auf einen verbesserten Stoffschluss ab [Ara14, Flo11, Mit09, Sch16]. Eine Auswirkung der Atmosphärendruckplasmabehandlung von PA 6, PA 66 bzw. PBT im Verbund mit 1.4301, der über die Reinigungswirkung hinausgeht, wird nicht festgestellt [Flo11, Sch16]. Demgegenüber weist [Ara14] eine steigende Festigkeit durch die UV-/Ozon-Vorbehandlung eines Cycloolefin-Copolymere-Polymers im Verbund mit 1.4301 unter der Ausbildung funktioneller Gruppen nach und stellt auch einen positiven Effekt einer Sauerstoff- bzw. Stickstoffplasmavorbehandlung fest. [Mit09] zeigt eine gesteigerte Verbundfestigkeit von EN AW 5754-PA 66 CF durch die Behandlung des Polyamids mittels Atmosphärenplasma. Aufgrund unterschiedlicher Oberflächenvorbereitungen bzw. -behandlungen des metallischen Fügepartners besteht keine hinreichende Vergleichbarkeit der Untersuchungen zur Ableitung einer allgemeingültigen Aussage.

Auf Seiten des metallischen Fügepartners liegen zahlreiche Untersuchungen in Bezug auf Oberflächentopographie und -morphologie für unterschiedliche Werkstoffe vor, u. a. Stahl [Ame15a, Ame16, Ara14, Bau12, Bau16, Cen12, Eng13, Eng16, Flo11, Hop16, Hol10, Jun16, Que14, Rau15, Rod14, Rod16, Roe11, Roe14, Sch16, Sic14, Ucs10, Vel05], Aluminiumlegierungen [Age01, Ame13, Ame14, Bal09, Flo11, Gue14, Gou15, Hec14, Hec15, Hec16, Hop16, Kur13, Lam14, Mit09, Que14, Sch14, Vel07, Yeh16, Zha16] oder Titan [Hua14]. Die resultierende Größenordnung der Oberflächenstrukturen wird nach [Hec14] in Nano- (< 100 nm), Mikro- (100 nm...200 µm) und Makroskale (> 200 µm) eingeteilt.

Makrostrukturierungen für das thermische Fügen weisen bestimmte Geometrien auf und wurden mittels Laserstrahlverfahren (SurfiSculpt [Hec14], Auftragschweißen [Ame15a], Selektives-Laser-Schmelzen [Hop16, Rau15]), spanender Verfahren [Cen12, Sch14], Lichtbogenprozessen mit Zusatzwerkstoff [Sch16, Ucs10] sowie umformender Prozesse [Ber12, Dro14, Hop16, Rau15] hergestellt. Maßgeblichen Einfluss auf die Erhöhung der Festigkeit hat dabei der zunehmende Formschluss aufgrund von Hinterschneidungen, allerdings behindert die verringerte Kontaktfläche bei Makrostrukturen den Wärmeübergang von Metall zu Kunststoff an der Grenzfläche [Ame15a, Hec14, Hop16, Sch14]. Im direkten Vergleich zeigen Mikrostrukturen höhere Festigkeiten als Makrostrukturen [Ber12, Hec14].

Mikrostrukturierungen für einen Einsatz im thermischen Fügen können in geometrisch bestimmt sowie unbestimmt unterteilt werden. Bestimmte Geometrien bilden geradlinige oder kreuzförmige Nutanordnungen in der Metalloberfläche ab und werden durch Laserstrahlprozesse hergestellt. Der Einfluss der Strukturgeometrie und -anordnung auf die Festigkeit und den Fügeprozess war hierbei Gegenstand zahlreicher Untersuchungen [Ame13, Ame14, Ame15a, Eng13, Eng16, Flo11, Hec14, Hec15, Hec16, Hol10, Hua14, Kur13, Que14, Roe11, Roe14, Rod16]. Geometrisch unbestimmte Mikrostrukturierungen, d. h. stochastisch verteilte Oberflächenvertiefungen, wurden durch Strahlen mit festem Strahlmittel [Bal09, Bau16, Ber11, Ber12, Eng13, Flo11, Sic14, Sch16, Vel05, Vel07], Schleifen [Hin11], Laserstrahlung [Ame16, Hec15, Hec16, Str16], Lichtbogenprozesse [Gue14, Koh18] oder Beizen/Anodisieren [Age01, Bal09, Jun16, Lam14, Vel05, Vel07, Zha16] hergestellt und hinsichtlich ihres Einflusses auf die Verbundeigenschaften untersucht. Ein Zusammenhang von Festigkeit und Mikrostrukturierung wurde in Form der Strukturdichte [Ame14, Eng16, Hol10, Hua14, Roe11, Roe14] sowie der Oberflächenvergrößerung [Ame15a] für geometrisch bestimmte Mikrostrukturierungen nachgewiesen. Demgegenüber liefern Rauheitskenngrößen aufgrund einer mangelnden Abbildung der Hinterschneidungen keine hinreichende Aussage [Ber12, Hin11]. Eine allgemeingültige Korrelation der Oberflächengestalt von bestimmten sowie unbestimmten Geometrien zur Festigkeit existiert im Stand der Technik gegenwärtig nicht, weil Messverfahren zur Oberflächenerfassung hinsichtlich ihrer Auflösung keine hinreichende Aussage ermöglichen [Ame16].

Die eindeutige Abgrenzung von Mikro- zu Nanostrukturierungen ist aufgrund auftretender, nanoskaliger Substrukturen nur bedingt möglich [Ame16, Bal13, Hec15, Hec16]. Davon sind insbesondere Beiz-, Anodisierungs-, Lichtbogen- und Laserstrahlprozesse betroffen, die einerseits einen Einfluss auf die Oberflächentopographie ausüben, aber gleichermaßen die Oberflächenmorphologie, bspw. durch oxidische Deckschichten, beeinflussen [Ada13, Ame16, Cui14, Hec15, Hin11, Koh18, Zha16]. Daraus resultiert keine eindeutige Trennung des form-, kraft- und stoffschlüssigen Anteils am Wirkmechanismus, weshalb gegenwärtig keine einheitliche Kenngröße zur Oberflächenbeschreibung für das thermische Fügen oder die Adhäsion im Allgemeinen existiert.

Darüber hinaus kann festgehalten werden, dass in Abhängigkeit der Oberflächenbehandlung und Werkstoffpaarung die Festigkeiten des Hybridverbundes maßgeblich gesteigert werden können. Beispielhaft sei die Steigerung der Scherzugfestigkeit für Aluminiumlegierungen der 6000er Gruppe mit faserverstärktem Polyamid 6 genannt [Hec15, Zha16]. Im unbehandelten Zustand wurde eine Scherfestigkeit von 5 MPa erreicht, die durch Anodisieren auf über 40 MPa [Zha16] gesteigert werden konnte. Für eine Scherzugprüfung kann durch laserbasierte Mikrostrukturierung eine Verbundfestigkeit über 30 MPa erreicht werden [Hec15]. Die erreichbaren mechanischen Eigenschaften hängen darüber hinaus von der Werkstoffpaarung, dem Beanspruchungsfall sowie den wirksamen Randbedingungen ab, die in unterschiedlichen Versagensarten resultieren.

2.1.7 Mechanische Verbundeigenschaften

Thermisch gefügte Kunststoff-Metall-Verbunde weisen in Abhängigkeit des Belastungsfalls, der konstruktiven Gestaltung der Fügestelle, der Prozessführung, der verwendeten Werkstoffe, der Oberflächenbehandlung sowie den wirksamen Umgebungsbedingungen unterschiedliche mechanische Eigenschaften und Festigkeiten auf. Die Festigkeit ist dabei immer im Zusammenhang mit der Versagensart, d. h. dem Vorliegen eines Adhäsions-, Kohäsions- oder Mischbruchs, zu betrachten [Bis93]. In Anlehnung an das Kleben kann entsprechend DIN EN ISO 10365 [DIN95] eine Unterscheidung der Bruchbilder nach Abbildung 2-4 getroffen werden. Dabei werden das Metall, der Kunststoff und mögliche Schichten, bspw. Zinküberzüge oder oxidische Schichten auf der Metalloberfläche, berücksichtigt.

Ein Adhäsionsbruch bedingt das Versagen exakt zwischen beiden Fügepartnern, ohne Materialrückstände des jeweils anderen Werkstoffes auf der Bruchfläche [Hab09]. Voraussetzung für das Auftreten eines Adhäsionsbruches sind damit unzureichende mechanische bzw. physikalisch-chemische Adhäsionskräfte oder das Vorliegen eines Weak-Boundary-Layers [Bik68] (Abbildung 2-4a). Demgegenüber liegt ein gemischter Bruch vor, wenn mehrere Versagensarten auftreten [DIN95]. Eine Beschreibung des Mischbruches kann über die jeweiligen Anteile der vorliegenden Versagensarten vorgenommen werden [DIN95]. Im thermischen Fügen kommt es einerseits zu Kunststoffrückständen auf der Metalloberfläche [Geo09, Mit09, Rod16, Wah11, Zha16], andererseits stellen Schichtsysteme mitunter Schwachpunkte des Verbundes dar (Abbildung 2-4b). Beispielhaft sei der anteilige Bruch innerhalb von Zinküberzügen [Jun13a] oder oxidischen Schichten [Did13, Hec15] genannt.

Tritt das Versagen vollständig in einem Fügepartner auf, kommt es zum kohäsiven Bruch (Abbildung 2-4c-f)., bspw. durch vollständiges Versagen der oxidischen Schicht [Hec15], einem grenzflächennahen Versagen des thermoplastischen Kunststoffes [Hec15] oder einem Versagen von Kunststoff [Wah11] oder Metall [Bal07] außerhalb der Fügezone.

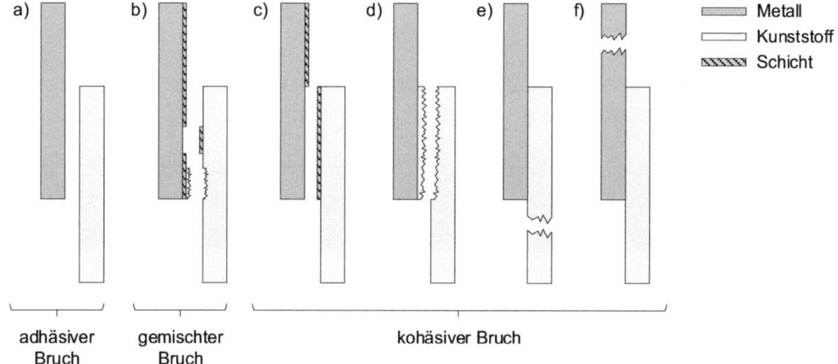

Abbildung 2-4 Bruchbilder für thermisch gefügter Hybridverbunde in Anlehnung an DIN EN ISO 10365 [DIN95]

Die mechanische Belastungsart ist von entscheidender Bedeutung für das auftretende Versagen. Für Torsion [Mar16], Scherung [Rod16, Roe14, Sch14, Zha16], 3-Punkt-Biegung [Roe14], Zug [Koh18, Rod16, Roe14] und Scherzug [Hec15, Koh18, Rod16, Roe14] liegen im Stand der Technik Untersuchungen vor. Für Verbindungen im Überlappstoß treten in der Anwendung häufig kombinierte Belastungen, wie Schälzug oder Scherzug, auf. Daraus resultieren mehrachsige Spannungszustände und Spannungsspitzen, wie in Abbildung 2-5 beispielhaft für eine Scherzugbelastung am Überlappstoß dargestellt. Zug- und Druckspannungen sind durch die angreifende Last sowie die Verformung des Hybridverbundes bedingt. Der Ort der höchsten Spannung bestimmt das Bruchbild bzw. die Risseinleitung. Der Riss wird dabei innerhalb der Grenzflächenschicht initiiert [Gou14, Gou15]. Das Risswachstum kann sich, ausgehend von Fehlstellen sowie der Oberflächentopographie, entlang der Grenzflächenschicht bzw. in den Kunststoff [Gou14, Gou15] oder das Metall hinein fortsetzen und damit das Bruchbild maßgeblich beeinflussen. Beispielhaft sei das Versagen innerhalb der Grenzflächenschicht bei Überschreitung der Adhäsionsfestigkeit bzw. das

Versagen eines Fügepartners am Übergang des Überlappstoßes zum Grundwerkstoff genannt [Wah11]. Darüber hinaus können Nahtimperfektionen, bspw. Blasen in der Fügezone, die erreichbaren Bruchbilder und Festigkeiten beeinflussen (siehe 2.1.8).

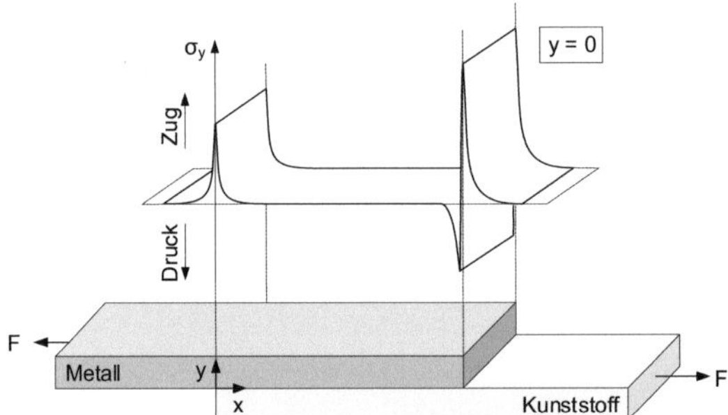

Abbildung 2-5 Schematische Darstellung der Spannungsverteilung (σ_y) im Überlappstoß bei Scherzugbelastung

Für dynamische Belastungen liegen in der Literatur Untersuchungen zur Ermüdungsfestigkeit von ultraschallgeschweißten Hybridverbunden (EN AW 5057-PA 66 CF48) vor, die eine Dauerfestigkeit ($2 \cdot 10^6$ Schwingspiele, Spannungsverhältnis $R > 0$, Prüffrequenz $f = 5$ Hz) in Höhe von ca. 35 % der quasi-statischen Scherzugfestigkeit erreichen [Bal09, Bal11, Bal12, Wag13]. Für das Reibpunktfügen zeigen sich vergleichbare Größenordnungen in Bezug auf die Dauerfestigkeit (10^6 Schwingspiele, $R = 0{,}1$, $f = 5$ Hz) [Gou15]. In Abhängigkeit der Oberflächenvorbehandlung werden für Verbunde aus EN AW 2024-PPS CF50 ca. 25 % (Korundstrahlen) bis 38 % (Korundstrahlen und nachgelagerte Beizpassivierung) der quasi-statischen Festigkeit bei vergleichbarem Bruchbild erreicht [Gou15].

Für die konstruktive Gestaltung des Hybridverbundes ist eine steigende Überlapp- bzw. Anbindungsbreite als zentrale Einflussgröße zur Erhöhung der Verbundfestigkeit identifiziert worden und kann durch die Streckenergie, bzw. Laserstrahlleistung sowie Fügegeschwindigkeit, eingestellt werden [Ame14, Hua14, Jia17]. In Bezug auf Kerbwirkung, Kraftfluss und Spannungsverteilung liegen derzeit, anders als beim Kleben [Vas15], nur vereinzelte Untersuchungen zum Einfluss der Geometrie von Punktverbindungen [Kon10, Kon13] sowie Anhaltspunkte zum Einfluss der Biegesteifigkeit der Fügepartner auf die Versagensart vor [Ame14]. Die Höhe der Maxima für Zug- und Druckspannungen im Überlappstoß, siehe Abbildung 2-5, wird maßgeblich durch die Steifigkeit der Verbundpartner bestimmt. Diese kann einerseits durch den E-Modul der Werkstoffe [Gro14], bspw. durch den Einsatz von faserverstärkten Kunststoffen, sowie die Materialstärke und Überlappbreite [Ame14, Mia05] beeinflusst werden.

Hinsichtlich der Verbundfestigkeit sind damit die Werkstoffauswahl, die konstruktive Gestaltung, die Oberflächenbehandlung und der daraus resultierende Verbindungsmechanismus entscheidende Einflussgrößen.

Eine modellhafte Beschreibung des lastfallabhängigen Verbundverhaltens ist aufgrund der anisotropen Schichten auf den jeweiligen Werkstoffen, der unbekannten Geometrie der Fügezone sowie des schwierig identifizierbaren Kraftflusses über die Grenzflächenschicht herausfordernd [Bos09]. Für numerische Struktursimulationen wird eine hinreichende Übereinstimmung von Kraft-Weg-Verläufen für Scherzug- und Querzugbelastung für die Fügepaarung EN AW 5754 und PA 66 CF48 durch eine besondere Berücksichtigung der Grenzflächenschicht nachgewiesen und auf Profilbauweisen der gleichen Werkstoffpaarung für Vier-Punkt-Biegelast übertragen [Kon10, Kon13a, Sch13a, Sch13b]. Darüber hinaus kann die resultierende Spannungsverteilung anhand von Vergleichsspannungen oder einzelnen Spannungskomponenten entlang des Überlappstoßes mittels numerischer Simulation beschrieben werden [Mia05, Paz14, Sch13a]. Auf Basis eines Mikromodells können Zusammenhänge zwischen der Geometrie der Oberflächenstrukturen und den mechanischen Verbundeigenschaften hergestellt werden. Ein Einfluss von Strukturtiefe, -breite und -anzahl sowie der Strukturform auf Spannungs- und Dehnungsverteilung für Scherzugbelastung werden durch [Eng16] und in [Roe14] dargestellt.

Für die Anwendung eines Hybridverbundes sind seine weitergehenden Eigenschaften gegenüber wirksamen Umgebungsbedingungen von Relevanz, die Alterungsvorgänge und Korrosionserscheinungen bestimmen. Das betrifft insbesondere Korrosions-, Feuchte- und Wärmebelastungen sowie deren Auswirkungen auf den Hybridverbund, bspw. durch Beeinflussung der mechanischen Eigenschaften oder Verfärbungen bei Kunststoffen [DIN12]. Für thermisch gefügte Hybridverbunde liegen dabei Erkenntnisse für Temperaturwechsel- [Kat07], Klima- [Bal09, Gou15, Wag13], Klimawechsel- [Ame13, Eng13, Hec16, Hop16, Rau15, Roe13, Roe14], Wasserlagerungs- [Sch16], Bewitterungs- [Did13] sowie Korrosionsprüfungen [Eng13, Roe13, Roe14, Sch16] vor. Die resultierenden Eigenschaften werden dabei von der Beständigkeit der Grundwerkstoffe sowie der Fügezone gegenüber den wirksamen Belastungen bestimmt. Im Stand der Technik werden deshalb bei Kunststoffen u. a. die Wasseraufnahme [Hec16, Hop16, Rau15, Sch16] und thermische Degradation [Ame13, Roe14, Hec16] als maßgebliche Einflussgrößen beschrieben. Für den metallischen Fügepartner werden Korrosion [Eng13, Roe14] sowie die Umwandlung von oxidische in hydroxidische Schichten [Gou15] als potenzielle Einflussgrößen benannt. Über die Fügezone und Grenzflächenschicht stehen beide Werkstoffe in Kontakt, weshalb es aufgrund unterschiedlicher elektrochemischer Spannungspotenziale zu Kontaktkorrosion kommen kann, bspw. bei der Verwendung von Kohlenstofffaserverstärkungen [Kle14], oder ein Spannungszustand aufgrund unterschiedlicher Wärmeausdehnungskoeffizienten vorliegt [Sch16]. Darüber hinaus können in die Grenzflächenschicht eindringende Medien eine Schädigung bzw. Zerstörung des Hybridverbundes durch Spaltkorrosion verursachen, was vorrangig bei korundgestrahlen Oberflächen auftritt und durch hinreichende Oberflächenbehandlung vermieden werden kann [Eng13, Gou15, Roe14, Sch16]. In Abhängigkeit der Oberflächenstrukturierung kann damit auch Wasser- [Roe14] bzw. Gasdichtheit [Hec16] erreicht werden.

Eine allgemeingültige Aussage zur Alterungsbeständigkeit der Hybridverbunde kann nicht unmittelbar getroffen werden, allerdings wurden die Prozessführung, die Werkstoffpaarung sowie die Oberflächenvorbehandlung als Einflussgrößen identifiziert. Prozessseitig wurde durch [Roe13, Roe14, Eng13] für Polycarbonat-1.4301-Verbunde festgestellt, dass eine erhöhte Fügetemperatur (480 °C zu 350 °C) einer Schädigung des Kunststoffes führt und damit einen nachteiligen Effekt auf die Alterungsbeständigkeit aufweist. Für die Werkstoffauswahl sei beispielhaft der Vergleich zwischen [Hec16] und [Ame13] für eine identische Klimawechseltestprüfung nach BMW PR308.2 angeführt. In Abhängigkeit des thermoplastischen Fügepartners werden nach der Prüfung konstante (PP-EN AW 1050) bzw. um 50 % reduzierte Scherzugkräfte (PA 6-EN AW 5182) festgestellt und mit der Wasseraufnahme des Polyamids begründet. Dabei übt die Oberflächenstrukturierung einen maßgeblichen Einfluss auf die resultierenden Bruchbilder und Verbundfestigkeiten aus. Durch Einsatz einer hinreichenden Oberflächenvorbehandlung können bei Polyamid-Metall-Verbunden, je nach Klima-, Klimawechsel- oder Korrosionswechselprüfung, zwischen 100 % und 70 % der Ausgangsfestigkeit erreicht werden [Bal09, Hop16, Rau15, Wag13]. Bei Einsatz einer unvorteilhaften Oberflächenvorbehandlung, bspw. alleiniges Korundstrahlen, stellen sich durch Alterung und Korrosion deutlich reduzierte Festigkeiten bzw. veränderte Bruchbilder bis hin zum adhäsiven Bruch ein [Eng13, Roe13, Roe14, Sch16].

Eindeutige Auslegungskriterien für Hybridverbunde liegen im Stand der Technik dabei noch nicht vor. Aufgrund von vergleichbaren Betrachtungen an metallischen Mischverbindungen ist davon auszugehen, dass ein kohäsives Versagensverhalten angestrebt wird, wie es bspw. bei der Prüfung von Aluminium-Stahl-Verbunden mittels Widerstandspunktschweißen in Form des Ausknöpfens gezielt eingestellt wird [Neu14, Sun04]. Für Hybridverbunde aus unverstärkten Kunststoffen und Metallen werden die Verbundeigenschaften dabei maßgeblich durch den thermoplastischen Grundwerkstoff bestimmt, d. h. vorrangig durch seine Festigkeit und Duktilität. Das Erreichen bzw. Einstellen eines kohäsiven Versagensverhaltens im Kunststoff kann damit die Gesamtverbundeigenschaften hinsichtlich Energieaufnahme bzw. Duktilität positiv beeinflussen. Weitergehende Betrachtungen zum Bruchverhalten und dessen Beeinflussung, bspw. durch die Veränderung der Kunststoffeigenschaften zur Einstellung eines spröden oder duktilen Versagensverhaltens, liegen an dieser Stelle noch nicht im Stand der Technik vor. Ein grundsätzlicher Einfluss der Kunststoffeigenschaften ist an dieser Stelle nicht auszuschließen, da beispielsweise auch die Entstehung von Nahtimperfektionen auf die Eigenschaften des Kunststoffes zurückgeführt werden kann.

2.1.8 Nahtimperfektionen und Blasenbildung

In der Fügezone kommt es zur Bildung von Nahtimperfektionen. In der Literatur werden Bindefehler, bspw. Kissing Bonds [Raz15] oder ein auftretender Spalt in der Grenzfläche [Ber13, Sch16], sowie die Bildung von Blasen beschrieben [Kat07]. Die Blasen bilden Hohlräume innerhalb der Fügezone (siehe 2.1.5 und 2.1.7) in der Größenordnung von unterhalb eines Mikrometers [Ama10] bis zu hin mehreren Millimetern [Lam17] und stellen eine potenzielle Schwachstelle des Verbundes dar. Der Begriff Blase wird nachfolgend entsprechend dem Laserstrahlschweißen von Kunststoffen verwendet (siehe DVS Richtlinie 2243 [DVS14]). Eine feingliedrigere begriffliche Unterteilung in Anlehnung an das Schweißen metallischer Werkstoffe [DIN07] oder für Kunststoffschweißverfahren [DVS06] findet an dieser Stelle nicht statt, da in Abhängigkeit des Zeit-Temperatur-Regimes und des verwendeten Werkstoffes keine eindeutige Zuordnung zu einer einzeln definierten Nahtunregelmäßigkeit gegeben ist.

Die Blasenbildung im Kunststoff ist dabei auf die thermische Degradation des Kunststoffes [Cha16, Che16, Jia17, Kat07, Tan15, Til10] sowie die Dampfbildung durch im thermoplastischen Fügepartner gelöstes Wasser [Ama10, Ame16a, Hop14, Sch15, Ueb95] zurückzuführen. Vereinzelt werden auch Lufteinschlüsse [Che16, Sch16] oder Schwindung [Tan15] als Ursache angegeben, wobei die Blasen im Allgemeinen mangels einer Entgasungsmöglichkeit in der Fügezone verbleiben sollen [Che16, Sch16]. Neben den Ursachen für die Blasenbildung sind deren genauen Entstehungsvorgänge sowie ihr Verhalten während des Fügens ungeklärt. Die Blasen können mit zunehmender Anzahl eine Schwachstelle innerhalb des Verbundes darstellen und die Verbundfestigkeit deutlich reduzieren [Far11, Niw08, Ama10, Wah11]. Allerdings sehen einige Untersuchungen grundsätzlich einen positiven Effekt der Blasen auf das Fügeergebnis, da die Blasen aufgrund des Dampfdrucks expandieren und damit die Schmelze in die Oberflächenstruktur des metallischen Fügepartners pressen sollen [Cha16, Hua14, Jun11, Jun13a, Kat07, Kat08, Wah11]. Dabei befinden sich die Blasen im Wärmeleitungsfügen meistens vollständig innerhalb der Schmelzzone und sind durch eine Kunststoffschicht von wenigen Mikrometern Dicke von der Metalloberfläche getrennt, was eine Blasenentstehung innerhalb der Schmelzzone nahelegt [Jia17, Sch15]. Bei einer näheren Betrachtung der Ursachen ist allerdings davon auszugehen, dass die Blasen überwiegend an der Grenzfläche entstehen müssten, da dort die höchste Temperatur vorliegt. Deshalb ist der Ausgangspunkt für die zersetzungsbedingte Blasenbildung dort zu verorten. Darüber hinaus ist auch ein Einsetzen der wasserbedingten Blasenbildung an der Grenzfläche anzunehmen, da aufgrund der höchsten Temperaturen die Löslichkeit des Wasserdampfes dort zuerst unterschritten wird. Demgegenüber kann die wasserbedingte Blasenbildung auch an weiteren Keimstellen auftreten, bspw. durch verdampfendes Wasser innerhalb der Schmelze [Fis01]. Auch das Verhalten der Blasen in Abhängigkeit der Umgebung ist bisher ungeklärt, bspw. ist der Einfluss von Auftrieb, Viskosität, Dichte und Oberflächenspannung auf Blasenexpansion und -bewegung in anderen Fluiden im Stand der Technik beschrieben [Fis01, Koe04]. Eine Beschreibung der Blasenentstehung und des Verhaltens während des Fügeprozesses ist dabei gegenwärtig nicht gegeben.

Der Blasenbildung kann dennoch prozessseitig durch verschiedene Ansätze entgegengewirkt werden. Das zersetzungsbedingte Auftreten von Blasen folgt der zeitabhängigen Temperaturverteilung in der Fügezone und kann durch die Heizrate, die Verweilzeit sowie die Maximaltemperatur (siehe 2.2.3) beeinflusst werden [Bau14, Gou15, Hol10, Mit09]. Als wirksame Einstellgrößen zur Verringerung der Blasen wurden ein verringerter Energieeintrag [Ame16a, Far12, Lam17] bzw. eine reduzierte Leistungsdichte des Laserstrahls [Bau16] nachgewiesen. Ein alternativer Ansatz ist aus dem Kunststoffschweißen bekannt und beruht auf der Erhöhung des Fügedrucks zwischen beiden Werkstoffen. Ein steigender Fügedruck kann den Schmelzeaustrieb im Randbereich der Fügezone erhöhen und damit einen Abtransport der Blasen aus dem Anbindungsbereich beider Werkstoffe ermöglichen [Sto03, Ueb95]. Bei der Verwendung einer hinreichend großen Flächenpressung kann die wasserbasierte Blasenbildung auch durch die Verschiebung der Dampfdruckkurve unterbunden werden [Ueb95]. Darüber hinaus ermöglichen kombinierte Prozesse, bspw. der Einsatz eines ultraschallunterstützten thermischen Fügeprozesses, eine deutliche Reduktion der Blasen in der Fügezone [Che16].

An dieser Stelle ist festzuhalten, dass die Ursachen der Blasenentstehung vorrangig von der chemischen Struktur und den draus resultierenden Eigenschaften der Thermoplaste abhängt. Die zugrundeliegenden Mechanismen sind weitreichend beschrieben, allerdings ist das Verhalten der Blasen während des Fügeprozesses ungeklärt bzw. ihr Einfluss auf das Fügeergebnis durch eine Unterstützung der Füllung der Oberflächenstrukturen ambivalent gegenüber dem Entstehungsort an der Grenzfläche.

2.2 Struktur und Eigenschaften teilkristalliner Thermoplaste

2.2.1 Struktureller Aufbau teilkristalliner Thermoplaste

Thermoplastische Kunststoffe sind aus vernetzten Makromolekülen aufgebaut, d. h. innerhalb der Makromoleküle treten Hauptvalenzbindungen auf, zwischen den Makromolekülen Nebenvalenzbindungen [Sch02]. Damit wird ein mehrfaches Schmelzen und Erstarren der thermoplastischen Werkstoffe ermöglicht [Sch02]. Teilkristalline

Thermoplaste können darüber hinaus Nahordnungsbereiche aufweisen [Men11]. Diese bilden sich dabei zwischen regelmäßigen, identisch aufgebauten Molekülketten aus, verfügen über eine sehr hohe Packungsdichte und sind durch die einhergehende Minimierung der inneren Energie bedingt [Ehr11, Men11]. In technischen Prozessen wird aufgrund der großen Länge der Makromoleküle bei der Abkühlung aus dem schmelzflüssigen Zustand keine vollständig kristalline Struktur erreicht [Ehr11, Men11]. Während der Abkühlung des Polymers können sich mit Unterkühlung der Schmelze Keime bilden. Zwei Keimbildungsmechanismen sind dabei entscheidend: Einerseits die homogene Keimbildung, d. h. Kettensegmente ordnen sich durch Wärmebewegung so an, dass Kristallite entstehen können [Ehr11, Men11]. Andererseits kann heterogene Keimbildung auftreten, bspw. durch nicht vollständig geschmolzene Kristallite, Fremdpartikel oder Nukleierungsmittel [Ale98, Ehr11]. Dabei können starke physikalische Wechselwirkungen, bspw. bedingt durch funktionelle Gruppen, die Keimbildung unterstützen [Wor11]. Mit Überschreitung des kritischen Keimradius (siehe [Ehr11, Men11]) werden diese stabil und wachsen zu Kristalliten, d. h. molekularen Nahordnungen in Form von gefalteten Molekülketten. Da die Länge dieser Makromoleküle die Dicke eines Kristallits um ein Vielfaches überschreitet, kehren diese nach einer Faltung in die Lamelle zurück oder gehen in eine andere Lamelle über [Ehr11]. Die Lamellendicke bzw. Kristallitgröße beeinflusst dabei das resultierende Schmelzintervall, das mittels dynamischer Differenzkalorimetrie (DSC) ermittelt werden kann [Ehr04]. Diese Übergänge, Faltungsbögen oder Klinken verfügen dabei über keine kristalline Struktur und stellen amorphe Bereiche dar [Ehr11]. Die Erstarrung schreitet dabei in Richtung des Temperaturgefälles voran, wobei sich unterschiedliche kristalline Überstrukturen ausbilden können [Ehr11, Men11]. Meist kommt es zur Bildung von Sphärolithen, d. h. unter Abkühlung entstehen ausgehend von einem Keim punktsymmetrische Überstrukturen mit radial angeordneten Kristalllamellen [Ehr11, Men11]. Das Wachstum der Überstrukturen sowie die Kristallisationsgeschwindigkeit ist dabei stark werkstoff- und temperaturabhängig [Kha90, Kre09, Mag62]. Diese übermolekularen Strukturen werden dabei unter dem Begriff der Morphologie zusammengefasst [Mic92]. Abbildung 2-6 stellt den strukturellen Aufbau eines teilkristallinen Kunststoffes am Beispiel von Polyethylen dar.

Die beschriebene Primärkristallisation ist mit der vollständigen Ausbildung der Überstrukturen bzw. mit Unterschreitung der Endtemperatur des Kristallisationsintervalls abgeschlossen [Ehr04, Men11]. Oberhalb der Glasübergangstemperatur kann es zur Sekundärkristallisation kommen, d. h. amorphe Bereiche innerhalb der Überstrukturen kristallisieren nach [Ehr04, Men11]. Dieser ebenfalls stark temperatur- und zeitabhängige Vorgang führt zu einer Erhöhung des Kristallisationsgrades, aber gleichzeitig zur Schwindung und daraus resultierenden Spannungszuständen innerhalb des Bauteils [Men11, Sim97].

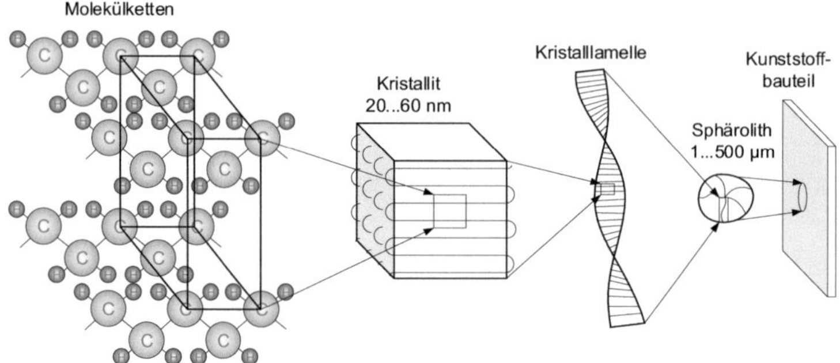

Abbildung 2-6 Struktureller Aufbau eines teilkristallinen Kunststoffes am Beispiel Polyethylen nach [Men11, Oss12]

Die chemische Struktur der Kunststoffe und ihre funktionellen Gruppen beeinflussen die beschriebenen Mechanismen und die entstehende Morphologie maßgeblich. Tabelle 2-1 stellt diese anhand verschiedener Thermoplaste beispielhaft dar.

Tabelle 2-1 Chemische Struktur ausgewählter Thermoplaste [Sch02, Kai16]

Kunststoff	Abkürzung	Strukturformel
Polyamid 6	PA 6	$\left[-\overset{H}{\overset{\mid}{N}}-(CH_2)_5-\underset{O}{\underset{\parallel}{C}}- \right]_n$
Polyamid 6.6	PA 6.6	$\left[-\overset{H}{\overset{\mid}{N}}-(CH_2)_6-\overset{H}{\overset{\mid}{N}}-\underset{O}{\underset{\parallel}{C}}-(CH_2)_4-\underset{O}{\underset{\parallel}{C}}- \right]_n$
Polypropylen	PP	$\left[-\overset{H}{\overset{\mid}{\underset{H}{\underset{\mid}{C}}}}-\overset{H}{\overset{\mid}{\underset{CH_3}{\underset{\mid}{C}}}}- \right]_n$

Für Polyamid 6 (PA 6), Polyamid 6.6 (PA 6.6) und Polypropylen (PP) sind die in den Strukturen enthaltenen Amidgruppen (CONH-Gruppe), Methylengruppen (CH_2-Gruppe) und Methylgruppen (CH_3-Gruppe) von Bedeutung [Kai16]. In Polyamiden bilden sich aufgrund der Amidgruppen Wasserstoffbrückenbindungen zwischen den Molekülketten oder weiteren Molekülen aus, woraus sich eine hohe Festigkeit der Werkstoffe und eine hohe Löslichkeit von Wasser in den amorphen Bereichen ergibt [Ale98, Mur89]. Auch die Methylengruppen verfügen über einen polaren Charakter und bilden Dispersionskräfte aus [Kai16]. Die Anzahl der Amidgruppen sowie das Verhältnis von Amid- zu Methylengruppen je Strukturelement beeinflusst die Ausbildung der intermolekularen Wasserstoffbrückenbindungen und nimmt damit einen wesentlichen Einfluss die Wasseraufnahme sowie die Schmelztemperatur der jeweiligen Werkstoffe, bspw. ca. 260 °C bei PA 6.6 zu ca. 220 °C bei PA 6 [Ale98]. Demgegenüber verhindern die unpolaren Methylgruppen eine nennenswerte Wasseraufnahme in PP oder die Ausbildung von Wasserstoffbrückenbindungen [Mai98]. Die unterschiedlichen funktionellen Gruppen und die daraus resultierende Fähigkeit zur Ausbildung physikalischer Bindungen sowie die Polarität können sich damit auch auf den stoffschlüssigen Verbindungsmechanismus auswirken (siehe 2.1.6.1).

Ausgehend von der chemischen Struktur ergibt sich eine hohe Anzahl an Anordnungsmöglichkeiten der Makromoleküle, die in Form unterschiedlicher Elementarzellen eine Vielzahl von Kristallmodifikationen während der Erstarrung ausbilden können [Ale98, Mai98]. Die Kristallisationsbedingungen und -temperaturen beeinflussen dabei die auftretenden Modifikationen innerhalb eines Bauteils bzw. können diese steuern [Ale98, Gog77, Ito98, Kyo72, Mur02, Ngu11]. Die unterschiedlichen Modifikationen nehmen dabei Einfluss auf verschiedene Eigenschaften des Kunststoffes, beispielsweise die Dichte (α: 1160 $kg \cdot m^{-3}$, γ: 1140 $kg \cdot m^{-3}$) [Das96, Mur85], das Schmelzintervall [Ill72, Ito75, Lot98] oder das Elastizitätsmodul [Das96, Tas81]. In der Regel treten dabei mehrere Modifikationen auf, die sich aufgrund eines metastabilen Zustandes oder äußerer Einflüsse, bspw. Wasser [Mur89], Umformung [Miy67, Mur91] oder Erwärmung [All90, Bri42, Kyo72, Mur85, Pen01, Pep16, Var89], auch nach der Erstarrung noch verändern können. Beispielsweise zeigt PA 6 bei 200 °C die Umwandlung einer metastabilen γ-Modifikation in die stabile α-Modifikation [Kyo72]. Die Kristallmodifikationen können dabei einerseits über Röntgenbeugung anhand charakteristischer Maxima nachgewiesen werden (siehe Abbildung 2-7a) [Kyo72, Sha10]. Andererseits zeigen sich bei einigen Kunststoffen aber auch Veränderungen in DSC-Kurven, beispielsweise bei PA 6 anhand zweier auftretender Maxima im Schmelzintervall für Mischungen aus α- und γ-Modifikation (siehe Abbildung 2-7b) [Ill72, Ito75, Mur85, Sha10].

Im gegenwärtigen Stand der Technik ist der Einfluss des thermischen Fügens und seiner Prozessgrößen auf die Überstrukturen, die Kristallmodifikation sowie die Primär- und Sekundärkristallisation nicht betrachtet. Allerdings kann ein maßgeblicher Effekt auf die mechanischen Eigenschaften des Kunststoff-Metall-Verbundes vorliegen, weshalb eine nähere Betrachtung im Rahmen dieser Arbeit erfolgt.

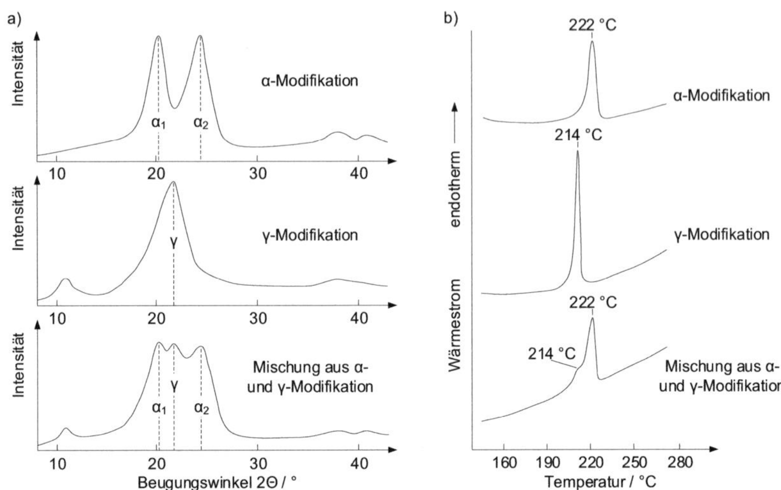

Abbildung 2-7 a) charakteristische XRD-Peaks nach [Kyo72] und b) DSC-Kurven nach [Mur85] der α- und γ-Modifikation bei PA 6

2.2.2 Mechanische Eigenschaften

Die teilkristallinen Kunststoffe können durch den thermischen Fügeprozess eine Veränderung der Kristallmodifikation, der Überstrukturen, des Kristallisationsgrades sowie des Wassergehaltes erfahren, was zu veränderten mechanischen Eigenschaften führen kann [Ale98]. Der Einfluss der Kristallmodifikation auf diese Eigenschaften kann dabei nicht für alle teilkristallinen Thermoplaste eindeutig beschrieben werden, da diese meistens nicht isoliert auftreten. Allerdings gibt es Betrachtungen bei PA 6 zum Elastizitätsmodul, bspw. für reine α- (235 GPa) sowie γ-Modifikation (132 GPa) [Das96], zur erreichbaren Dehnung im Zugversuch in Abhängigkeit des Modifikationsanteils [Fer04] sowie zur Härte [She06]. Auch eine Zunahme der Kristalllamellendicke innerhalb der Überstrukturen wird beispielsweise für Polyethylen als positiver Einfluss beschrieben, wobei ab ca. 30-40 nm konstante Spannungswerte erreicht werden [Hum09, Kaz05]. Eine steigende Kristalllamellendicke bedingt ebenfalls eine Härtezunahme [Bal85].

Die Kristallmodifikation und Kristalllamellen sind dabei in Überstrukturen gefasst, deren Ausprägung einen weitergehenden Einfluss auf die mechanischen Bauteileigenschaften ausüben kann. Durch eine steigende Anzahl und damit einhergehende verringerte Größe der Sphärolithe, bspw. unterstützt durch Keimbildner, kann die Bruchdehnung bei vergleichbarer Streckspannung für PP-Werkstoffe deutlich erhöht werden [Ehr11, Hay65]. Demgegenüber zeigt PA 6.6 mit verringerter Sphärolithgröße eine steigende Fließgrenze bzw. Streckspannung unter verringerter Bruchdehnung

[Moo83, Sta59]. In weiteren Betrachtungen ordnet [Jab15] den Einfluss der sphärolithischen Strukturen den Kristalllamellen unter. Darüber hinaus kann eine Änderung der Überstruktur auch das Verformungsverhalten der amorphen Bereiche zwischen den Sphärolithen sowie die Deformation der Sphärolithe selbst beeinflussen [Str77, Hay65], weshalb keine allgemeingültige und richtungsunabhängige Beschreibung zur Wirkung der Überstrukturen gegeben werden kann.

Betrachtet man das Bauteil makroskopisch, so gilt der Kristallisationsgrad als weitere Einflussgröße in Bezug auf die mechanischen Eigenschaften. Mit steigendem Kristallisationsgrad nehmen u. a. Steifigkeit, Streckspannung, E-Modul und Härte zu, demgegenüber Dehnung, Schlagzähigkeit und Kriechneigung ab [Ale98]. Beispielsweise wurde bei PA 6 sowie bei Polyethylen für steigende Kristallisationsgraden ab 30 % ein nahezu linearer Zusammenhang mit der Streckspannung im Zugversuch festgestellt [Bes75, Bro99, Hum09, Ken94]. Dabei sind nach [Hum09] die amorphen Bereiche vorrangig für das viskoelastische Verhalten verantwortlich, wohingegen für plastische Deformation zahlreiche Beschreibungsansätze vorliegen (siehe [Ole07]).

Die amorphen Bereiche sind insbesondere bei Polyamiden aufgrund der Wasseraufnahme von großer Bedeutung für die mechanischen Eigenschaften. Diese erfolgt bis zur Erreichung des Sättigungsgehaltes aufgrund des Konzentrationsunterschiedes zur Umgebung und kann mittels Diffusionsgesetz beschrieben werden [BAS03, BAS13]. Die Wasseraufnahme wird dabei u. a. von einem steigenden Kristallisationsgrad verlangsamt und korreliert mit dem Anteil der amorphen Phase [Gre98, Sta56]. Das aufgenommene Wasser bedingt eine Volumenzunahme des Kunststoffes und fungiert dabei als Weichmacher, der die Zähigkeit erhöht sowie E-Modul, Streckgrenze und Glasübergangstemperatur gleichzeitig absenkt [Ale98, Gre98, Sch00, Sch02]. Die dadurch gesteigerte Beweglichkeit der Molekülketten kann die Primär- und Sekundärkristallisation unterstützen [Ale98, Mag62a, Sta56]. Darüber hinaus kann der Wassergehalt auch andere Einflüsse auf die mechanischen Eigenschaften nivellieren, bspw. unterschiedliche Sphärolithgrößen [Sta59].

Als weitere Einflussgröße kann der Eigenspannungszustand von Bedeutung sein. Durch das Fügen von zwei Werkstoffen unterschiedlicher Wärmeausdehnungskoeffizienten (siehe 2.1.6.1) sowie der thermisch beeinflussten Sekundärkristallisation bzw. Veränderung der Kristallmodifikation können Eigenspannungen entstehen, die einen negativen Effekt auf die mechanische Belastbarkeit des Verbundes ausüben [Kre09, Mur91a].

Zusammenfassend ist für die mechanischen Eigenschaften die Vielzahl von Einflussfaktoren festzuhalten. Dabei sind mikroskopische Effekte nicht immer makroskopisch nachweisbar bzw. aufgrund von Wechselwirkungen zwischen den Einflussgrößen, bspw. Wassergehalt und Sphärolithgröße, nicht in allen Fällen eindeutig abzugrenzen.

2.2.3 Thermophysikalische Eigenschaften und thermische Degradation

Darüber hinaus sind die thermophysikalischen Eigenschaften von großer Bedeutung für die Ausbildung der Fügezone. Die große Temperaturabhängigkeit der Materialeigenschaften kann maßgeblichen Einfluss auf die entstehende Schmelzzone im Kunststoff nehmen, weshalb relevante Werkstoffeigenschaften nachfolgend betrachtet werden sollen.

Beide Werkstoffe stehen an der Grenzfläche in Kontakt und werden durch den Fügeprozess erwärmt. Aufgrund der Erwärmung kommt es zur thermischen Ausdehnung der Werkstoffe, wobei Metalle und Kunststoffe über unterschiedliche Ausdehnungskoeffizienten verfügen. Beispielsweise ist der Wärmeausdehnungskoeffizient im Temperaturbereich von ca. 20...100 °C für hochlegierten Stahl (1.4301) mit $16{,}0 \cdot 10^{-6} \cdot K^{-1}$ [Deu15] bzw. für Aluminium (EN AW 6082) mit $23{,}4 \cdot 10^{-6} \cdot K^{-1}$ [Sch13c] angegeben, wohingegen PP mit $150 \cdot 10^{-6} \cdot K^{-1}$ [KHP14] bzw. PA 6 und PA 6.6 mit $70...100 \cdot 10^{-6} \cdot K^{-1}$ [BAS13a] deutlich höhere Werte aufweisen. Im Fügeprozess wird der Kunststoff geschmolzen und dringt in die Oberflächenstrukturen des metallischen Fügepartners ein, weshalb nach der Abkühlung von einem Spannungszustand zwischen beiden Werkstoffen bzw. innerhalb der Grenzflächenschicht auszugehen ist, der auch einen Kraftschluss bedingen kann (siehe 2.1.6.1).

Dabei erfordert das Schmelzen der Kunststoffe zur Ausbildung des Verbundes eine nähere Betrachtung der Materialeigenschaften. Die Glasübergangstemperatur T_g und der Phasenübergang fest-flüssig – dargestellt anhand der Peaktemperatur des Schmelzintervalls T_{pm} – sind bei teilkristallinen Kunststoffen charakteristisch für Eigenschaftsänderungen (siehe Abbildung 2-8a). Die temperaturabhängige Volumenzunahme ist dabei für Aufheizen und Abkühlen unter idealisierten Bedingungen reversibel, allerdings treten in realen Anwendungsfällen auch irreversible Effekte auf, die eine bleibende Volumenzunahme verursachen. Werden beispielsweise die Makromoleküle eines Kunststoffbauteils im Herstellungsprozess stark orientiert und das Material anschließend erneut geschmolzen, so kommt es zu einer Volumenzunahme aufgrund der Neuorientierung der Kettensegmente [Dom71, Kur11, Pot04]. Ein weiterer Vorgang ist die Volumenabnahme aufgrund von Schwindung durch Sekundärkristallisation (siehe 2.2.1).

Neben dem spezifischen Volumen (Kehrwert der Dichte) unterliegen auch die Wärmeleitfähigkeit und die spezifische Wärmekapazität einer weitreichenden Temperaturabhängigkeit. Eine Betrachtung der Wärmeleitungsgleichung zeigt, dass diese Größen über einen wesentlichen Einfluss auf die Ausbildung des Temperaturfeldes im Kunststoff und der daraus resultierenden Schmelzzone im Fügeprozess verfügen [Mar12]. Im Allgemeinen nehmen die Dichte und die Wärmeleitfähigkeit mit steigender

Temperatur ab, wohingegen die spezifische Wärmekapazität zunimmt [Kre09]. Aufgrund des Phasenübergangs und der damit verbundenen Schmelzenthalpie teilkristalliner Kunststoffe kommt es in der spezifischen Wärmekapazität zur Ausbildung eines Maximums im entsprechenden Temperaturbereich.

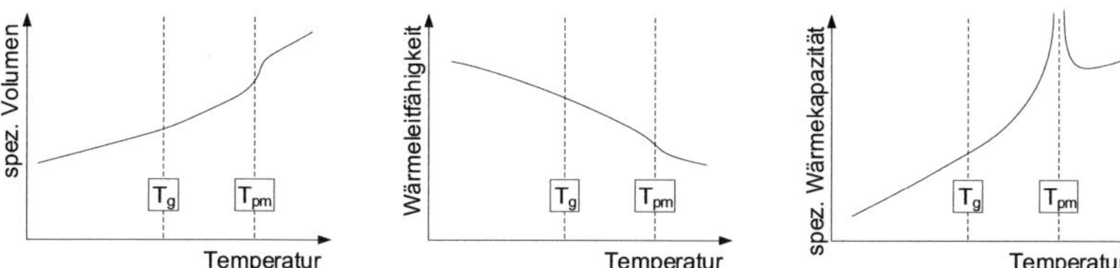

Abbildung 2-8 Qualitative Darstellung der Temperaturabhängigkeit ausgewählter Werkstoffeigenschaften für teilkristalline Thermoplaste a) spezifisches Volumen, b) spezifische Wärmekapazität und c) Wärmeleitfähigkeit nach [Kre09]

Neben der Ausbildung der Schmelzzone ist die Benetzung der Oberfläche bzw. die Füllung der Oberflächenstrukturen von Relevanz für den Fügeprozess. Nach [Age01] muss dafür auch die Viskosität des Kunststoffes betrachtet werden. Diese weist eine starke Abhängigkeit von Temperatur und Scherrate auf [Kre09], wobei aufgrund geringer Scherraten im thermischen Fügeprozess von einem vernachlässigbaren Einfluss letzterer ausgegangen und die Eigenschaften des Newtonschen Bereiches angenommen werden können [Age01]. Mit steigenden Temperaturen im Fügeprozess nimmt die Viskosität für die Werkstoffe PA 6, PA 6.6 und PP dabei deutlich ab [Ski04], wodurch die Benetzung und Füllung von Oberflächenstrukturen unterstützt bzw. die Bewegung von Blasen innerhalb der Schmelzzone beeinflusst werden kann (siehe 2.1.8). Beispielsweise zeigt PA 6 im Bereich von 230...280 °C eine Abnahme der Viskosität im newtonschen Bereich um ca. 80 % [Lau79], wohingegen die Viskosität von PP im Bereich von 180 °C bis 240 °C um ca. 50 % abfällt [Ski04]. PA 6.6 erreicht dabei im Vergleich mit PA 6 und PP mit Abstand die niedrigste Viskosität (ca. 70 Pa·s bei 320 °C) [Aut17].

Mit steigender Temperatur ändern sich allerdings nicht nur die thermophysikalischen Werkstoffeigenschaften. In Abhängigkeit der Belastungszeit und -temperatur kann es auch zur thermischen Zersetzung des Kunststoffes, d. h. zu einer Spaltung chemischer Bindungen in den Makromolekülen, kommen [Ehr07, Hep02, Moi59]. Der Bindungsbruch wird auf die steigende Belastung durch ein zunehmendes Schwingen der Atome unter erhöhten Temperaturen zurückgeführt und tritt in Abhängigkeit der Kettenlänge sowie Position in der Kette vorrangig bei schwachen Bindungen innerhalb der Hauptkette auf [Ehr07, Hep02, Ngu94]. Deshalb zeigen Kunststoffe eine zunehmende Zersetzung für steigende Temperaturen bzw. länger anhaltende Zeitdauern [Cha97, Dav62, Maz13, Moi59]. Da im thermischen Fügeprozess keine inerte und trockene Atmosphäre sichergestellt werden kann, ist in Abhängigkeit des Werkstoffes von einer Überlagerung mit oxidativer und hydrolytischer Degradation auszugehen [Ehr07]. Der Einfluss der Schergeschwindigkeit auf den Materialabbau, wie bspw. von [Lit12] für PP dargestellt, wird aufgrund der geringen Größenordnung im untersuchten Fügeprozess vernachlässigt.

Für Polyamide sowie für Polypropylen nimmt die Zersetzungstemperatur dabei unter der Anwesenheit von Sauerstoff in der Umgebungsatmosphäre ab und wird durch eine steigende Heizrate erhöht [Abo10, Bey02, Li06]. Beispielsweise beginnt die Zersetzung von PA 6.6 unter Sauerstoffatmosphäre bei ca. 342 °C und unter Stickstoffatmosphäre bei ca. 422 °C [Bey02]. Typische Zersetzungsprodukte bei Polyamiden sind CO_2 und Wasserdampf, mit steigenden Temperaturen treten allerdings auch weitere Zersetzungsprodukte wie Kohlenmonoxid oder Benzol auf [Bey02]. Bei der Zersetzung von Polypropylen entstehen demgegenüber vorrangig Ketone [Bey02]. Diese gasförmigen Zersetzungsprodukte sind gemeinsam mit verdampfendem Wasser der Ausgangspunkt zur Blasenbildung innerhalb der Schmelzzone (siehe 2.1.8). Eine Ermittlung der Zersetzungstemperatur kann auf Basis von Thermogravimetrie (TGA) durchgeführt werden [Ehr04].

2.2.4 Beeinflussung der Morphologie durch Fertigungsverfahren

Die Fügezone im thermischen Fügen von Kunststoff-Metall-Hybridverbunden wird im Wesentlichen durch das Temperaturfeld innerhalb der Fügepartner beeinflusst (siehe 2.1.5). Im laserbasierten Wärmeleitungsfügen ist auf Seiten des metallischen Fügepartners dabei keine wesentliche Veränderung jenseits einer Wärmebehandlung zu erwarten. Demgegenüber tritt im Kunststoff eine Schmelzzone auf (siehe 2.1.5), die entlang der Grenzfläche einen Verbund zwischen beiden Werkstoffen ermöglicht. Der Kunststoff kann dabei durch das Schmelzen und Erstarren weitreichende Veränderungen hinsichtlich seiner Morphologie und den daraus resultierenden Eigenschaften erfahren. Gleichzeitig tritt bei Hybridverbunden von Metallen mit unverstärkten Kunststoffen häufig ein kohäsives Versagen im Kunststoff auf (siehe 2.1.7). Eine detaillierte Betrachtung der Vorgänge hinsichtlich der Morphologie des Kunststoffes sowie dem daraus resultierendem Versagensverhalten ist für Hybridverbunde im Stand der Technik noch nicht gegeben. Allerdings liegen aus dem Bereich des Urformens und der Fügetechnik von Kunststoffen zahlreiche Untersuchungen vor, die entsprechenden Einflüsse sowie Wechselwirkungen zwischen morphologischen und mechanischen Eigenschaften belegen.

Die Bewertung der Morphologie hängt grundsätzlich von der zu beschreibenden Kenngröße ab, weshalb beispielhaft der Kristallisationsgrad, die Kristallmodifikation und die Größe der Überstrukturen genannt sein. Die ortsaufgelöste und quantitative Bestimmung des Kristallisationsgrades wurde u. a. mittels DSC-Analysen [Hin03], Infrarot-Mikroskopie [Gho09, Sch14a] und Röntgendiffraktometrie [Gal15] durchgeführt.

Die zugrundeliegenden Kristallmodifikationen können u. a. mittels optischen Analysemethoden [Sch14a] oder ebenfalls Röntgendiffraktometrie (siehe 2.2.1) erfasst werden, wobei qualitative sowie quantitative Aussagen möglich sind. Demgegenüber erfolgt die Betrachtung der Überstrukturgröße meistens qualitativ, d. h. die Größenverhältnisse oder Deformationen werden innerhalb eines Bauteils bzw. mit dem Ausgangsmaterial verglichen [Dru15, Geh93, Lur08, Sto03]. Ansätze zur quantitativen Beschreibung der Sphärolithgrößen mittels Bildverarbeitung liegen im Stand der Technik vor [Mic01], haben allerdings noch keine weitreichende Anwendung gefunden.

Fertigungstechnische Prozesse beeinflussen diese und weitere morphologische Eigenschaften (u. a. Kristallorientierung, Kristallitgröße) der Kunststoffe aufgrund der wirksamen Belastungen, bspw. durch thermische oder thermisch-mechanische Einflüsse. Der Einfluss von Urformprozessen kann am Beispiel des Spritzgießens dargestellt werden, wenn aufgrund steigender Werkzeugwandtemperaturen ein langsameres Abkühlen der Schmelze erreicht wird und damit amorphe Randschichten in ihrer Dicke reduziert sowie größere Sphärolithstrukturen eingestellt werden können [Dru15, Ngu11]. Andererseits wird damit auch der Kristallisationsgrad erhöht [Dru15], was in Extrusionsprozessen über die Walzentemperierung eingestellt werden kann [Bei10]. Gleichzeitig beeinflusst das Abkühlverhalten auch die resultierende Kristallmodifikation, die sich von der Randschicht bis in das Kernmaterial hinein verändern kann [Sha10, Xie05]. Darüber hinaus können die thermischen und mechanischen Belastungen auch eine Verstreckung bzw. Orientierung der Molekülketten im Kunststoffbauteil verursachen, was außerhalb von Folienwerkstoffen vorrangig in Randzonen stattfindet [Ngu11, Sch04, Sue88].

Die Folgeverfahren in der weiteren Bearbeitung der Kunststoffbauteile üben ebenfalls einen Einfluss auf die morphologischen Eigenschaften aus, wobei insbesondere der Einfluss der thermischen Fügeverfahren im Kontext der Arbeit betrachtet werden soll. Der Leistungseintrag durch den Fügeprozess bildet dabei ein Temperaturfeld im Kunststoff aus. Für das Laserstrahlschweißen ist die Ausbildung einer Schmelzzone beschrieben, deren Dicke mit steigender Streckenenergie nahezu linear zunimmt [Woh12]. In Abhängigkeit des Temperaturfeldes kann es zur Zersetzung des Kunststoffes, einem vollständigen Schmelzen, einem teilweisen Schmelzen oder einer Wärmebehandlung des angrenzenden festen Grundwerkstoffes kommen [Gho09]. Die gewählten Prozessparameter können die morphologischen Eigenschaften dabei gezielt beeinflussen, was [Gho09] für eine zunehmende Laserstrahlleistung und den daraus resultierenden Steigerungen in Sphärolithgröße und Kristallisationsgrad nachweist und auf eine reduzierte Abkühlgeschwindigkeit zurückführt. Innerhalb der Schmelzzone können diese Vorgänge auch die durch den Urformprozess eingestellten Eigenschaften nivellieren. Exemplarisch sei die Neuorientierung von verstreckten

Molekülketten genannt, die gleichzeitig mit einer Volumenzunahme einhergeht und bspw. bei Folienwerkstoffen bis zu Faktor 3 beträgt [Dom71, Kur11, Pot04].

Die Ausbildung unterschiedlicher Zonen unterliegt dabei nicht nur thermischen, sondern auch mechanischen Einflussgrößen, verursacht durch die Zuführung eines Zusatzwerkstoffes oder hohen Prozesskräften. Für das Heizelement- [Sto03], das Vibrations- [Sch89, Sto03, Var08], das Warmgas- [Bal08, Bal08a], das Extrusions- [Geh93] und das Rührreibschweißen [Kis12] konnte dabei auch das Auftreten von deformierten bzw. verzerrten Überstrukturen festgestellt werden. Diese treten einerseits im Übergang zum Grundwerkstoff in partiell geschmolzenem Material auf, d. h. die Überstrukturen sind nicht vollständig aufgelöst, und erfahren aufgrund der prozessbedingten Schmelzebewegung eine Umformung bzw. Orientierung [Geh93, Var92, Var08]. Andererseits kann bei hohen mechanischen Spannungen auch eine orientierte Kristallisation Einfluss auf die verzerrt erscheinenden Überstrukturen nehmen [Kis12, Var92]. Das verdeutlicht die unterschiedlichen Einflüsse und Wechselwirkungen der thermisch-mechanischen Beeinflussung der Vorgänge.

Dabei treten unterschiedlichste Strukturbereiche innerhalb eines Werkstückes auf. Dies wird beispielhaft in Abbildung 2-9 für eine Extrusionsschweißnaht nach [Geh93] dargestellt. Der Zusatzwerkstoff (1) in der Nahtmitte weist eine grobe Sphärolithstruktur auf, die aufgrund der schnelleren Erstarrung im Randbereich in Richtung Grundwerkstoff feinsphärolithischer wird. In der Fügeebene, d. h. am Übergang von Zusatz- und Grundwerkstoff, bildet sich eine transkristalline Front (2) mit stark richtungsorientiertem Wachstum aus, die in eine vollständig geschmolzene Schicht des Grundwerkstoffes übergeht (3). Diese besteht überwiegend aus mittelgroßen Sphärolithen, deren Größe innerhalb der Zone allerdings variiert und von den jeweiligen Erstarrungsbedingungen abhängt. Daran schließt sich ein partiell geschmolzener Bereich an, in dem deformierte Sphärolithe auftreten (4) die nahtlos in den Grundwerkstoff (5) übergehen.

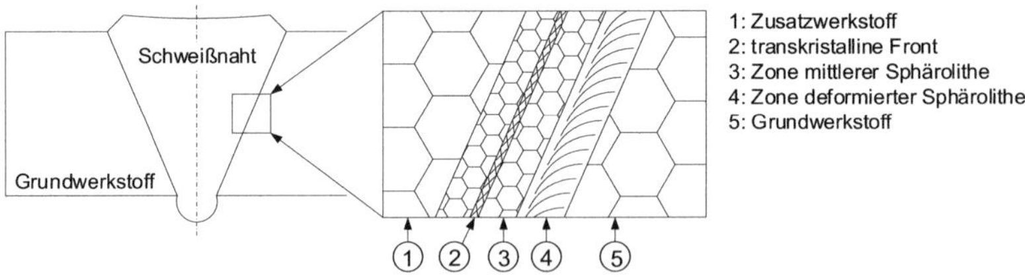

Abbildung 2-9 Ausbildung verschiedener Zonen am Beispiel einer Extrusionsschweißnaht nach [Geh93]

Derartige Veränderungen in der Morphologie können auch Einfluss auf das mechanische Verhalten der Bauteilstruktur nehmen. Am dargestellten Beispiel des Extrusionsschweißens von Polypropylen stellt [Geh93] einen positiven Einfluss von steigenden Schichtbreiten zwischen Fügeebene und Grundwerkstoff auf den erreichbaren Biegewinkel fest [Geh93]. Bei kleinen Schichtbreiten kommt es zu einer hohen Scherung der Schmelze und daraus folgend zu einer großen Deformation der Sphärolithe, die als Ursache für verringerte mechanische Eigenschaften angesehen wird [Geh93]. Vergleichbare Betrachtungen liegen zum Heizelementschweißen vor, wobei ebenfalls unterschiedliche Strukturbereiche identifiziert und ein Einfluss auf das Versagensverhalten von stark deformierten bzw. verstreckten Sphärolithen festgestellt werden konnte [Ege85, Mic99, Pot04].

Der Einfluss der Überstrukturen kann dabei nicht immer strikt von weiteren Größen getrennt betrachtet werden. Im Spritzguss wird eine kleinere Sphärolithgröße als vorteilhaft hinsichtlich einer Steigerung der Streckspannung gesehen [Moo83, Sta59], allerdings wird einem gleichzeitig steigenden Kristallisationsgrad ein stärkerer Einfluss als der Sphärolithgrößenverteilung auf die mechanischen Eigenschaften zugemessen [Dru15]. An anderer Stelle ist der Einfluss der Morphologie auf die mechanischen Eigenschaften noch nicht abschließend geklärt. Einerseits wird ein positiver Effekt von transkristallinen Fronten beschrieben [Qiu07], andererseits wird zwar ein Einfluss der Schichtstruktur festgestellt, aber dieser kann aufgrund der komplexen Strukturbereiche nicht präzise eingegrenzt werden [Sch89, Var08].

Ein grundsätzlicher Einfluss der Morphologie auf das Versagensverhalten kann dabei festgehalten werden, auch wenn eine detaillierte Gewichtung der Effekte wie Kristallisationsgrad, Sphärolithgröße und Strukturarten noch nicht abschließend gegeben ist.

2.3 Zusammenfassung des Standes der Technik

Aus dem Stand der Technik kann zusammenfassend Folgendes festgehalten werden:

- Gegenwärtige Modellierungsansätze vernachlässigen wesentliche Vorgänge, bspw. den Phasenübergang fest-flüssig des Kunststoffes, zur Beschreibung der Temperaturverteilung und dem daraus resultierenden Werkstoffverhalten in Kunststoff und Metall.
- Eine umfassende Beschreibung der Fügezone hinsichtlich ihrer Entstehung und Geometrie in Abhängigkeit werkstoffspezifischer Temperaturbereiche sowie Prozessgrößen ist nicht gegeben. Vielmehr ist der Einfluss der Fügezone auf die resultierenden Verbundeigenschaften unbekannt.

- Die Oberflächentopographie und -morphologie sind von entscheidender Bedeutung für die Ausbildung einer leistungsfähigen Verbindung von Kunststoff und Metall, weshalb deren gezielte Einstellung durch zahlreiche Untersuchungen weitreichend beschrieben ist.
- Das mechanische Verbundverhalten orientiert sich im gegenwärtigen Stand der Technik vorrangig an erreichbaren Festigkeiten in Verbindung mit angepassten Oberflächenvorbehandlungen. Zwar wird der Bruch im Kunststoff beobachtet, allerdings liegen keine detaillierten Betrachtungen zur gezielten Einstellung des Versagensverhaltens und den zugrundeliegenden Mechanismen vor, insbesondere die Wechselwirkungen zwischen Prozessführung, Werkstoffeigenschaften und Bruchbild sind nicht beschrieben.
- Innerhalb der Fügezone stellen Blasen die wesentliche Nahtimperfektion dar, die aufgrund von thermischer Degradation oder flüchtigen Stoffen, bspw. gelöstem Wasser, während des Prozesses gebildet werden. Das Verhalten der Blasen während des Prozesses und ihre Auswirkung auf die Fügezone sind ungeklärt bzw. unzureichend beschrieben.
- Der Einfluss des thermischen Fügeprozesses und seiner Prozessgrößen auf den Kunststoff und die Ausbildung von Überstrukturen, Kristallmodifikationen sowie Primär- und Sekundärkristallisation ist gegenwärtig nicht erfasst.
- Die mechanischen Eigenschaften von Kunststoffen unterliegen einer Vielzahl von Einflussfaktoren, wobei mikroskopische Effekte nur bedingt am komplexen Bauteil nachweisbar bzw. aufgrund von Wechselwirkungen zwischen den Einflussgrößen, bspw. Wassergehalt und Sphärolithgröße, nicht durchgängig abzugrenzen bzw. zu gewichten sind. Ein grundsätzlicher Einfluss der Morphologie auf das Versagensverhalten von Kunststoffen kann allerdings festgehalten werden.
- Das Versagensverhalten in Abhängigkeit der Anordnung, der Werkstoffe und der Prozessgrößen ist nach dem gegenwärtigen Stand der Technik nicht beschrieben.

3 Zielstellung

Das thermische Fügen adressiert Anwendungen in der industriellen Fertigung von Großserienprodukten wie der Fahrzeug- und der Hausgerätetechnik, die spezifische Anforderungen an Fügegeometrie und Werkstoffkombinationen aufweisen. Aus Sicht der seriengerechten Gestaltung der Fügestelle ist eine unkomplizierte konstruktive Umsetzung, eine kostengünstige Nahtvorbereitung sowie ein sicherer Ausgleich herstellungsbedingter Fügetoleranzen wesentlich und kann durch den Einsatz eines Überlappstoßes erreicht werden [Ber03, Neu02, Rad94, Gei95]. Auf Seiten der Werkstoffe sind die jeweils geforderten Eigenschaftsprofile von zentraler Bedeutung. Je nach Anwendungsfall werden als Metalle dabei überwiegend Aluminiumlegierungen oder Stähle eingesetzt, während auf Seiten der thermoplastischen Kunststoffe teilkristalline Werkstoffe im Fokus stehen. Diese verfügen aufgrund der erreichbaren Festigkeit und Zähigkeit sowie ihrer Warmform- und Chemikalienbeständigkeit über wesentliche Vorteile für den Einsatz in den adressierten Anwendungsgebieten [Ehr07, Sch03].

Ein industrieller Einsatz des thermischen Fügens von thermoplastischen Kunststoffen mit Metallen setzt jedoch eine fundierte Kenntnis über die entstehende Fügezone und die vorliegenden Abhängigkeiten von Werkstoff und Prozessgrößen voraus. Die Geometrie der Fügezone und die Verknüpfung mit werkstoffspezifischen Temperaturbereichen, die Veränderung der Materialeigenschaften, der Einfluss von Nahtimperfektionen und die daraus resultierenden mechanischen Eigenschaften sind allerdings nicht systematisch beschrieben.

Das Ziel der Arbeit ist deshalb die grundlegende Charakterisierung der Fügezone laserbasiert gefügter Hybridverbunde aus teilkristallinen thermoplastischen Kunststoffen mit Metallen am Überlappstoß, die Beschreibung der Interaktion zwischen Fügeprozess und Werkstoffen und die daraus resultierenden Effekte auf die Verbundeigenschaften. Dabei stehen die folgenden Aspekte im Mittelpunkt der Arbeit:

- Definition der Fügezone durch ein charakteristisches Temperaturfeld auf Basis werkstoffspezifischer Isothermen und Validierung dieser Modellvorstellung.
- Systematische Untersuchungen hinsichtlich Geometrie und Eigenschaften der Fügezone anhand idealisierter Punktverbindungen zur Ermittlung der Interaktion zwischen Fügeprozess und Werkstoffen.
- Beschreibung des Einflusses von maßgeblichen Prozessgrößen und Werkstoffeigenschaften auf den Verbund.

- Untersuchung der dynamischen Vorgänge innerhalb der Fügezone mittels Hochgeschwindigkeitsaufnahmen auf Basis eines neuartigen Halbschnittversuchsstandes. Ermittlung relevanter Einflussgrößen auf die Verbundausbildung sowie auf die Entstehung und das Verhalten von Nahtimperfektionen.
- Untersuchungen zur Verbundentstehung hinsichtlich Benetzung und Strukturfüllung zur Ableitung erforderlicher Fügezeiten bzw. einer angepassten Temperaturführung.
- Referenzieren der grundlegenden Erkenntnisse anhand von Linienverbindungen im Überlappstoß sowie Beschreibung der resultierenden Fügezone und ihren Eigenschaften in Abhängigkeit der Streckenenergie.
- Bestimmung des Einflusses der Prozessführung und den daraus resultierenden werkstofflichen Veränderungen auf die mechanischen Eigenschaften in Kurzzeit- und Ermüdungsprüfung für ein anwendungsorientiertes und damit kohäsives Versagensverhalten des Kunststoffes.

4 Methodisches Vorgehen und experimentelle Durchführung

4.1 Versuchsaufbau

4.1.1 Laserstrahlquelle und Strahlform

Für die experimentellen Untersuchungen wird ein Diodenlaser der Fa. Laserline, Modell LDM 3000, mit einer Laserstrahlleistung P_L ($[P_L]$ = W) von maximal 3.000 W und einer mittleren Wellenlänge von 980 nm eingesetzt. Auf Basis der eingesetzten Konfiguration kann ein Fokusdurchmesser d_L ($[d_L]$ = mm) von 5,3 mm abgebildet werden. Die Abweichung des Fokusdurchmessers durch den Einstrahlwinkel von 15° auf das Werkstück im Versuchsaufbau (siehe 4.1.2) wird aufgrund der geringen Größenordnung vernachlässigt. Die im Rahmen der experimentellen Untersuchungen eingesetzte Strahlabmessung sowie die zugehörige Intensitätsverteilung sind in Tabelle 4-1 dargestellt (ermittelt durch Primes FocusMonitor 120-HP). Die Intensitätsverteilung entspricht dabei nahezu einem TopHat-Profil mit konstanter Intensität über dem Fokusdurchmesser.

Tabelle 4-1 Geometrie und Abmessungen des eingesetzten Laserstrahlfokus

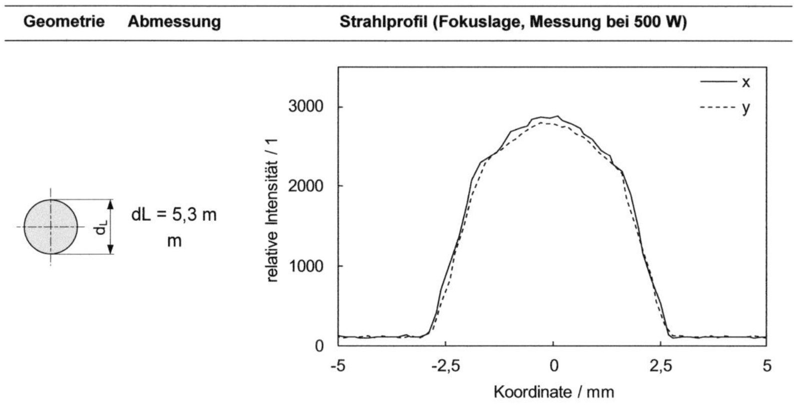

Geometrie	Abmessung	Strahlprofil (Fokuslage, Messung bei 500 W)
d_L	dL = 5,3 m m	

4.1.2 Spannvorrichtung und Handhabungssystem

Die experimentellen Untersuchungen werden an einem drei-Achs-Systems (LLT Ilmenau) durchgeführt. Abbildung 4-1a zeigt den experimentellen Aufbau aus Spannmittel (x-y-Achse) und Bearbeitungsoptik des Diodenlasers (z-Achse) für das Wärmeleitungsfügen.

Die Spannvorrichtung ist schematisch in Abbildung 4-1b dargestellt. Integrierte Kraftmessdosen (Lorenz Messtechnik) zur Ermittlung der Kraft F_{spann} erlauben das definierte Spannen der Fügepartner, einen Rückschluss auf den wirksamen Fügedruck im Überlapp sowie die zeitabhängige Aufzeichnung des Kraftverlaufes (Aufzeichnungsrate: 100 Hz). Zur Einstellung reproduzierbarer Versuchsbedingungen sind die Spannelemente luftgekühlt und gegenüber den Versuchswerkstoffen gedämmt, um den Verlustwärmestrom in die Spannelemente zu begrenzen und vergleichbare Bedingungen zu schaffen. In Richtung der Auflage wirkt der thermoplastische Fügepartner als Dämmmaterial. Die Überlappbreite ü ([ü] = mm) ist durch justierbare Anschläge einstellbar.

a)

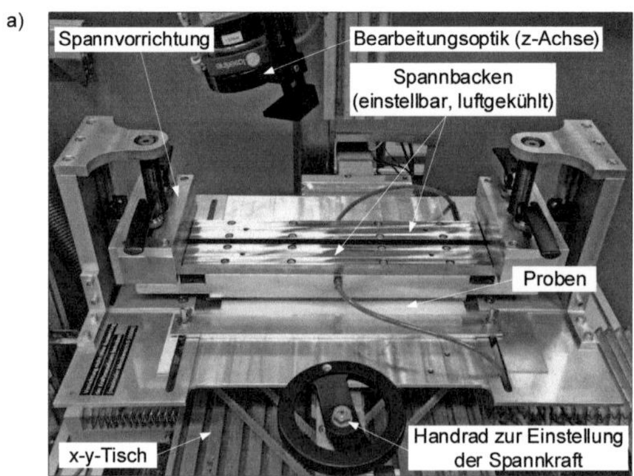

b)

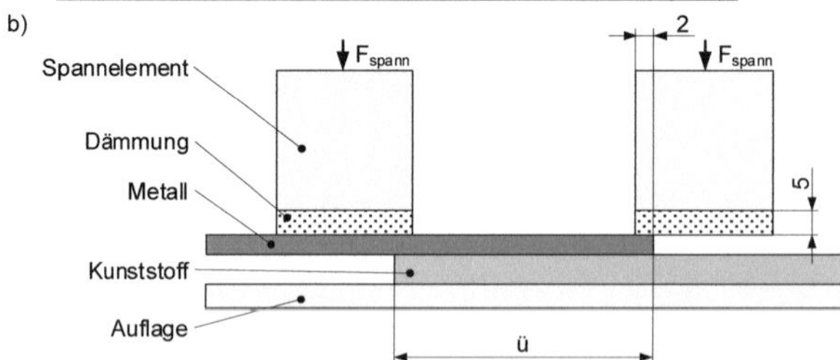

Abbildung 4-1 Experimenteller Aufbau (a) und schematische Darstellung (b) der Spannvorrichtung

4.1.3 Halbschnittversuchsstand

Für die Untersuchung der Fügezone hinsichtlich Blasenbildung, Strömungen und Schmelzen/Erstarren wird ein Halbschnittverfahren an Punktverbindungen als Modellversuch eingesetzt. Abbildung 4-2 zeigt den schematischen (a) und experimentellen Aufbau (b) des Versuchsstandes, der Hochgeschwindigkeitsaufnahmen der genannten Effekte direkt in der Fügezone ermöglicht.

a)

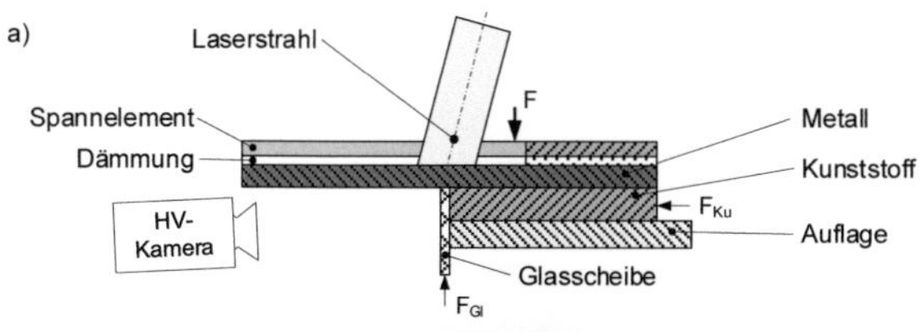

b)

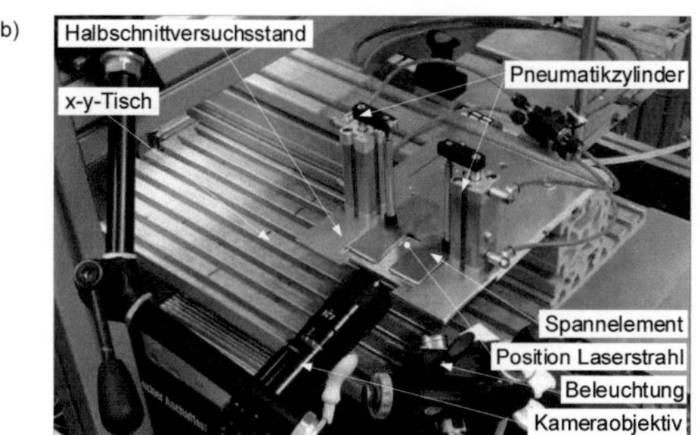

c)

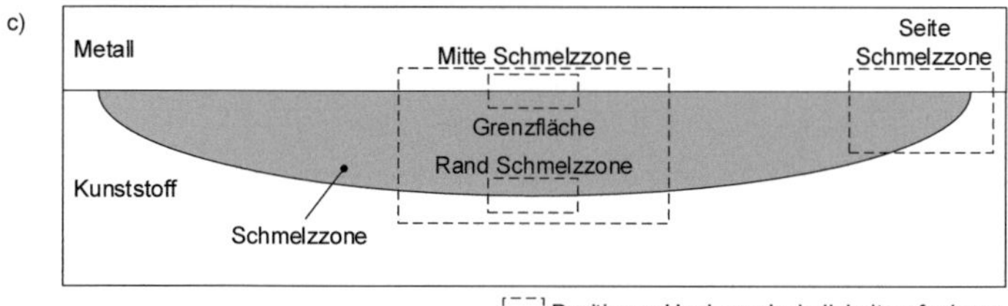

Abbildung 4-2 Halbschnittversuchsstand als schematische Darstellung (a) und im experimentellen Aufbau (b) sowie Positionen der Hochgeschwindigkeitsaufnahmen in der Fügezone (c)

Der Versuchsstand bildet das Wärmeleitungsfügen ab, d. h. der Leistungseintrag durch den Laserstrahl erfolgt über das Metall als oberen Fügepartner. Zur Reduzierung des Wärmestaus wird das Metallblech entsprechend Kapitel 0 ausgeführt (Aluminium: 100 x 75 x 1,5 mm³, Stahl: 100 x 75 x 1,0 mm³) und lediglich der thermoplastische Fügepartner in seiner Länge halbiert (50 x 75 5 mm³). Eine Glasscheibe

(76 x 26 x 1 mm³) wird von unten gegen das Metallblech gepresst (Federkraft F_{Gl}) und ermöglicht die Aufzeichnung der Vorgänge innerhalb der Fügezone. Darüber hinaus fungiert diese als Anschlag für den thermoplastischen Fügepartner, der durch eine Federkraft F_{Ku} gegen die Glasscheibe gepresst und dessen Seitenfläche in der Versuchsvorbereitung geschliffen wird, um Aufnahmen in der Fokusebene der Hochgeschwindigkeitskamera zu gewährleisten. Zur Sicherstellung eines hinreichenden Wärmeübergangs werden beide Werkstoffe über ein Spannelement und Pneumatikzylinder (Kraft F) gespannt.

Die Hochgeschwindigkeitsaufnahmen werden an vier Positionen durchgeführt, um Blasenbildung, Erstarrung und Strömungen umfassend beschreiben zu können (siehe Abbildung 4-2c). Der systematische Messfehler durch den Aufnahmewinkel (≤ 15°) wird aufgrund seiner rechnerisch bestimmten Größenordnung von ca. 3 % vernachlässigt. Die Hochgeschwindigkeitstechnik sowie Beleuchtung sind unter 4.3.8 erläutert.

Der Einfluss des Versuchsstandes durch die eingebrachte Glasscheibe, die reduzierte Probenröße und die veränderte Spannsituation wird anhand der Dicke, der Geometrie sowie der Morphologie der Schmelzzone ermittelt und mit Punktverbindungen verglichen (siehe 5.1.6).

4.1.4 Werkstoffe

Für die Verallgemeinerung der Ergebnisse wurden drei Kunststoffe sowie zwei Metalle mit unterschiedlichen Eigenschaftsprofilen eingesetzt. Auf Seiten der teilkristallinen Kunststoffe kommen Polypropylen (PP), Polyamid 6 (PA 6) sowie Polyamid 6.6 (PA 6.6) ohne ausgewiesene Zuschlagstoffe zum Einsatz (siehe Tabelle 4-2). Der Werkstoff PP verfügt über ein breites Schmelzintervall bei vergleichsweise niedrigen Temperaturen und neigt zu keiner nennenswerten Wasseraufnahme aus der Umgebungsatmosphäre. Demgegenüber verfügen PA 6 und PA 6.6 über einen stark polaren Charakter und bilden Wasserstoffbrückenbindungen aus. Beide Polyamide neigen zur Wasseraufnahme, was die Blasenbildung gegenüber PP verstärken kann. Zur Separierung der wasser- und zersetzungsbedingten Blasenbildung wird vereinzelt eine Trocknung in einer Hochvakuumkammer (Pfeiffer Vacuum TrinosLine) eingesetzt. Darüber hinaus steigen die Temperaturen des Schmelzintervalls von PP über PA 6 bis PA 6.6 an, um den Einfluss unterschiedlicher Schmelzintervalle auf die resultierende Fügezone betrachten zu können.

Eine Charakterisierung der Werkstoffe erfolgt mittels DSC- und TGA-Analysen (siehe 4.3.5 und 4.3.6). Im Rahmen der numerischen Simulation erlaubt die Werkstoffauswahl auch eine Ermittlung des Einflusses unterschiedlicher thermisch-physikalischer Eigenschaften bzw. deren Verallgemeinerung durch charakteristische Temperaturbereiche. Die in Tabelle 4-2 angegebenen Materialeigenschaften stellen gleichzeitig den

Ausgangspunkt für die analytische Vergleichsrechnung (siehe 4.2.6) dar. Für eine Sensitivitätsanalyse der jeweiligen Prozess- und Werkstoffeinflussgrößen wird darüber hinaus ein Modellwerkstoff eingesetzt, dessen Eigenschaften unter 4.2.5 dargestellt sind.

Tabelle 4-2 Materialeigenschaften der Kunststoffe [VDI13, KHP14, BAS13a, Joh04]

Materialeigenschaft	**Formelzeichen**	**Einheit**	**PA 6**	**PA 6.6**	**PP**
Schmelzintervall[1]	-	°C	191...236	235...270	126...178
Dichte[2]	ρ	$kg \cdot m^{-3}$	1130	1140	910
spez. Wärmekapazität[2]	c_p	$J \cdot (kg \cdot K)^{-1}$	1700	1670	2090
Wärmeleitfähigkeit[2]	λ	$W \cdot (m \cdot K)^{-1}$	0,31-0,33	0,23-0,33	0,17-0,25
Wasseraufnahme[2]	-	Gew.-%	9-10/2,6-3,4	8-9/2,5-3,1	0,02/0,01
Streckspannung[2]	-	MPa	85	85	35

Tabelle 4-3 Materialeigenschaften der Metalle [VDI13, Hae05, Gle13, Goo17, Val17]

Materialeigenschaft	**Formelzeichen**	**Einheit**	**1.4301**	**EN AW 6082 T6**
Werkstoffbezeichnung (Kurzzeichen nach [DIN13, DIN14])	-	-	X5CrNi18-10	EN AW-AlSi1MgMn
Schmelzintervall	-	°C	1400...1455	585...650
Dichte[2]	ρ	$kg \cdot m^{-3}$	7900	2700
spez. Wärmekapazität[2]	c_p	$J \cdot (kg \cdot K)^{-1}$	470	896-1106
Wärmeleitfähigkeit[2]	λ	$W \cdot (m \cdot K)^{-1}$	15	185-205
Zugfestigkeit[2]	-	MPa	500-700	275-300

[1] Ermittlung mittels thermischer Analyse (siehe 4.3.5).

[2] Die angegebenen Werte wurden ggf. mittels linearer Interpolation von temperaturabhängigen Werkstoffdaten berechnet. Die Wasseraufnahme ist bei 23 °C für Sättigung in Wasser/Sättigung bei Normklima 50 % r.F. angegeben. Alle weiteren Daten entsprechen den Literaturwerten bei 20 °C. Die dargestellten Wertebereiche beruhen auf abweichenden Literaturangaben.

Auf Seiten der metallischen Werkstoffe kommt der Stahl 1.4301 sowie die Aluminiumlegierung EN AW 6082 (Ausgangszustand: T6) zum Einsatz (siehe Tabelle 4-3). Die Materialien verfügen über ein stark differierendes Eigenschaftsprofil hinsichtlich ihrer thermischen Eigenschaften, woraus ein entsprechender Einfluss auf die Ausbildung der Fügezone im Wärmeleitungsfügen abgeleitet werden kann. Beide Werkstoffe verfügen über eine oxidische Deckschicht, die in Kombination mit den Polyamiden einen stoffschlüssigen Verbund begünstigen kann (siehe 2.1.6).

4.1.5 Modellhafte Untersuchungen an Punktverbindungen

Für modellhafte Untersuchungen der Fügezone werden Punktverbindungen herangezogen, die näherungsweise rotationssymmetrische Bedingungen im Versuch ermöglichen. Ausgangspunkt dafür ist die Vermeidung des Wärmestaus in Kunststoff sowie Metall unter Verwendung eines vollständigen Überlapps im Wärmeleitungsfügen.

Darüber hinaus wird die Materialstärke des Kunststoffes so gewählt, dass die Ausbildung der Fügezone als oberflächennah im Sinne des halbunendlichen Körpers (HUK) angenommen werden kann. Als Bedingung dafür gilt, dass die Fourier-Zahl Fo < 0,3 ($Fo=\frac{a \cdot t}{L^2}$ mit Temperaturleitfähigkeit a, [a] = $m^2 s^{-1}$; Zeit t, [t] = s; charakteristischer Länge L, [L] = m) sein muss [Gri64, Mar12]. Abbildung 4-3 stellt den Zusammenhang zur Anwendbarkeit der gewählten Modellvorstellung in Abhängigkeit der Materialstärke für Fügezeiten bis 30 s am Werkstoff PA 6.6 dar. Der Kunststoff liegt als Platte vor, weshalb die charakteristische Länge L in der Fourier-Zahl der Materialstärke des Kunststoffes t_K entspricht [Gri64]. Die Materialstärke des Kunststoffes wird auf 5 mm festgelegt und die Fügezeiten auf maximal 10 s beschränkt, um die Modellannahmen mit ausreichender Sicherheit einzuhalten.

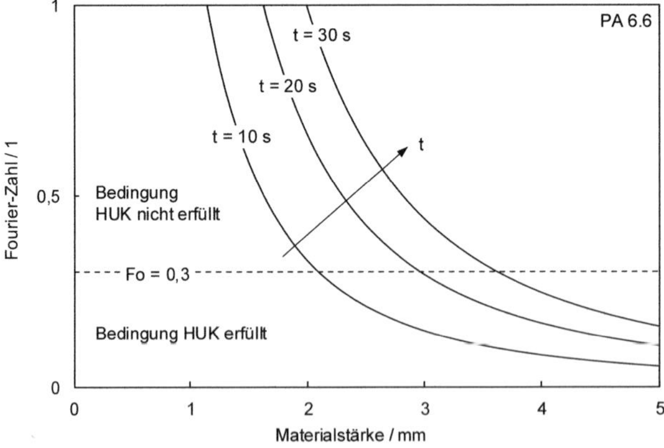

Abbildung 4-3 Fourier-Zahl in Abhängigkeit der Materialstärke am Beispiel PA 6.6

Durch die modellhaften Bedingungen kann die Fügezone einerseits hinsichtlich ihrer Bereiche (bspw. Schmelzzone), der auftretenden Effekte (bspw. Blasenbildung, Strömungen, Morphologie) sowie der Sensitivität von Prozessgrößen und Werkstoffeigenschaften allgemeingültig beschrieben werden. Andererseits kann die numerische Simulation vereinfachend als zweidimensionales, rotationssymmetrisches Modell aufgebaut und deren Ergebnisse mittels vereinfachter Vergleichsrechnung am halbunendlichen Körper nachvollzogen werden.

Die Versuche am vollständigen Überlapp werden entsprechend an unterschiedlichen Werkstoffen (siehe 4.1.4) bzw. Werkstoffkombinationen durchgeführt. Zur Beschreibung der zeitlichen und geometrischen Ausbildung der Fügezone wird der Einfluss konstanter Laserstrahlleistung über Fügezeiten von 1...10 s betrachtet. Die Fügegeometrie ist zusammen mit den verwendeten Parametern und Werkstoffen in Tabelle 4-4 dargestellt. Eine weitergehende Betrachtung der Scherzugfestigkeit in Abhängigkeit des Temperaturfeldes bzw. der Füllung der Oberflächenstrukturierung erfolgt anhand von PP-EN AW 6082-Verbunden auf Basis derselben Probengeometrie.

Tabelle 4-4 Versuchsplan für Punktverbindungen

Parameter	Formelzeichen	Einheit	EN AW 6082	1.4301
Fügezeit	t_L	s	1...10	1...10
Laserstrahlleistung	P_L	W	1000	100, 150
thermoplastische Werkstoffe	-	-	PA 6, PA 6.6, PP	PA 6, PA 6.6, PP
Materialstärke Metall	t_M	mm	1,5	1,0
Materialstärke Kunststoff	t_K	mm	5	5
Probenlänge x Probenbreite	-	mm^2	100 x 75	100 x 75
Überlapp	-	1	100 %	100 %

4.1.6 Probengeometrie Linienverbindungen

Ausgehend von den Grundlagenuntersuchungen an Punktverbindungen und dem daraus entwickelten Verständnis der Vorgänge innerhalb der Fügezone werden Linienverbindungen im Überlappstoß hergestellt und die Erkenntnisse referenziert. Weiterführende Untersuchungen ermöglichen die Ermittlung der verschiedenen Einflussgrößen auf die mechanischen Verbundeigenschaften in Hinblick auf das kohäsive Versagensverhalten, das in vielen Anwendungen für die Verbundauslegung (siehe 2.1.7) gefordert wird.

Die Probengeometrie des Überlappstoßes ist in Abbildung 4-4 dargestellt. Die Länge des Verbundes beträgt 300 mm, die Überlappbreite wird auf ü = 16 mm (siehe Abbildung 4-1b) festgelegt. Diese orientiert sich an Anwendungen in der Fahrzeug- sowie der Hausgerätetechnik.

Der Laserstrahl wird in der Mitte des Überlapps mit einem Abstand von 20 mm zum Blechrand an Nahtanfang und -ende positioniert und verfährt mit einer definierten Fügegeschwindigkeit v_s ($[v_s] = mm \cdot s^{-1}$) im Konturverfahren von Anfangs- zu Endposition. Die Fokuslage befindet sich auf der Metalloberfläche und der Fügeprozess wird, wie in den Untersuchungen an Punktverbindungen, im Wärmeleitungsfügen durchgeführt. Die Ermittlung des Zeit-Temperatur-Regimes im Prozess wird anhand von Temperaturmessungen mittels Thermoelementen (siehe 4.3.7) in der Grenzfläche in der Mitte des Verbundes durchgeführt.

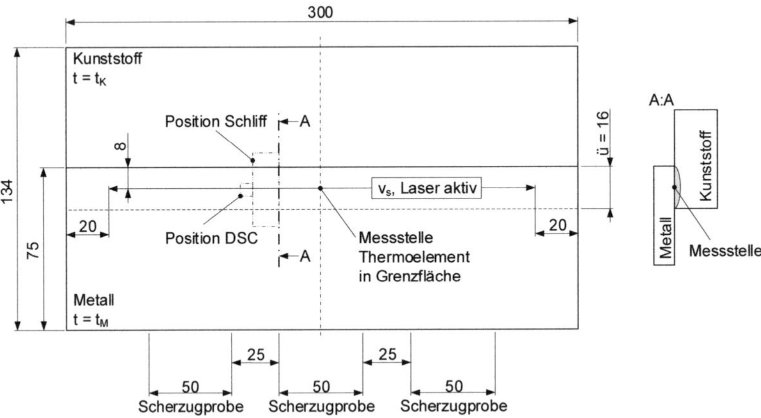

Abbildung 4-4 Schematische Darstellung der Fügegeometrie von Linienverbindungen

Für die Verbundcharakterisierung werden der Fügezone Proben an definierten Positionen entnommen (siehe Abbildung 4-4). Diese entstammen dabei aus dem mittleren Bereich des Linienverbundes, um einen Einfluss der Randbereiche, bspw. aufgrund eines Wärmestaus, auf das Prüfergebnis zu vermeiden. Die Entnahme der DSC-Proben erfordert dabei eine Trennung von Kunststoff und Metall ohne eine nachgelagerte Beeinflussung der Werkstoffe durch den Trennprozess. Die dafür vorgesehenen Proben werden unter Einsatz einer Wechselwirkungsbarriere (Graphitschicht, Flächengewicht: ca. $5 \, g \cdot m^{-2}$) zur Unterbindung des Stoffschlusses und ohne Oberflächenstrukturierung des Metalls gefügt, um eine nachgelagerte Beeinflussung der Werkstoffe durch die Probenentnahme zu vermeiden. Gleichzeitig wird die thermische Historie durch den Fügeprozess im Bauteil vollständig abgebildet, um die Eigenschaften des Kunststoffes charakterisieren zu können. Diese weitergehenden Prüfungen und Charakterisierungsmethoden werden unter 4.3 dargestellt.

Die eingesetzten Werkstoffe sowie der Parameterraum des Versuchsplan sind in Tabelle 4-5 zusammengefasst. Im Rahmen der Untersuchungen kommen die Kunststoffe PA 6, PA 6.6 und PP (siehe 4.1.4) mit einer Materialstärke von 5 mm sowie 1,5 mm zum Einsatz. Das ermöglicht einerseits einen Vergleich mit den Untersuchungen an Punktverbindungen und andererseits den Einfluss anwendungsrelevanter Materialstärken bewerten zu können. Auf Seiten des metallischen Werkstoffes erfolgen die Untersuchungen anhand von Aluminium EN AW 6082.

Tabelle 4-5 Versuchsplan für Linienverbindungen

Parameter	Formelzeichen	Einheit	Größe
Streckenenergie	E	$kJ \cdot m^{-1}$	100...500
Fügegeschwindigkeit	vs	$mm \cdot s^{-1}$	1...10
Laserstrahlleistung	PL	W	1000 W
thermoplastische Werkstoffe	-	-	PA 6, PA 6.6, PP
metallische Werkstoffe	-	-	EN AW 6082
Materialstärke Metall	tM	mm	1,5
Materialstärke Kunststoff	tK	mm	1,5; 5

Der Parameterraum des Versuchsplanes wurde in Vorversuchen eingegrenzt. Für die Verallgemeinerung der Ergebnisse wird die Streckenergie E ([E] = $kJ \cdot m^{-1}$) in Anlehnung an [DIN08] herangezogen (siehe Formel 4-1), die für den betrachteten Fall von der Laserstrahlleistung P_L sowie der Fügegeschwindigkeit v_s ([v_s] = $mm \cdot s^{-1}$) abhängt.

$$E = \frac{P_L}{v_s}$$

Formel 4-1 Streckenenergie in der Lasermaterialbearbeitung in Anlehnung an [DIN08]

Die Streckenenergie wurde dafür im Intervall von 100...500 $kJ \cdot m^{-1}$ mit einer festen Schrittweite von 50 $kJ \cdot m^{-1}$ unter Variation der Fügegeschwindigkeit untersucht. Als untere Prozessgrenze wird ein Schmelzen des Aluminiums angenommen, um der anwendungsorientierten Anforderung hinsichtlich Sicht- und Funktionsflächen entgegenzukommen. Als obere Prozessgrenze wird eine unvollständige Anbindung der gesamten Überlappbreite (ü = 16 mm, siehe Abbildung 4-5) angenommen. Die betrachteten Kunststoffe zeigten in diesem Parameterraum ein vergleichbares Verhalten,

d. h. die unterschiedlichen Materialeigenschaften waren gegenüber der betrachteten Schrittweite der Streckenenergie untergeordnet, weshalb dasselbe Prozessfenster für alle drei betrachteten Werkstoffpaarungen angewandt werden konnte.

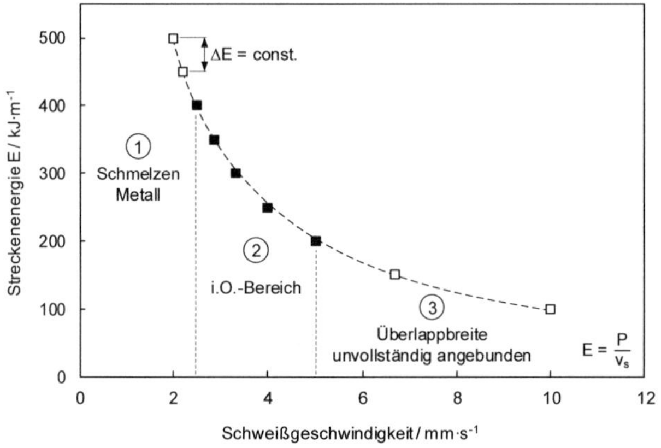

Abbildung 4-5 Parameterraum für Linienverbunde bei 16 mm Überlappbreite (EN AW 6082)

Das Auftreten von Blasen in der Fügezone bzw. ein vergrößerter Schmelzaustrieb wurden nicht zur Eingrenzung des Parameterraumes herangezogen. Durch die Variation der Streckenenergie in den genannten Grenzen kann eine weitergehende Beurteilung zum Einfluss der Prozessführung auf die Verbundeigenschaften durchgeführt werden.

4.1.7 Oberflächenbehandlung

Zur Steigerung der Verbundfestigkeit wird die Oberfläche des metallischen Fügepartners im Bereich des Überlappstoßes strukturiert (siehe 4.1.6). Die Oberflächenstrukturierung erfolgt mittels eines Faserlasers (Rofin PowerLine F20, Betriebsart: gepulst, max. mittlere Laserstrahlleistung: 20 W, mittlere Wellenlänge λ_L = 1064 nm) für den Werkstoff 1.4301 sowie EN AW 6082. Der Laserstrahlprozess erlaubt die gezielte Einstellung von Hinterschneidungen im Bereich des Schmelzeaustriebs, um eine hohe mechanische Adhäsion sicherzustellen. Die Oberflächenstrukturierung der metallischen Fügepartner wird in den experimentellen Untersuchungen konstant gehalten. Die verwendeten Parameter sind in Abhängigkeit des Werkstoffes in Tabelle 4-6 dargestellt.

Tabelle 4-6 Strukturierungsparameter in Abhängigkeit des Werkstoffes

Parameter	Einheit	1.4301	EN AW 6082
mittlere Laserstrahlleistung	W	18	20
Pulsfrequenz	kHz	60	50
Geschwindigkeit	$mm \cdot s^{-1}$	200	200
Anzahl an Überfahrten	1	1	1
Strukturform	1	Linie	Linie

Die Strukturen werden als geradlinige Nuten parallel zur Fügerichtung eingebracht. Die Verteilung der Strukturierung über die Fläche ist dabei gleichmäßig (Abbildung 4-6). Die Strukturdichte beträgt 10 Linien je Millimeter, wobei die mittlere Breite der Linien 35 µm und die mittlere Tiefe 30 µm bis 50 µm in Abhängigkeit des Werkstoffes beträgt. Metallographische Schliffbilder verdeutlichen gegenüber den Laserscanning-mikroskop-Aufnahmen die periodisch auftretenden Strukturen und Hinterschneidungen für die verwendeten metallischen Werkstoffe (Abbildung 4-7). Die Reinigung der laserzugewandten Oberfläche erfolgt unmittelbar vor dem Fügeprozess mittels Isopropanol.

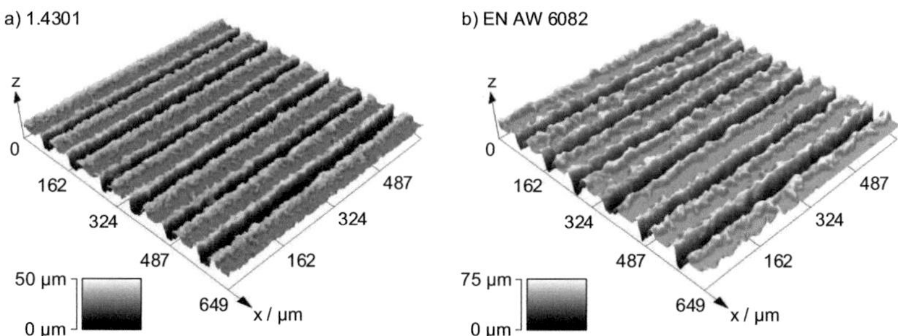

Abbildung 4-6 3D-Laserscanning-Aufnahmen der Oberflächenstrukturierung des metallischen Fügepartners an der Grenzfläche des Kunststoff-Metall-Verbundes für a) 1.4301 und b) EN AW 6082

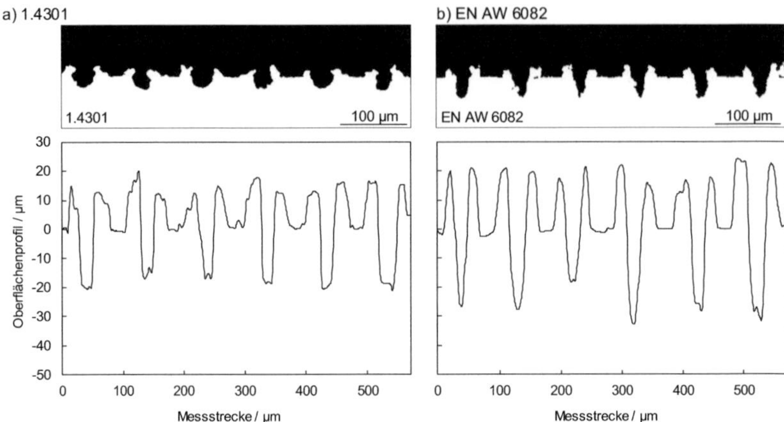

Abbildung 4-7 Metallographisches Schliffbild (Falschfarbendarstellung) und Oberflächenprofil (ermittelt durch 3D-Laserscanning-Mikroskopie) für a) 1.4301 und b) EN AW 6082

4.2 Numerische Simulation

4.2.1 Modellannahmen

Ausgangspunkt der Modellierung des Prozesses ist die Abstraktion des Laserstrahl-Wärmeleitungsfügens auf Basis der idealisierten Punktverbindungen. Der metallische Fügepartner wird durch die Absorption von Laserstrahlung erwärmt, durch den Wärmeübergang wird der teilkristalline Kunststoff ausgehend von der Grenzfläche geschmolzen. Durch diesen Vorgang kann sich ein Verbund zwischen beiden Werkstoffen ausbilden. Die Modellierung des Fügeprozesses in der numerischen Simulation wurde dabei in Comsol Multiphysics 5.2a als instationäres, rotationssymmetrisches, thermisches 2D-Modell unter Berücksichtigung der Phasenumwandlung im Kunststoff umgesetzt. Die Vereinfachungen werden aufgrund der Betrachtung idealisierter Punktverbindungen getroffen. Das Modell bildet ein transientes Temperaturfeld mit Wärmeleitung, Wärmestrahlung und freier Konvektion ab. Als zeitliche Schrittweite werden 0,1 s festgelegt, um die instationären Vorgänge hinreichend auflösen zu können. Die zugrundliegenden physikalischen Zusammenhänge sind anhand der nachfolgenden Gleichungen dargestellt. Die Werkstoffeigenschaften werden, mit Ausnahme eines konstanten Absorptionsgrades, temperaturabhängig hinterlegt.

Die vereinfachte Wärmeleitungsgleichung (Formel 4-2) beschreibt den transienten Wärmestrom im festen Körper in Abhängigkeit der Temperatur und Zeit sowie den Werkstoffeigenschaften Dichte ρ ($[\rho] = kg \cdot m^{-3}$), spezifische Wärmekapazität c_p ($[c_p] = J \cdot kg^{-1} \cdot K^{-1}$) und Wärmeleitfähigkeit λ ($[\lambda] = W \cdot m^{-1} K^{-1}$). Der Wärmeübergang an der Grenzfläche Metall-Kunststoff wird als ideal modelliert. An den Grenzflächen zur Umgebung wird gegebenenfalls ein Wärmeübergang mittels Konvektion sowie Wärmestrahlung berücksichtigt (siehe 4.2.2). Die konvektive Wärmestromdichte wird vereinfacht in Abhängigkeit des Wärmeübergangskoeffizienten h ($[h] = W \cdot m^{-2} \cdot K^{-1}$) sowie der Temperaturdifferenz zwischen Umgebungs- und Grenzflächentemperatur abgebildet (Formel 4-3). Die Wärmestrahlung wird als Wärmestromdichte in Abhängigkeit der Temperaturdifferenz zwischen Umgebungs- und Grenzflächentemperatur berechnet (Formel 4-4, mit Stefan-Boltzmann-Konstante σ, $\sigma = 5{,}67 \cdot 10^{-8}\ W \cdot m^{-2} \cdot K^{-4}$ und Emissionsgrad ε, $[\varepsilon] = 1$).

$$\dot{Q} = \rho\, c_p \frac{\partial T}{\partial t} - \nabla \cdot (\lambda \nabla T)$$

Formel 4-2 Wärmeleitungsgleichung im Modell [Com15]

$$\dot{q} = h\,(T - T_\infty)$$

Formel 4-3 Wärmestromdichte der Konvektion [Com15]

$$\dot{q} = \epsilon\, \sigma\, (T^4 - T_\infty^4)$$

Formel 4-4 Wärmestromdichte der Wärmestrahlung [Com15]

Neben Wärmeleitung, Konvektion und Wärmestrahlung wird der Phasenübergang von fester zu flüssiger Phase innerhalb des Kunststoffes im Fügeprozess in der numerischen Modellierung vereinfacht berücksichtigt. Aufgrund der Temperaturen im Fügeprozess und der begrenzten Blasenbildung wird ein weiterer Übergang in die gasförmige Phase vernachlässigt. Für die Werkstoffe PA 6, PA 6.6 und PP wird der Phasenübergang durch temperaturabhängige Materialeigenschaften abgebildet. Für die Betrachtung der Sensitivität wird ein Modellwerkstoff (siehe 4.2.5) eingeführt, dessen Wärmeleitfähigkeit, Dichte und spezifische Wärmekapazität als konstant angenommen werden. Zur Berücksichtigung des Phasenübergangs fest-flüssig wird die Schmelzenthalpie ΔH und das entsprechende Schmelzintervall durch die zugehörige Peaktemperatur T_{pm} sowie Intervallbreite ΔT (ΔT = K) definiert [Com15]. Die Schmelzenthalpie folgt dabei einer quadratischen Funktion und beginnt mit der Anfangstemperatur T_{im} ($T_{im} = T_{pm} - 0{,}5 \cdot \Delta T$), erreicht das Maximum bei T_{pm} und endet mit Überschreitung der Endtemperatur T_{em} ($T_{em} = T_{pm} + 0{,}5 \cdot \Delta T$) [Com15]. Dieses Intervall vereinfachend für die Phasenumwandlungen des Schmelzens und des Kristallisierens gleichermaßen angewandt. Die Verschiebung von Schmelz- und Kristallisationsintervall in Abhängigkeit der Aufheiz- bzw. Abkühlrate wird zur Begrenzung des Modellierungsaufwandes vernachlässigt. Diese Vereinfachungen finden in der Diskussion der Ergebnisse entsprechend Berücksichtigung.

Darüber hinaus muss der Energieeintrag mittels Laserstrahlung für das Wärmeleitungsfügen im Modell implementiert werden. Aufgrund der Intensitätsverteilung der Diodenlaserstrahlquelle (siehe 4.1.1) wird der Laserstrahl vereinfachend als Wärmestromdichte mit konstanter Leistungsverteilung über dem Querschnitt des Laserstrahlfokus abgebildet. Die Wärmestromdichte berechnet sich vereinfachend aus dem konstanten Absorptionsgrad A ([A] = 1) auf der metallischen Oberfläche, der Laserstrahlleistung P_L ($[P_L]$ = W) sowie der Fläche des Laserstrahlfokus (Formel 4-5).

$$\dot{q} = \frac{P_L}{d_L^2 \cdot \frac{\pi}{4}} \cdot A$$

Formel 4-5 Wärmestromdichte auf der Oberfläche zur Abbildung des Laserstrahlfokus

Ausgehend von diesen Modellannahmen wurde eine Modellgeometrie zur Abbildung des Prozesses in der numerischen Simulation entwickelt.

4.2.2 Modellgeometrie, Anfangs- und Randbedingungen

Die Modellgeometrie sowie die angewandten Randbedingungen mit ihren Vereinfachungen sind in Abbildung 4-8 schematisch als zweidimensionale Geometrien dargestellt und bilden das Metall, den Kunststoff sowie die Unterlage der Spannvorrichtung ab.Auf die Abbildung der Spannbacken kann aufgrund des großen Abstandes zum Ort des Energieeintrages verzichtet werden. Die Flächen sind einzeln für die angewandten Randbedingungen zu betrachten. Die gekennzeichneten Randgebiete werden vereinfachend als adiabate Systemgrenzen angenommen, da aufgrund geringer Temperaturgradienten von einem unwesentlichen Einfluss auf das Simulationsergebnis auszugehen ist. Die Umgebungstemperatur wird durch T_∞ = const. ($[T_\infty]$ = °C) festgelegt, die gleichzeitig der Ausgangstemperatur T_0 ($[T_0]$ = °C) des Systems entspricht.

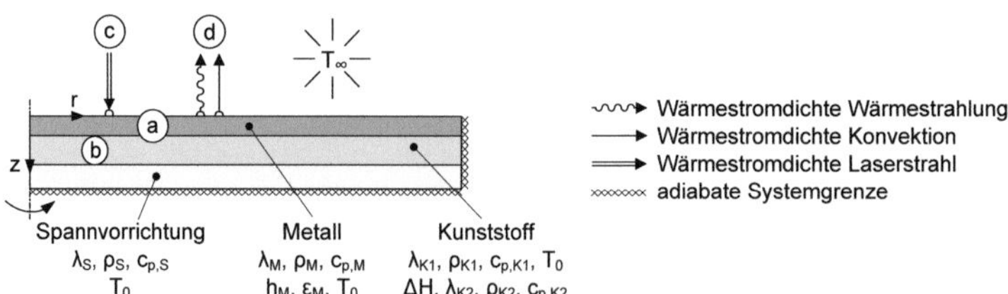

Abbildung 4-8 Schematische Darstellung der Randbedingungen für das zweidimensionale Simulationsmodell

Wärmeleitung (a) wird in allen dargestellten Geometrien berücksichtigt, der Wärmeübergang an den Grenzflächen zwischen den einzelnen Geometrien wird als ideal angenommen. Die Phasenumwandlung fest/flüssig (b) wird entsprechend der realen

Bedingungen nur im Kunststoff abgebildet und ist durch den Energieeintrag des Laserstrahls auf der Metalloberfläche bedingt. Dieser Energieeintrag wird als instationäre Wärmestromdichte (c) beschrieben und kann hinsichtlich Fokusdurchmesser und Laserstrahlleistung eingestellt werden. Der Wärmeübergang in Folge von Wärmestrahlung bzw. Konvektion wird für die Metalloberfläche (d) unter Verwendung des Emissionskoeffizienten ε bzw. Wärmeübergangskoeffizienten h berücksichtigt.

Der Wärmeübergangskoeffizient h hängt dabei u. a. von den Stoffeigenschaften des Fluids, der vorliegenden Strömung, der Geometrie sowie der Oberflächenbeschaffenheit ab und kann auf Basis empirisch ermittelter Daten angenommen werden [VDI13]. Mit dem Emissionsgrad ε wird gleichermaßen verfahren [VDI13]. Der Phasenübergang der teilkristallinen Kunststoffe wird entsprechend 4.2.1 berücksichtigt, d. h. die Wärmeleitfähigkeit, die Dichte und die spezifische Wärmekapazität als temperaturabhängige Daten für PA 6, PA 6.6 und PP im Modell implementiert. Die temperaturabhängigen Werkstoffdaten entstammen Messungen der Wärmeleitfähigkeit und der spezifischen Wärmekapazität, Literaturstellen [Die77, VDI13] sowie Datenbanken [Aut17, Com15a]. Die Werkstoffdaten des Modellwerkstoffes für die Untersuchung der Sensitivität werden konstant angenommen.

4.2.3 Vernetzung

Die Vernetzung im Simulationsmodell ist in Abbildung 4-9 dargestellt. Der Überlappbereich besteht im Bereich der Fügezone aus quadratischen Elementen mit einer Kantenlänge von max. 0,1 mm, in Anlehnung an numerische Untersuchungen des Laserstrahlschweißens [Fre99, Mat96]. Der Einsatz einer feinen Vernetzung ist an dieser Stelle in hohen Temperaturgradienten sowie der hinreichenden Abbildung der Fügezone begründet. In den weiteren Modellbereichen wird zur Begrenzung der Rechenzeit eine Vernetzung aus rechteckigen Elementen eingesetzt, deren Länge mit steigendem Radius zunimmt und aufgrund der geringeren Temperaturgradienten dennoch eine hinreichende Abbildung des Temperaturfeldes sicherstellt.

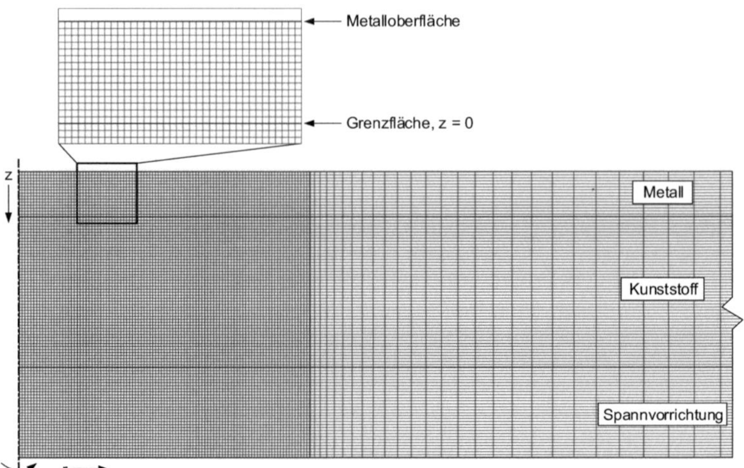

Abbildung 4-9 Vernetzung im Simulationsmodell (zweidimensional, rotationssymmetrisch)

4.2.4 Zielgrößen und Validierung der Simulation

Die Validierung des Modells basiert auf dem Vergleich unterschiedlicher experimentell und numerisch ermittelter Kenngrößen. Im Zentrum der Betrachtung steht die charakteristische Isotherme der Anfangstemperatur des Schmelzintervalls (T_{im}), um die Ausbildung der Schmelzzone im Kunststoff zwischen Simulation und Experiment (siehe 0) hinsichtlich der Geometrie vergleichen zu können. Dafür wird einerseits der Durchmesser und andererseits die Dicke der Schmelzzone bestimmt. Dieser Vergleich wird auf Basis von zehn unterschiedlichen Fügezeiten je Werkstoff (1 s...10 s) und unter Berücksichtigung der Standardabweichung als Streuungsmaß durchgeführt. Eine Betrachtung des Erstarrungsvorgangs der Fügezone erfolgt aufgrund der Vereinfachungen in Hinblick auf die Gleichsetzung von Schmelz- und Erstarrungsintervall nicht. Informationen zu diesen Vorgängen werden deshalb auf Basis des Halbschnittverfahrens ermittelt (vgl. 4.1.3).

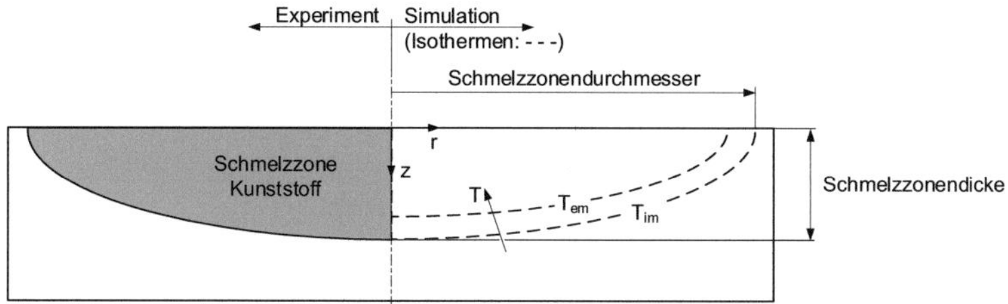

Abbildung 4-10 Validierung des Modells durch Gegenüberstellung charakteristischer Kenngrößen im Schliffbild

Ausgehend von einem validen Modell können weitere Größen bzw. Temperaturen ermittelt werden. Einerseits um einen Vergleich mit der zersetzungsbedingten Blasenbildung und der Isotherme der Zersetzungstemperatur T_z zu suchen, andererseits um eine Information zur Füllung der Oberflächenstruktur in Abhängigkeit des Temperaturfeldes erhalten zu können. Darüber hinaus ist eine Betrachtung der Sensitivität verschiedener Prozess- und Werkstoffgrößen sowie des thermischen Wirkungsgrades realisierbar.

4.2.5 Sensitivität und thermischer Wirkungsgrad

Ausgehend von den simulationsbasierten Untersuchungen wird eine Aussage zur Sensitivität verschiedener Parameter hinsichtlich ihres Einflusses auf die Fügezone für Punktverbindungen durchgeführt. Die maximale Schmelzzonendicke (siehe Abbildung 4-10) wird als charakteristische Kenngröße zur Quantifizierung der untersuchten Größen herangezogen. Im Sinne einer anwendungsorientierten Aussage wird die Sensitivität in vier Kategorien unterteilt (Tabelle 4-7), um den Einfluss von prozessseitigen Einstellgrößen, der Fügegeometrie der Punktverbindungen sowie den Werkstoffeigenschaften des Kunststoffes abzubilden. Innerhalb der Kategorien wird eine vollfaktorielle Berechnung aller Parameter in unterschiedlichen Abstufungen durchgeführt.

Der Einfluss des metallischen Fügepartners wird durch die Aluminiumlegierung EN AW 6082 sowie den rostfreien Stahl 1.4301 berücksichtigt, um damit unterschiedliche Eigenschaftsprofile abzubilden. Zur Berücksichtigung einer großen Bandbreite an Kunststoffen findet ein Modellwerkstoff als thermoplastischer Fügeparter Anwendung, dessen Eigenschaften im Rahmen der Untersuchungen in einem breiten Feld variiert werden (siehe Tabelle 4-8). Einzig die Materialstärke von 5 mm wird aufgrund des Modellcharakters der Punktverbindungen konstant gehalten.

Tabelle 4-7 Kategorien und Parameter der Untersuchungen zur Sensitivität

Kategorie	Parameter	Metalle	Kunststoff
Einstellgrößen Prozess	Laserstrahlleistung P_L Fokusdurchmesser d_L	EN AW 6082, 1.4301	Modell-werkstoff
Fügegeometrie	absorbierte Laserstrahlleistung P_L Materialstärke Metall t_M	EN AW 6082, 1.4301	Modell-werkstoff
Eigenschaften Kunststoff	Wärmeleitfähigkeit λ spezifische Wärmekapazität c_p Dichte ρ	EN AW 6082, 1.4301	Modell-werkstoff
Phasenübergang Kunststoff	Schmelzenthalpie ΔH Peaktemperatur Schmelzen T_{pm} Temperaturintervall Schmelzen ΔT	EN AW 6082, 1.4301	Modell-werkstoff

Tabelle 4-8 Modellwerkstoff mit konstanten Werkstoffeigenschaften

Parameter	Formel-zeichen	Einheit	Modellwerkstoff
Anfangstemperatur Schmelzintervall	T_{im}	°C	200
Endtemperatur Schmelzintervall	T_{em}	°C	230
Schmelzenthalpie	ΔH	$kJ \cdot kg^{-1}$	50
Zersetzungstemperatur	T_z	°C	400
Wärmeleitfähigkeit	λ	$W \cdot m^{-1} \cdot K^{-1}$	0,25
spez. Wärmekapazität	c_p	$J \cdot kg^{-1} \cdot K^{-1}$	1000
Dichte	ρ	$kg \cdot m^{-3}$	1000
Materialstärke Kunststoff	t_K	mm	5

In den Betrachtungen kommt die Temperaturleitfähigkeit a ([a] = $m^2 \cdot s^{-1}$) als Hilfsgröße zum Einsatz, die als Quotient aus der Wärmeleitfähigkeit λ und dem Produkt aus der spezifischer Wärmekapazität c_p mit der Dichte ρ drei wesentliche Werkstoffeigenschaften verknüpft (Formel 4-6) [Mar12].

$$a = \frac{\lambda}{\rho \cdot c_p}$$

Formel 4-6 Temperaturleitfähigkeit nach [Mar12]

Das Temperaturfeld im Kunststoff, das maßgeblich für die Entstehung der Schmelzzone ist, kann dabei anhand der Fourierschen Wärmeleitungsgleichung beschrieben werden (siehe Formel 4-2). Dabei gehen der Dividend λ sowie der Divisor $(\rho \cdot c_p)$ jeweils als einzelne Komponenten in die Berechnung des Temperaturfeldes ein. Diese Komponenten werden variiert, um ihren Einfluss auf die Schmelzzone abzubilden. Auf eine isolierte Betrachtung von Dichte sowie spezifischer Wärmekapazität kann damit verzichtet werden.

Davon ausgehend kann der thermische Wirkungsgrad des Verfahrens in Abhängigkeit der dargestellten Parameter und Werkstoffe ermittelt werden. Nach [Hue14] wird der thermische Wirkungsgrad η_{th} ($[\eta_{th}] = 1$) als Verhältnis der Prozessleistung P_P zur absorbierten Laserstrahlleistung P_A definiert (Formel 4-7).

$$\eta_{th} = \frac{P_P}{P_A}$$

Formel 4-7 Thermischer Wirkungsgrad nach [Hue14]

Die Prozessleistung P_P wird zur Ausbildung der Schmelzzone mit dem Volumen V ($[V] = m^3$) aufgewendet. Aufbauend auf [Hue14] und unter den Annahmen, dass das Volumen der Schmelzzone durch die Temperatur zu Beginn des Schmelzintervalls T_{im} beschrieben und eine Zersetzung des Kunststoffes im Fügeprozess vermieden werden soll, folgt die Prozessleistung P_P für Punktverbindungen der Darstellung in Formel 4-8. Ausgehend von dem Modellwerkstoff werden die Werkstoffeigenschaften Dichte ρ und spezifische Wärmekapazität c_p als mittlere Größen konstant angenommen. Die Zeit t_L stellt die Dauer des Energieeintrages durch den Laserstrahl dar.

$$P_P = \bar{\rho} \cdot V \cdot \frac{1}{t_L} \cdot \left[\bar{c}_p \cdot (T_{im} - T_0) + \Delta H\right]$$

Formel 4-8 Prozessleistung P_P für Punktverbindungen

4.2.6 Vergleichsrechnung durch halbunendlichen Körper

Ziel der Vergleichsrechnung ist die Prüfung der Plausibilität der Simulationsergebnisse sowie die Annahme eines halbunendlichen Körpers (HUK) für die durchgeführten Untersuchungen an Punktverbindungen. Dieses Modell wird zur Abbildung des instationären Wärmeleitungsproblems herangezogen, da sich die Temperaturänderungen auf den oberflächennahen Bereich des Kunststoffes in der Schmelzzone beschränken und damit ein transienter Temperaturverlauf in Richtung der z-Koordinate berechnet werden kann. Die Anwendbarkeit dieses Modells wurde mittels Fourierzahl ($Fo = \frac{a \cdot t}{L^2} < 0{,}3$) geprüft und ist in der gegebenen Fügekonfiguration auch für Fügezeiten bis 10 s anwendbar (siehe 0).

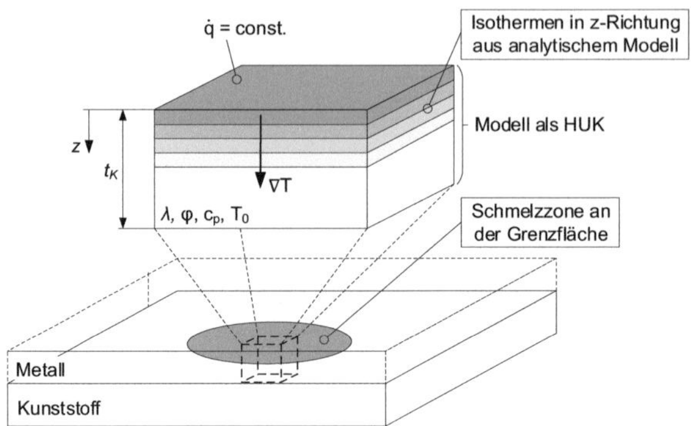

Abbildung 4-11 Vergleichsrechnung durch Anwendung des Modells halbunendlicher Körper (HUK)

Die Berechnung des Temperaturverlaufs durch den Ansatz des halbunendlichen Körpers setzt allerdings einige Vereinfachungen voraus. Einerseits werden die Werkstoffeigenschaften als konstant angenommen, d. h. die Temperaturabhängigkeit und Phasenumwandlung werden vernachlässigt. Andererseits wird nur der zentrale Bereich der Füge- bzw. Schmelzzone betrachtet, da die Berechnung nur anhand einer Ortskoordinate durchgeführt wird. Daraus folgt, dass keine zwei- bzw. dreidimensionale Berechnung des Temperaturfeldes im gewählten Ansatz möglich ist und alle Isothermen parallel verlaufen. Dabei wird der metallische Fügepartner nicht direkt in die Berechnung mit einbezogen (Abbildung 4-11), sondern findet nur indirekt durch den Energieeintrag Berücksichtigung. Dieser Energieeintrag über der Grenzfläche wird als konstante Wärmestromdichte $\dot{q}$ am Rand des halbunendlichen Körpers abgebildet, d. h. vereinfachend wird während des Fügeprozesses von einem konstanten Wärmeübergang zwischen Metall und Kunststoff ausgegangen. Mit Berücksichtigung dieser Randbedingung 2. Art und der Anfangsbedingung $T(z > 0, t = 0) = T_0$ folgt Formel 4-9 [Mar12]:

$$T(z,t)=T_0+\frac{\dot{q}}{\lambda}\cdot\left[2\cdot\sqrt{\frac{\left(\frac{\lambda}{\rho\cdot c_p}\right)\cdot t}{\pi}}\cdot\exp\left(-\left(\frac{z}{2\cdot\sqrt{\frac{\lambda}{\rho\cdot c_p}\cdot t}}\right)^2\right)-z\cdot\operatorname{erfc}\left(\frac{z}{2\cdot\sqrt{\frac{\lambda}{\rho\cdot c_p}\cdot t}}\right)\right]$$

Formel 4-9 Halbunendlicher Körper mit Randbedingung 2. Art nach [Mar12]

Durch die konstante Wärmestromdichte auf dem Rand des Kunststoffes ergibt sich ein zeitabhängiger Temperaturverlauf in z-Richtung (siehe Abbildung 4-12). Entsprechend dem halbunendlichen Körper und der gewählten Randbedingung folgt, dass der Temperaturgradient an z = 0 zeitunabhängig ist sowie für $z \to \infty$ keine Temperaturänderung gegenüber T_0 auftritt. Die Materialstärke des Kunststoffes t_K wurde mit 5 mm so groß gewählt, dass kein Einfluss der oberflächennahen Schmelzzone auf die Unterseite des Kunststoffes vorliegt.

Durch diesen Modellansatz kann ein Vergleich der Temperaturverläufe in z-Richtung für die Mitte der Schmelzzone erfolgen. Da eine direkte Messung des Wärmestroms in der Fügezone aufgrund der geringen Temperaturleitfähigkeit des Kunststoffes nicht möglich ist, wird die mittlere Wärmestromdichte im Zentrum der Grenzfläche (r = 0, z = 0) in der numerischen Simulation berechnet und für die Berechnung am halbunendlichen Körper auf dem Rand des Kunststoffes appliziert.

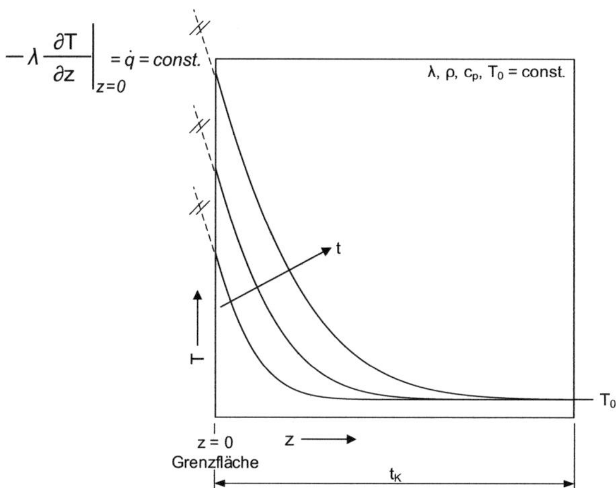

Abbildung 4-12 Schematische Darstellung des einseitig ausgedehnten halbunendlichen Körpers für die Randbedingung 2. Art nach [Mar12, VDI13]

Die berechneten Temperaturverläufe unterliegen dabei starken Vereinfachen, können im Vergleich mit der numerischen Simulation allerdings unter drei Aspekten betrachtet werden. Erstens, ob eine qualitative Übereinstimmung zwischen analytischer und numerischer Berechnung des Temperaturverlaufes vorliegt, um die Simulation hinsichtlich der physikalischen Plausibilität der Lösung zu prüfen. Zweitens, ob eine vereinfachte Betrachtung am halbunendlichen Körper eine hinreichend genaue Abbildung der Realität ermöglicht und damit auf die Berücksichtigung temperaturabhängiger Werkstoffdaten oder weitere Einflussgrößen verzichtet werden kann. Drittens, dass die Annahme des halbunendlichen Körpers im methodischen Vorgehen erfüllt wird, d. h. ein Wärmestau im thermoplastischen Fügepartner durch die Wahl eines hinreichend großen t_K = 5 mm vermieden wird.

4.3 Mess- und Prüftechnik

4.3.1 Mechanische Kurzzeitprüfung

Die Kurzzeitprüfung im Scherzugversuch wird auf einer Universalprüfmaschine (Hegewald & Peschke Inspekt 1455 20 kN) durchgeführt. Die Prüfgeschwindigkeiten betragen an Punkverbindungen 10 $mm \cdot min^{-1}$ (Materialstärke des Kunststoffes t_M = 5 mm) und an Linienverbindungen 240 $mm \cdot min^{-1}$ (Materialstärke des Kunststoffes t_M = 2 mm). Den verringerten Materialstärken an Linienverbindungen wird durch eine erhöhte Prüfgeschwindigkeit begegnet, um den Einfluss des Grundwerkstoffes in Form sehr großer Dehnungen bzw. Traversenwege auf das Prüfergebnis zu begrenzen. Die freie Einspannlänge wurde jeweils auf 30 mm festgelegt.

Zwischen der Herstellung der Hybridverbunde und deren mechanischer Prüfung wurde eine Zeit von mindestens sieben Tagen eingehalten, um die erneute Einlagerung von Wasser aus der Umgebungsatmosphäre zu ermöglichen.

4.3.2 Mechanische Ermüdungsprüfung

Die dynamische Prüfung wird auf einem Hochfrequenzpulsator (SincoTec POWER SWING MOT 50 kN) in Eigenfrequenz durchgeführt. Die Probenvorbereitung und freie Einspannlänge erfolgt entsprechend der Kurzzeitprüfung im Scherzug. Für die Prüfung wird ein Spannungsverhältnis R = 0,1 (R = [1]) im zugschwellenden Bereich festgelegt und für bis zu 10^7 Lastspiele zum Nachweis der Dauerfestigkeit durchgeführt. Ein frühzeitiger Versuchsabbruch erfolgt durch die Detektion eines Anrisses bei einer Eigenfrequenzänderung von ± 3 Hz. Als Nennlasten kommen 2,1 kN Oberlast und 0,21 kN Unterlast zum Einsatz, um unterschiedliche Streckenenergien auf Basis eines identischen Lastkollektivs vergleichen zu können. Während der Prüfung werden die Ist-Lasten sowie die Eigenfrequenz in Abhängigkeit der Lastspiele aufgezeichnet. Das Zeitintervall zwischen der Herstellung des Hybridverbundes und der Ermüdungsprüfung beträgt übereinstimmend mit der mechanischen Kurzzeitprüfung sieben Tage.

4.3.3 Härteprüfung

Die Prüfung der metallischen Werkstoffe erfolgt nach DIN EN ISO 6507-1 [DIN06] mit HV 0,2 unter einer Einwirkdauer der maximalen Last von 15 s. Durch die Festlegung des Randabstandes auf die mindestens 3-fache Länge der Eindruckdiagonale sowie des Mittenabstandes auf die mindestens 6-fache Länge der Eindruckdiagonale, können EN AW 6082 sowie 1.4301 mit derselben Messstrategie geprüft werden. Die Messstrategie ist in Abbildung 4-13a dargestellt. Der zu messende Bereich geht dabei deutlich über die Wechselwirkungszone Laserstrahl-Werkstück (d_L = 5,3 mm, siehe 4.1.1) hinaus.

Die Prüfung der Kunststoffe wird in Anlehnung an die VDI/VDE-Richtlinie 2616 [VDI12] mit HV 0,01 unter einer Einwirkdauer der maximalen Last von 60 s durchgeführt. Voruntersuchungen zeigten eine Länge der Eindruckdiagonale von ca. 50 µm. Der Rand- und Mittenabstand der Prüfeindrücke wird entsprechend [VDI12] auf einen Wert größer der 2,5-fachen Eindruckdiagonale festgelegt. Die Messstrategie ist in Abbildung 4-13b dargestellt. Prüfung 1 wird für Linienverbunde herangezogen, um einen ortsaufgelösten Härteverlauf vom Grundwerkstoff bis in die Schmelzzone hinein zu erhalten. Prüfung 2 wird für Punktverbindungen eingesetzt, um Messwerte dediziert an charakteristischen Positionen zu erheben, bspw. zur Ermittlung der Wärmeeinflusszone. In allen Fällen werden gebotene Rand- bzw. Prüfeindruckabstände entsprechend [VDI12] eingehalten.

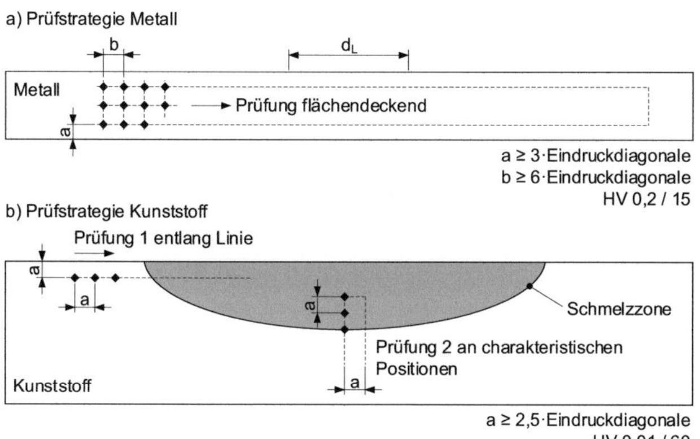

Abbildung 4-13 Härteprüfung für den a) metallischen und b) thermoplastischen Fügepartner

4.3.4 Materialographische Präparation, Mikroskopie und Charakterisierung

Die materialographischen Schliffbilder zur Untersuchung der thermoplastischen Morphologie werden mittels physikalischem Trockenätzen der Oberfläche durch Argon-Ionen im Vakuum präpariert, um die Morphologie der Fügezone im Kunststoff freizulegen (Gatan Precision Etching Coating System Model 682, Leistung: 4 keV, Drehzahl Rotation: 30 min^{-1}, Kippwinkel: 0...60°, Drehzahl Kippung: 15 min^{-1}, Dauer: 40 min). Die Aufnahmen der Morphologie erfolgen mittels Differentialinterferenzkontrastmikroskopie (Zeiss Axio Imager.M2m). Lichtmikroskopische Aufnahmen nicht geätzter Proben im Hellfeld werden am Zeiss AxioScope.A1 durchgeführt. Zur Aufnahme der Oberflächenstrukturierungen des Metalls kommt das 3D-Laserscanningmikroskop Olympus LEXT OLS4100 zum Einsatz. Rauschen und Spikes wurden mittels der Software Olympus OLS4100 3.1.4 korrigiert. Eine lokale Charakterisierung der Kristallmodifikationen im materialographischen Schliff erfolgte mittels Röntgendiffraktometer

Bruker Lynxeye XE-T (XRD-Messung, Spotgröße: 300 µm, Messzeit pro Schritt: 60 s). Die charakteristischen Peaks wurden durch die Zählrate cps (counts per second, [cps] = s^{-1}) in Abhängigkeit des Beugungswinkels 2Θ zwischen 7,5° bis 62° ermittelt.

4.3.5 Dynamische Differenzkalorimetrie (DSC)

Die dynamische Differenzkalorimetrie (DSC, Netzsch DSC 204 F1 Phoenix) wird nach DIN EN ISO 11357-1 [DIN10] eingesetzt, um die Glasübergangstemperatur, das Schmelz- und Kristallisationsintervall (Anfangs-, Peak- und Endtemperatur) sowie die spezifische Wärmekapizität der thermoplastischen Grundwerkstoffe zu bestimmen. Die thermische Analyse wird mit konstanten Heizraten (nach [Ehr04], Heizrate zur Bestimmung von Schmelz- und Kristallisationsintervall: 10 $K \cdot min^{-1}$, Heizrate zur Bestimmung der Glasübergangstemperatur: 20 $K \cdot min^{-1}$) im Temperaturintervall von minimal -20 °C bis maximal 300 °C durchgeführt. Die Auswertung erfolgt mittels Netzsch Proteus Thermal Analysis. Ein Einfluss auf die resultierenden Temperaturbereiche durch die Entnahmestelle kann dabei nicht ausgeschlossen werden, weshalb die globalen Werkstoffeigenschaften anhand der gesamten Materialstärke ermittelt werden. Ein Vergleich zwischen Schmelzzone und Grundwerkstoff wird dabei an Dünnschnitten vorgenommen (Heizrate: 10 $K \cdot min^{-1}$). Die Proben werden der Mitte der Fügezone entnommen (Länge: 2 mm, Breite: 2 mm) und mittels Mikrotom als Dünnschnitt mit einer Dicke von 50 µm präpariert. Basierend auf den Ergebnissen von [Hin03] wird nur der erste Aufheizzyklus berücksichtigt, da lediglich der Einfluss des Schweißprozesses näher betrachtet werden soll.

4.3.6 Thermogravimetrische Analyse (TGA)

Die thermogravimetrische Analyse (TGA, Thermowaage Netzsch TG 209 F1 Iris) wird eingesetzt, um die Zersetzungstemperatur der Kunststoffe als obere Temperaturgrenze für den Fügeprozess zu ermitteln. Die Kunststoffprobe wird in einem vorgegebenen Temperaturintervall mit einer konstanten Heizrate (20 $K \cdot min^{-1}$) unter Stickstoffatmosphäre erwärmt und die Masseänderung der Probe in Abhängigkeit der Temperatur gemessen. Mittels eines Fourier-Transform-Infrarotspektrometers lassen sich abdampfendes Wasser, Zuschlagstoffe und Zersetzungsprodukte des Kunststoffes unterscheiden und die Zersetzungstemperatur ableiten. Auf Grundlage von DIN 51006 [DIN05] wird die Stufenanfangstemperatur als Zersetzungstemperatur T_z und damit obere Temperaturgrenze des angestrebten Temperaturbereiches festgelegt. Die Abhängigkeit der Zersetzungsvorgänge von der Heizrate wird vereinfachend nicht berücksichtigt.

4.3.7 Temperaturmesstechnik

Die Temperaturmessungen werden mittels Dewetron Dewe 5000 und Thermoelementen Typ K (Thermoleitung, verdrillt über eine Länge von 3 mm, Leitungsdurchmesser 0,2 mm) bei einer Aufzeichnungsrate von 100 Hz durchgeführt. Der Messbeginn wird mit dem Startzeitpunkt des Laserprozesses synchronisiert. Das Messgerät verfügt über eine interne Referenzmessstelle. Die Thermoelemente wurden mittig in die Grenzfläche der Fügezone zwischen beiden Fügepartnern eingebracht (siehe 4.1.6).

4.3.8 Hochgeschwindigkeitsaufnahmen

Die Hochgeschwindigkeitsaufnahmen im Halbschnittversuchsstand wurden mittels einer Photron SA-X2 Kamera (interner Speicher: 32 GB, Bildrate: 1000 Bilder pro Sekunde, max. Aufzeichnungszeit: 22 s) unter Verwendung eines Navitar 12x Zoom Lens Objektives durchgeführt. Als Beleuchtungsquelle kamen LED-basierte Lichtquellen zum Einsatz. Die Auswertung der Aufnahmen erfolgte mittels Photron Fastcam Viewer 3.6. Zur verbesserten Darstellung wurden Helligkeit und Kontrast der Aufnahmen mittels Bildverarbeitung angepasst.

5 Ergebnisse und Diskussion

5.1 Charakterisierung der Fügezone an idealen Punktverbindungen

5.1.1 Thermische Charakterisierung der thermoplastischen Ausgangswerkstoffe

Der Fügeprozess bedingt ein örtliches Schmelzen des Kunststoffes, damit eine Benetzung und Füllung der Oberflächenstrukturierung an der Grenzfläche ermöglicht wird. Im Kunststoff ergibt sich ein transientes Temperaturfeld, welches den Phasenübergang und die Werkstoffeigenschaften bestimmt. Die thermische Charakterisierung der thermoplastischen Werkstoffe bildet daher den Ausgangspunkt für die Eingrenzung der Temperaturintervalle, die für eine Verarbeitung im Fügeprozess adressiert bzw. eingehalten werden müssen. In Abhängigkeit der unterschiedlichen auftretenden Temperaturen im Fügeprozess lässt sich der Einfluss auf die Struktur (amorph, kristallin, Zersetzung) und den Aggregatszustand des Werkstoffes beschreiben. Dabei sind die Glasübergangs- und Zersetzungstemperatur sowie das Schmelz- und Kristallisationsintervall von Relevanz.

Die Bestimmung des Schmelz- und Kristallisationsintervalls sowie der darunterliegenden Glasübergangstemperatur T_g werden mittels DSC-Analysen (siehe 4.3.5) durchgeführt. Der Aufheizvorgang führt zur Überschreitung der Glasübergangstemperatur (Temperaturbereich der Sekundärkristallisation) und dem anschließenden Überschreiten des Schmelzintervalls der kristallinen Strukturen (Temperaurbereich zwischen Anfangstemperatur T_{im} bis Endtemperatur T_{em}). Im Abkühlvorgang wird zuerst das Kristallisationsintervall (Temperaturbereich zwischen Anfangstemperatur T_{ic} bis Endtemperatur T_{ec}, Bereich der Primärkristallisation) und anschließend die Glasübergangstemperatur unterschritten. Die Peaktemperaturen T_{pm} und T_{pc} werden üblicherweise als Schmelz- bzw. Kristallisationstemperatur bezeichnet und liegen inmitten des Temperaturintervalls, in dem feste und flüssige Phase gleichzeitig anteilig vorhanden sind. Die Bestimmung von Schmelz- und Kristallisationsintervall ist beispielhaft für Polyamid 6.6 (PA 6.6) in Abbildung 5-1 dargestellt. Der Einfluss der Heizrate auf eine Verschiebung der ermittelten Schmelz- und Kristallisationsintervalle wird vereinfachend nicht näher betrachtet, aber entsprechend in der Diskussion der Ergebnisse berücksichtigt.

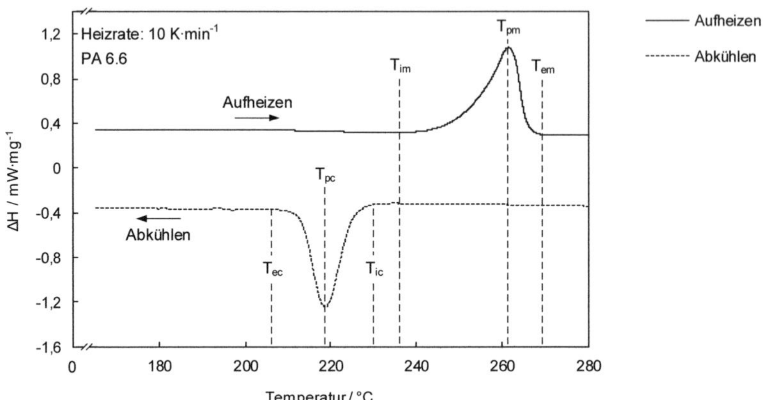

Abbildung 5-1 Ermittlung Schmelz- bzw. Kristallisationsintervall am Beispiel PA 6.6

Zur Bestimmung der Zersetzungstemperatur kommen TGA-Analysen zum Einsatz (siehe 4.3.6). Durch die Kopplung des temperaturabhängigen Masseverlustes (Δm, $[\Delta m] = 1$) mittels eines Fourier-Transform-Infrarotspektrometers wird der Rückschluss auf die stoffliche Zusammensetzung der vorliegenden Abdampfungs- und Zersetzungsvorgänge des Werkstoffes ermöglicht. Abbildung 5-2 stellt den temperaturabhängigen Masseverlust am Beispiel PA 6.6 sowie die zugehörige Hauptursache (Freisetzung H_2O bzw. thermische Degradation) dar.

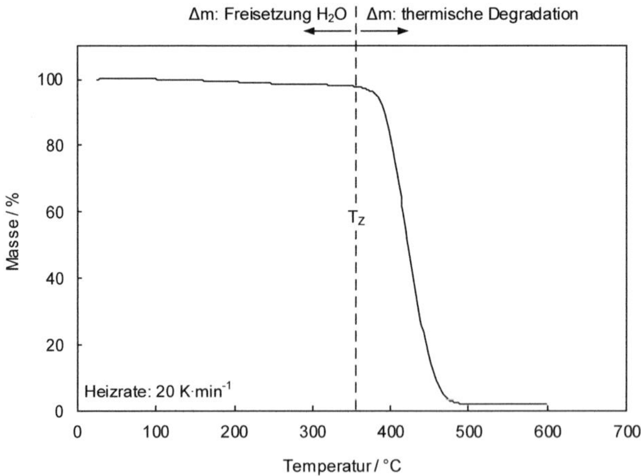

Abbildung 5-2 Ermittlung der Zersetzungstemperatur am Beispiel PA 6.6

Die Maximaltemperatur im Fügeprozess soll dabei die Zersetzungstemperatur T_z (Stufenanfangstemperatur) nicht überschreiten, um eine thermische Schädigung des Grundwerkstoffes zu begrenzen. Für wasseraufnahmefähige Werkstoffe, bspw. PA 6 oder PA 6.6, kommt es auch bei Temperaturen unterhalb T_z aufgrund des verdampfenden Wassers bereits zum Masseverlust und damit zu einer Beeinflussung der Fügezone. Der Einfluss von Heizraten, Verweilzeiten und verringertem Umgebungsdruck auf die Zersetzungstemperatur T_z wird vereinfachend nicht berücksichtigt.

Zusammenfassend lassen sich die Zustandsgrößen für die Prozessführung entsprechend der Schmelz- und Kristallisationsintervalle, der Glasübergangs- und Zersetzungstemperatur beschreiben (Tabelle 5-1). Aus diesen Zustandsgrößen kann ein allgemeines Modell für das Wärmeleitungsfügen teilkristalliner Thermoplaste abgeleitet werden, welches die Fügezone und ihre Bereiche umfasst.

Tabelle 5-1 Charakteristische Temperaturen aus DSC- und TGA-Analysen für die betrachteten Werkstoffe

Parameter	**Formelzeichen**	**Einheit**	**PA 6**	**PA 6.6**	**PP**
Glasübergangstemperatur	T_g	°C	63	65	0
Anfangstemperatur Schmelzintervall	T_{im}	°C	191	235	126
Schmelztemperatur	T_{pm}	°C	223	262	168
Endtemperatur Schmelzintervall	T_{em}	°C	236	270	178
Anfangstemperatur Kristallisationsintervall	T_{ic}	°C	191	231	126
Kristallisationstemperatur	T_{pc}	°C	181	219	116
Endtemperatur Kristallisationsintervall	T_{ec}	°C	153	206	94
Zersetzungstemperatur	T_z	°C	390	360	390

5.1.2 Modellbildung der Fügezone

Durch die Absorption von Laserstrahlung auf der Metalloberfläche sowie den Wärmetransport entsteht ein transientes Temperaturfeld in Metall und Kunststoff. Ausgehend von der Metalloberfläche, dem Ort der höchsten Temperaturen im Wärmeleitungsfügen, beschreibt das Temperaturfeld die zeit- und ortsabhängige Ausprägung der Fügezone. Einerseits ist das Überschreiten bestimmter Temperaturen für das Fügen erforderlich, um eine Benetzung und Füllung der Oberflächenstrukturen durch den Kunststoff zu ermöglichen. Andererseits können die Temperaturen zu einer Wärmebehandlung des metallischen Fügepartners oder zu einer Zersetzung des Kunststoffes führen. Ein Schmelzen des Metalls wird aufgrund der möglichen Anwendung der Hybridverbunde in Sichtbereichen an dieser Stelle nicht näher betrachtet.

Daraus lassen sich unterschiedliche Bereiche innerhalb der Fügezone ableiten, die durch das Temperaturfeld beschrieben werden und einen Einfluss auf die resultierenden Verbundeigenschaften zeigen können. Die in thermischen Analysen ermittelten Zustandsgrößen werden dabei als charakteristische Isothermen auf die Fügezone übertragen und bilden den Ausgangspunkt zur Ableitung einer allgemeingültigen Modellvorstellung auf Basis des Temperaturfeldes. Abbildung 5-3 stellt diesen Modellansatz anhand einer rotationssymmetrischen Fügezone mit den entsprechenden Isothermen in beiden Fügepartnern schematisch dar.

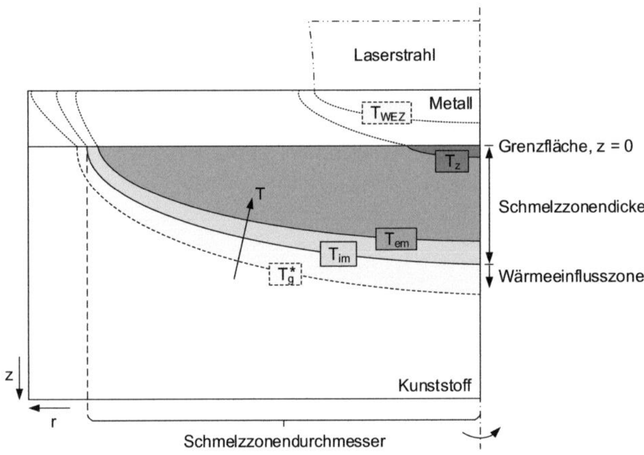

Abbildung 5-3 Modellansatz für die Beschreibung einer rotationssymmetrischen Fügezone anhand charakteristischer Isothermen

Beginnend an der Metalloberfläche breiten sich die Isothermen über die Grenzfläche (z = 0) in den Kunststoff hinein aus. Im Metall kann es dabei zur Überschreitung von T_{WEZ} kommen, d. h. es tritt eine bleibende Änderung der Werkstoffeigenschaften aufgrund der Wärmebehandlung auf. An der Grenzfläche, dem Ort der höchsten thermischen Belastung des Kunststoffes, kann es zur Überschreitung der Zersetzungstemperatur T_Z und zur thermischen Degradation des Kunststoffes kommen. Vereinfachend, d. h. ohne Berücksichtigung der Wechselwirkung von Heizrate und Verweildauer des Kunststoffes bei diesen Temperaturen, treten Nahtunregelmäßigkeiten bzw. eine Verringerung des tragenden Querschnitts zwischen beiden Fügepartnern durch Temperaturen oberhalb T_Z auf.

Der Anfang und das Ende des Schmelzintervalls sind für die Fügezone von besonderer Bedeutung, da gegenüber der Peaktemperatur T_{pm}, die nur das Maximum abbildet, eine präzise Aussage zum Werkstoffverhalten möglich ist. Einerseits gilt für Temperaturen größer als T_{em}, dass der Werkstoff vollständig geschmolzen ist. Andererseits liegt der Kunststoff zwischen T_{em} und T_{im} nur partiell geschmolzen vor, allerdings kann es auch in diesem Temperaturintervall bereits zu einer Benetzung bzw. Strukturfüllung der Metalloberfläche kommen (siehe 5.1.5). Daher wird der gesamte Bereich oberhalb T_{im} als Schmelzzone definiert. Darüber hinaus kann es zur Ausbildung einer Wärmeeinflusszone kommen, die direkt an die Schmelzzone angrenzt. Für Temperaturen oberhalb der Glasübergangstemperatur T_g besteht die Möglichkeit der Sekundärkristallisation des ansonsten unbeeinflussten Grundwerkstoffes. Die Glasübergangstemperaturen liegen dabei deutlich unterhalb des Schmelzintervalls und ggf. unterhalb der Raumtemperatur ($T_{g,PA\,6}$ = 63 °C, $T_{g,PA\,6.6}$ = 65 °C, $T_{g,PP}$ = 0 °C), weshalb der beeinflusste Bereich nicht scharf vom Grundwerkstoff abgegrenzt werden kann. Je länger die Zeit und je höher die Temperatur ist, desto stärker ausgeprägt ist die Sekundärkristallisation (siehe 2.2.1). Bedingt durch dieses Verhalten wird im Sinne einer vereinfachten Darstellung die Überschreitung der Temperatur T_g^* zur Ausbildung der Wärmeeinflusszone während des Fügens festgelegt, ab der eine nachweisbare Sekundärkristallisation auftritt. Mit dem Abschalten des Laserstrahles setzt die Abkühlung und Erstarrung ein, die wiederrum einen maßgeblichen Einfluss auf die Eigenschaften und die Morphologie der Schmelzzone ausüben kann.

Die Fügezone umfasst damit beide Fügepartner und alle Bereiche, die prozessbedingt eine bleibende Veränderung erfahren. Wesentliche werkstoffliche Einflussgrößen auf die Ausprägung dieser Fügezone sind neben den charakteristischen Temperaturen vorrangig die Wärmeleitfähigkeit, die Dichte sowie die spezifische Wärmekapazität der beteiligten Werkstoffe. Damit ist das dargestellte Modell grundsätzlich auf alle thermischen Fügeprozesse von Kunststoff-Metall-Hybridverbunden anwendbar. Für unterschiedliche Werkstoffe und Werkstoffkombinationen lässt sich darauf aufbauend ihre zeitliche und geometrische Ausbildung beschreiben.

5.1.3 Zeitliche und geometrische Ausbildung der Füge- und Schmelzzone

Die zeitliche und geometrische Ausbildung der Fügezone wird durch Werkstoffe und Laserstrahlprozess bestimmt. Die Verbundherstellung erfolgt maßgeblich durch den Kunststoff und die damit verbundene Benetzung bzw. Füllung der Oberflächenstrukturen des metallischen Fügepartners, weshalb eingangs die Ausbildung der Schmelzzone im Kunststoff betrachtet wird. Abbildung 5-4 stellt deshalb das zeit- bzw. energieabhängige Wachstum der Schmelzzone für Verbunde mit EN AW 6082 anhand der Dicke der Schmelzzone dar. Für PP werden mit steigender Fügezeit von 1 s bis 10 s Schmelzzonendicken von ca. 140 µm bis 780 µm erreicht, für PA 6 ca. 135 µm bis

680 µm und für PA 6.6 ca. 90 µm bis 530 µm. Bei konstanter Laserstrahlleistung wird im Allgemeinen eine größere Schmelzzone mit steigendem Energieeintrag bzw. steigender Fügezeit erreicht. Weiterführend kann abgeleitet werden, dass niedrigere Temperaturen des Schmelzintervalls zu einer erhöhten Schmelzzonendicke führen. So nimmt die resultierende Schmelzzonendicke von PP (T_{im} = 123 °C), über PA 6 (T_{im} = 191 °C) bis hin zu PA 6.6 (T_{im} = 235 °C) zu.

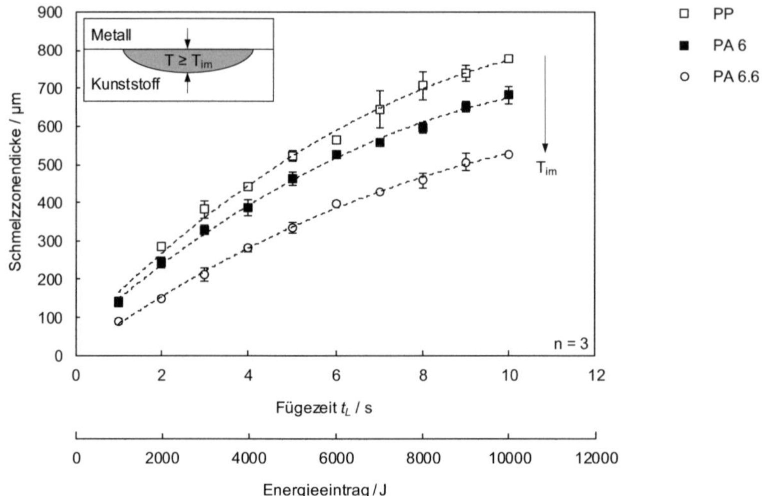

Abbildung 5-4 Schmelzschichtwachstum in Abhängigkeit der Fügezeit (P_L = 1000 W)

Ausgehend von der Wärmeleitungsgleichung kann die Dicke der Schmelzzone in erster Näherung als zeitabhängige Exponentialfunktion beschrieben werden. Die Wärmeleitung zwischen beiden Fügepartnern, die temperaturabhängigen Werkstoffeigenschaften (Wärmeleitfähigkeit, Dichte, spezifischer Wärmekapazität) sowie der Phasenübergang und das Schmelzintervall lassen keine vereinfachte Zusammenführung der genannten Größen in einer Näherungsgleichung zur Beschreibung der Schmelzzonendicke bzw. des Schmelzzonendurchmessers zu. Auch eine Rückführung auf bekannte Größen der Wärmeübertragung, bspw. der thermischen Diffusionslänge, ist an dieser Stelle deshalb nicht möglich.

Die Geometrie der Schmelzzone wird dabei durch den Wärmeübergang an der Grenzfläche und die resultierende Temperaturverteilung im Kunststoff bestimmt (Isotherme T_{im}, siehe 0). Ausgehend von der Grenzfläche bildet sich eine achsensymmetrische Schmelzzone aus, über deren Breite eine Benetzung des metallischen Fügepartners bzw. eine Füllung der Oberflächenstrukturen stattfinden kann (Abbildung 5-5). Aufgrund der größeren Wärmeleitfähigkeit des metallischen Fügepartners gegenüber dem Kunststoff nimmt der Schmelzzonendurchmesser gegenüber der Schmelzzonendicke deutlich schneller zu. Innerhalb der Fügezone können Fehlstellen auftreten, vornehmlich bedingt durch Blasenbildung aufgrund von im Kunststoff gelöstem Wasser und thermischer Degradation (siehe 2.1.8). Darüber hinaus kommt es auch bei Punktverbindungen am vollständigen Überlapp zum Schmelzeaustrieb bzw. zur Spaltbildung. Eine detaillierte und zeitabhängige Betrachtung der Ursachen dieser Phänomene folgt ab 5.1.6.

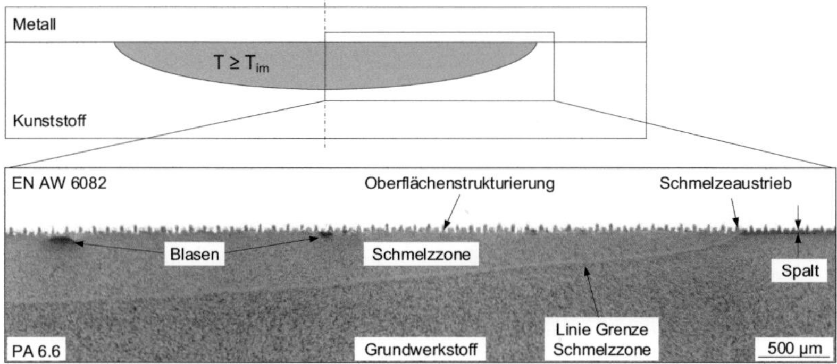

Abbildung 5-5 Fügezone einer thermisch gefügten Punktverbindung (PA 6.6 mit EN AW 6082, t_L = 5 s)

Das Temperaturfeld im Thermoplasten kann anhand des Übergangs zwischen Schmelzzone und Grundwerkstoff nachvollzogen werden. Gleichzeitig beeinflussen die thermophysikalischen Werkstoff-eigenschaften die entstehende Fügezone, was anhand verschiedener Thermoplaste beispielhaft in Abbildung 5-6 für vergleichbare Prozessbedingungen dargestellt ist. Mit steigenden Temperaturen des Schmelzintervalls nimmt dabei neben der Dicke auch der Durchmesser der Schmelzzone ab, wie anhand von PP, PA 6 und PA 6.6 nachvollzogen werden kann. Auftretende Blasenbildung kann dabei zu einer Behinderung des Wärmetransports führen, was auch eine verringerte Dicke der Schmelzzone direkt unterhalb der Blase verursachen kann (siehe PA 6). Darüber hinaus können Unterschiede bei der Strukturfüllung in Abhängigkeit der Werkstoffe festgestellt werden, insbesondere bei PP ist die Schmelzzone nicht vollständig mit dem Metall verbunden. Daher wird der dedizierte Einfluss der einzelnen Werkstoffeigenschaften auf die Ausbildung der Schmelz- bzw. Fügezone unter Berücksichtigung aller wesentlichen Effekte und den daraus resultierenden Eigenschaften in den folgenden Kapiteln behandelt.

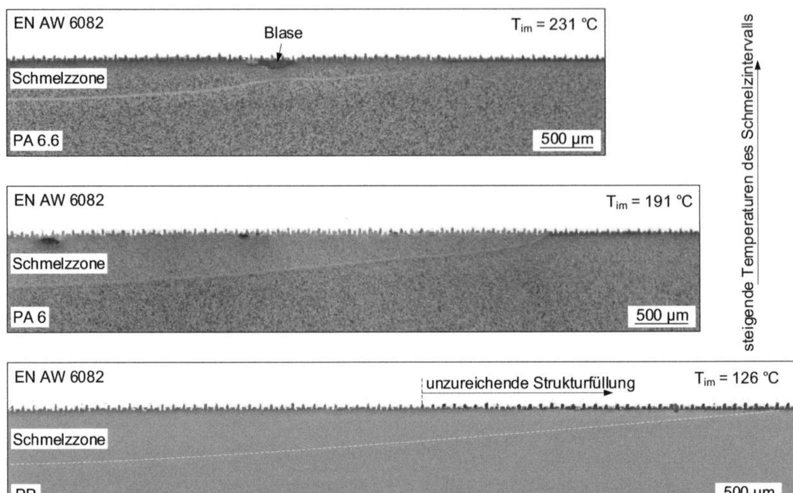

Abbildung 5-6 Vergleich der Schmelzzone für PA 6.6, PA 6 und PP (EN AW 6082, P_L = 1000 W, t_L = 5 s)

Zur Beschreibung der Fügezone werden im Stand der Technik meistens Temperaturverläufe zur Ableitung eines Zeit-Temperatur-Profils herangezogen, das mittels Thermoelementen in der Grenzflächenschicht ermittelt wird (siehe 2.1.5). Bei Punktverbindungen erfolgt in Abhängigkeit der Fügezeit, Laserstrahlleistung und Werkstoffpaarung ein steiler Temperaturanstieg, der aufgrund des sich ausbildenden Temperaturfeldes, dem Phasenübergang und der Dissipation im Verlauf abflacht (siehe Abbildung 5-7). Die Temperaturmessung setzt dabei einen Kontakt zwischen Thermoelement und Werkstoffen voraus, unterliegt aber auch Störeinflüssen im Fügeprozess, bspw. der Blasenbildung. Das kann zu Unregelmäßigkeiten im Temperaturverlauf führen, die sich u. a. in Veränderungen der Steigung verdeutlichen und in unzureichenden Maximaltemperaturen resultieren. Sofern keine Unregelmäßigkeiten auftreten, steht ein integraler Wert zur Verfügung, dessen Aussagefähigkeit bspw. für einen Vergleich unterschiedlicher Werkstoffe oder die Ermittlung von Benetzungs- und Abkühlzeiten an der jeweiligen Messstelle gegeben ist. In Hinblick auf die Beschreibung eines Temperaturfeldes zwischen Metall und Kunststoff sind thermoelementbasierte Messungen nicht hinreichend aussagefähig. Die verallgemeinerte Beschreibung der Fügezone auf Basis charakteristischer Isothermen (siehe 0) setzt allerdings die genaue Kenntnis des Temperaturfeldes voraus. Aus diesem Grund erfolgt eine nachfolgend eine numerische Simulation zur Ermittlung des gesamten Temperaturfeldes zwischen beiden Fügepartnern.

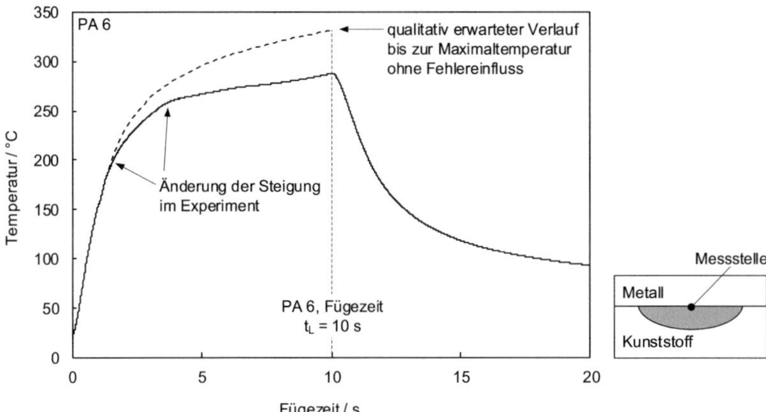

Abbildung 5-7 Exemplarischer Zeit-Temperatur-Verlauf einer Punktverbindung (EN AW 6082, PA 6 für t_L = 10 s, P_L = 1000 W)

5.1.4 Numerische Simulation der Punktverbindungen

Die numerische Simulation der Punktverbindungen ermöglicht eine zeitabhängige Betrachtung des Temperaturfeldes in Kunststoff und Metall. Das zugrundeliegende Modell für den laserbasierten Fügeprozess berücksichtigt die temperaturabhängigen Eigenschaften beider Fügepartner sowie die Phasenumwandlung fest-flüssig des thermoplastischen Werkstoffes (siehe 4.2). Der jeweils angegebene Stichprobenumfang bezieht sich auf die experimentell ermittelten Ergebnisse. Die Betrachtung erlaubt einen Rückschluss auf die vorliegenden Effekte auf Basis des Temperaturfeldes in Kunststoff und Metall.

Die Validierung des gewählten Modellierungsansatzes wird anhand der Fügepaarung EN AW 6082 mit PA 6, PA 6.6 und PP nachvollzogen. Der Vergleich von Simulation und Experiment wird auf Basis der Schmelzzonengeometrie durchgeführt, wobei die charakteristischen Isothermen aus der numerischen Simulation den Ergebnissen der materialographischen Untersuchungen gegenübergestellt werden. Abbildung 5-8 stellt numerische und experimentelle Ergebnisse für PA 6 in Abhängigkeit der Fügezeit bzw. des Energieeintrages im Intervall von 1...10 s anhand der Schmelzzonendicke gegenüber. Diese nimmt dabei in Abhängigkeit der Fügezeit von ca. 135 µm auf ca. 680 µm zu. Der Verlauf von Simulation und Experiment folgt der gleichen Charakteristik einer Exponentialfunktion. In der Betrachtung des gesamten Zeitintervalls wird eine sehr gute Übereinstimmung festgestellt. Die Abweichung der Schmelzzonendicke zwischen Simulation und Experiment liegt überwiegend innerhalb der empirischen

Standardabweichung. Nur für die Fügezeiten von 1 s und 6 s kommt es zu einer Abweichung von 2,8 % bzw. 3,9 %, was allerdings als vernachlässigbare Größenordnung angesehen wird.

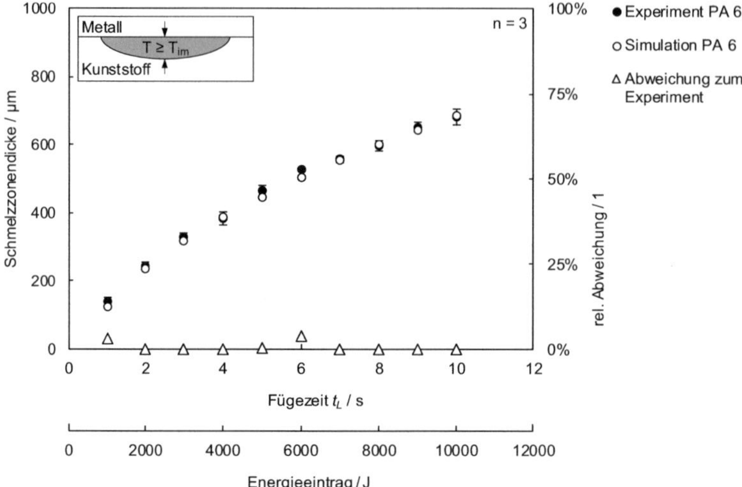

Abbildung 5-8 Gegenüberstellung von Simulation, Experiment und ermittelter Abweichung (PA 6, EN AW 6082, t_L = var, P_L = 1000 W)

Ein Vergleich zwischen der Schmelzzonengeometrie und den zugehörigen Isothermen ist in Abbildung 5-9 bei einer Fügezeit von 5 s dargestellt. Entsprechend zu 5.1.1 sind die Anfangs- und Endtemperatur (T_{im} bzw. T_{em}) des Schmelzintervalls dabei als charakteristische Temperaturen der Schmelzzone festgelegt worden. Die Ausbildung der Isothermen folgt dabei der Form der Schmelzzone. Der Durchmesser der Schmelzzone entspricht der benetzten Kontaktfläche zwischen Kunststoff und Metall und weicht für die gezeigte Fügezone um ca. 6,5 % ab (siehe Δ in Abbildung 5-9). Ursächlich für die Abweichung ist der im Modell als ideal-vollflächig angenommene Wärmeübergang zwischen Metall und Kunststoff. Im Randbereich der Schmelzzone bildet sich mit zunehmender Fügezeit ein Spalt zwischen Kunststoff und Metall aus, verursacht durch die Volumenzunahme im Phasenübergang fest-flüssig (siehe 0). Dieser Spalt begrenzt den Wärmeübergang im Randbereich der Schmelzzone und verursacht die Unterschiede zwischen Simulation und Experiment. Angesichts der geringen Abweichungen von unter 10 % in den betrachteten Werkstoffkombinationen wird dieser Fehler als vernachlässigbar eingestuft, da die Aussagefähigkeit der Simulationsergebnisse nicht wesentlich eingeschränkt wird. Ein Einfluss der eingesetzten Oberflächenstrukturierung auf die Geometrie der Schmelzzone konnte im Vergleich mit unstrukturierten Blechen nicht festgestellt werden. Es ist deshalb anzunehmen, dass sich bei unstrukturierten sowie mikrostrukturierten Metalloberflächen mit dem Beginn des Schmelzens und aufgrund des Drucks in der Fügezone ein vergleichbarer Wärmeübergang zwischen Kunststoff und Metall einstellt.

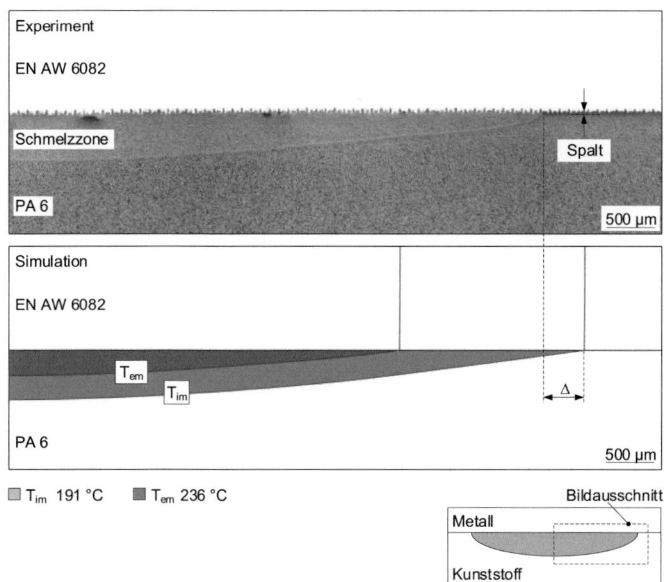

Abbildung 5-9 Vergleich von Simulation und Experiment anhand der Schmelzzonengeometrie (PA 6, EN AW 6082, t_M = 1,5 mm, t_L = 5 s, P_L = 1000 W)

In der Betrachtung der gesamten Schmelzzone ist hervorzuheben, dass aufgrund der geringen Temperaturleitfähigkeit ein erheblicher Anteil des Kunststoffes in der Schmelzzone nicht vollständig, sondern nur partiell geschmolzen wird (Bereich zwischen T_{em} und T_{im}). Damit verbleiben Reste der Überstrukturen, bspw. dickere Kristalllamellen, in der Schmelzzone. Ein Einfluss des partiell geschmolzenen Kunststoffes auf den Fügeprozess ist gegenwärtig offen. Einerseits kann die Benetzung bzw. Füllung der Oberflächenstrukturen behindert werden, da ein ungehindertes Fließen des Kunststoffes durch die verbleibenden Feststoffanteile behindert wird. Andererseits kann die Mikrostruktur des Kunststoffes während der Erstarrung beeinflusst werden, bspw. da die nicht vollständig geschmolzenen Kristallite als heterogene Keime wirken können. Weitergehende Untersuchungen zur Klärung dieser Aspekte werden in 5.1.5 bzw. 5.1.6 dargestellt. Darüber hinaus ist anzumerken, dass die Zersetzungstemperatur in der Fügezone nicht überschritten wurde, d. h. die vereinzelt auftretenden Blasen innerhalb der Fügezone können auf das im Feststoff gelöste Wasser zurückgeführt werden. Eine detaillierte Betrachtung der wasser- und zersetzungsbedingten Blasenbildung erfolgt unter 5.1.10.

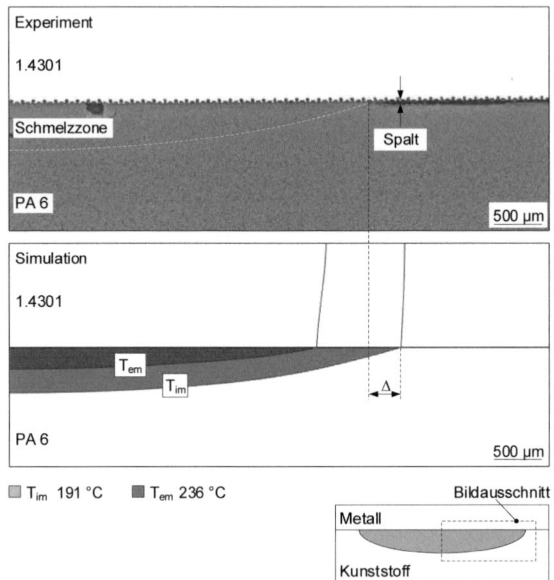

Abbildung 5-10 Vergleich von Simulation und Experiment anhand der Schmelzzonengeometrie (PA 6, 1.4301, t_M = 1 mm, t_L = 5 s, P_L = 100 W)

Die Beschreibung der Fügezone kann durch die numerische Simulation auf beliebige Werkstoffsysteme angewandt werden, um den Einfluss der Werkstoffeigenschaften oder der geometrischen Anordnung zu beschreiben. Der Einfluss des metallischen Fügepartners auf die Geometrie der Schmelzzone wird in Abbildung 5-10 anhand eines Stahl-Kunststoff-Verbundes verdeutlicht. Dabei weist der Stahl 1.4301 gegenüber EN AW 6082 ein deutlich abweichendes Eigenschaftsprofil auf. Einerseits durch den höheren Absorptionsgrad in der Wellenlänge des Laserstrahls, d. h. es wird ein größerer Anteil Laserstrahlenergie in Wärme umgesetzt. Dadurch ist die erforderliche Laserstrahlleistung zur Ausbildung einer vergleichbaren Schmelzzonendicke gegenüber Aluminiumlegierungen deutlich reduziert. Andererseits weist 1.4301 auch eine deutlich geringere Temperatur- und Wärmeleitfähigkeit auf, woraus bei gleichem Fokusdurchmesser des Laserstrahls ein deutlich tailliertes Temperaturfeld mit geringerer Anbindungsfläche zwischen beiden Fügepartnern an der Grenzfläche resultiert. Dadurch reduziert sich, bei vergleichbarer Schmelzzonendicke, die Anbindungsfläche gegenüber EN AW 6082 deutlich, was quantitativ anhand des Schmelzzonendurchmessers von ca. 6,5 mm zu ca. 14 mm ersichtlich wird. Die Temperaturen in der Mitte der Grenzfläche liegen bei für beide Werkstoffe in einer ähnlichen Größenordnung von ca. 340 °C. Das Verhältnis vollständig zu partiell geschmolzenem Kunststoff wird bei gleichem thermoplastischen Fügepartner deshalb nicht wesentlich beeinflusst. Übereinstimmend mit den Betrachtungen zu EN AW 6082 tritt eine Abweichung

(< 10 %) des Schmelzzonendurchmessers im Vergleich zwischen Experiment und Simulation aufgrund der Spaltbildung auf (siehe Δ in Abbildung 5-10).

Eine vergleichbare Betrachtung zum Einfluss des thermoplastischen Werkstoffes erfolgte für Verbunde aus PA 6.6 und PP mit EN AW 6082. Abbildung 5-11 stellt die beiden Werkstoffpaarungen für Simulation und Experiment in Abhängigkeit der Fügezeit bzw. des Energieeintrages gegenüber. In beiden Fällen wird ein zu PA 6 vergleichbares Verhalten der Schmelzzonendicke festgestellt. Für PA 6.6 liegt die Dicke der Schmelzzone im Bereich von ca. 90 µm bis 530 µm. Die maximale Abweichung bei PA 6.6 beträgt 9,9 % zur Standardabweichung des Experimentes, was ca. 8,8 µm entspricht. Aufgrund der hohen Temperaturen des Schmelzintervalls von PA 6.6 bilden sich im Prozess Schmelzzonen mit geringem Volumen und kleinerer Dicke aus, woraus hohe relative Abweichungen resultieren. Für Fügezeiten ab 2 s beträgt die maximale Abweichung zum Experiment nur noch ca. 3,4 %. Im Vergleich dazu weist PP mit steigender Fügezeit bzw. Energieeintrag deutlich größere Schmelzzonen auf, die in ihrer Dicke von ca. 140 µm auf bis zu 780 µm ansteigen. Darüber hinaus werden im betrachteten Zeitintervall Abweichungen von maximal 4,4 % zwischen Simulation und Experiment festgestellt.

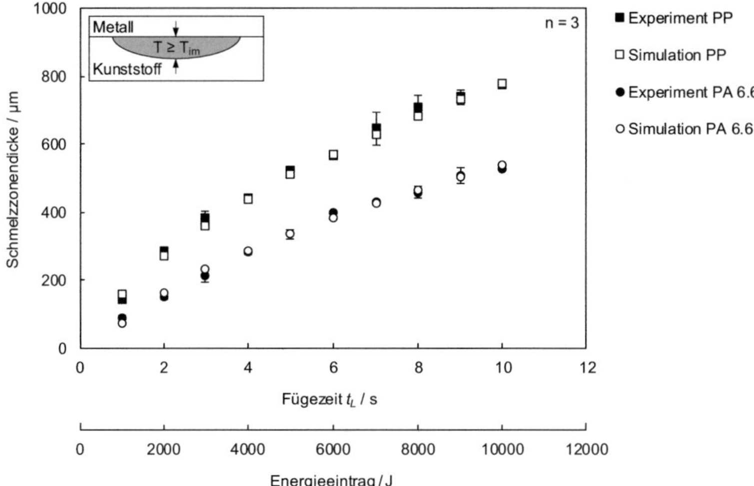

Abbildung 5-11 Gegenüberstellung von Simulation und Experiment für PP und PA 6.6 (EN AW 6082, t_L = var., P_L = 1000 W)

Übereinstimmend mit den Ergebnissen zu PA 6 unterliegt der Durchmesser der Schmelzzone von PA 6.6 und PP in der Simulation gegenüber den experimentellen Ergebnissen ebenfalls einer Abweichung von unter 10 %, was wiederrum auf die

Spaltbildung zwischen Kunststoff und Metall im Fügeprozess zurückgeführt werden kann. Die Aussagefähigkeit der Simulation bestätigt sich damit für die beiden Werkstoffe entsprechend den Untersuchungen an PA 6.

An dieser Stelle ist festzuhalten, dass die Validierung des Modells durch die zeitabhängige und geometrische Untersuchung der Schmelzzone im Kunststoff erfolgreich vorgenommen wurde. Im Fügeprozess sowie im Modell wird ein Wärmeleitungsfügen abgebildet, d. h. die Schmelzzone resultiert aus der Temperaturverteilung im Metall und dem Wärmeübergang entlang der Grenzfläche Metall-Kunststoff. Durch die Übereinstimmung der Geometrie von Schmelzzone und Isothermen lässt sich folgern, dass auch die Temperaturverteilung im metallischen Fügepartner durch das Modell hinreichend abgebildet wird. Darüber hinaus ist der ingenieurmäßige Nachweis erbracht, dass die Fügezone auf Basis der ermittelten Schmelzintervalle modellhaft beschrieben werden kann und nicht sensitiv gegenüber den hohen Heizraten im Fügeprozess ist.

Die Validierung des Modells durch die Berücksichtigung verschiedener Fügezeiten (1…10 s) und den direkten Abgleich mit der resultierenden Schmelzzone lässt den Schluss zu, dass das Modell auch direkt für eine Untersuchung transienter Vorgänge im Fügeprozess genutzt werden kann. Aufgrund der zentralen Bedeutung der Schmelzzone für die Herstellung der Kunststoff-Metall-Verbunde steht deren zeitabhängiges Wachstum hinsichtlich Dicke und Durchmesser nachfolgend im Fokus der Betrachtungen.

Abbildung 5-12 stellt das transiente Wachstum der Schmelzzonendicke für einen Verbund aus PA 6.6 mit EN AW 6082 anhand von zwei Fügezeiten (5 s, 10 s) dar. Im Wärmeleitungsfügen verursacht der metallische Fügepartner aufgrund seiner thermophysikalischen Werkstoffeigenschaften und der Materialstärke eine zeitliche Verzögerung zwischen dem Start des Fügeprozesses und dem Beginn des Schmelzzonenwachstums. In der gewählten Konfiguration mit einer Materialstärke des Aluminiums von 1,5 mm beträgt diese aufgrund der hohen Wärmeleitfähigkeit ca. 0,5 s, bis die Anfangstemperatur des Schmelzintervalls T_{im} überschritten wird. Das nichtlineare Wachstum der Schmelzzone folgt entsprechend den bisherigen Betrachtungen einer Exponentialfunktion. Bei Erreichen der eingestellten Fügezeit t_L wird der Laserstrahl deaktiviert, aufgrund der absorbierten Laserstrahlung ist allerdings ausreichend Wärme und ein hinreichend großer Temperaturgradient vorhanden, dass die Schmelzzone weiterhin anwächst. Bei einer Fügezeit von 5 s bzw. 10 s wächst die Schmelzzone weitere 0,2 s bzw. 0,4 s an. Für den darauffolgenden Erstarrungsvorgang nach Überschreitung des Maximums werden entsprechend der Simulation ca. 0,3 s bzw. 0,8 s benötigt (strichlierte Darstellung). Die Erstarrungszeiten sind allerdings unter Vorbehalt zu betrachten, da das Schmelz- und Erstarrungsintervall im Modell gleichgesetzt wurde, letzteres sich aber bei hohen Abkühlgeschwindigkeiten zu deutlich niedrigeren Temperaturen hin verschiebt. Damit wird die reale Erstarrungszeit die berechneten Zeiten der Simulation deutlich übersteigen. Für die Anwendung ist das von großer Bedeutung in der Abschätzung von Prozess- und Taktzeiten, bspw. zur Entformung des Bauteils nach dem Fügeprozess. Dabei kann durch den metallischen Konstruktionswerkstoff und seine Eigenschaften (Wärmeleitfähigkeit, Dichte und spezifischer Wärmekapazität) die resultierende Fügezeit deutlich beeinflusst werden.

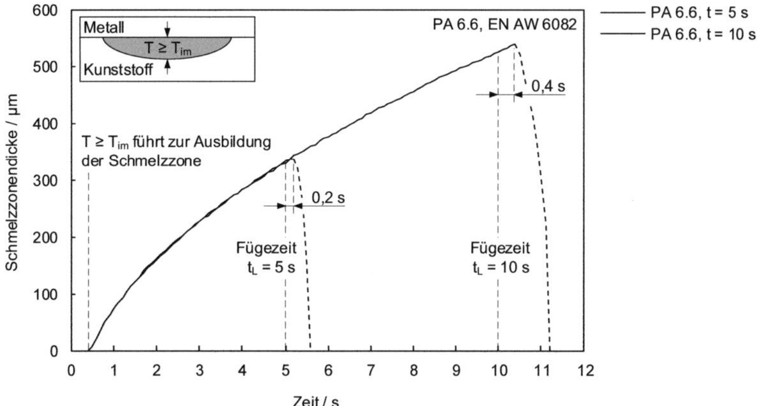

Abbildung 5-12 Transientes Wachstum der Schmelzzonendicke (PA 6.6, EN AW 6082, P_L = 1000 W)

Die Materialstärke des metallischen Fügepartners übt ebenfalls einen großen Einfluss auf die resultierenden Fügezeiten aus, wie in Abbildung 5-13 für eine Blechdickenänderung von 1,5 mm auf 2,0 mm gezeigt wird. Der Durchmesser der Schmelzzone dient dabei als Kenngröße für die maximal erreichbare Anbindungsfläche zwischen beiden Werkstoffen. Mit steigender Materialstärke nimmt der Verlustwärmestrom innerhalb des metallischen Fügepartners deutlich zu und verzögert die Erreichung der erforderlichen Temperatur an der Grenzfläche, um eine Schmelzzone im thermoplastischen Kunststoff zu erzeugen. Im dargestellten Beispiel benötigt das um 0,5 mm dickere Blech bereits 1 s mehr Zeit zur Überschreitung der Anfangstemperatur des Schmelzintervalls. Das veränderte Temperaturfeld bedingt dabei auch einen verringerten Anbindungsquerschnitt gegenüber der kleineren Materialstärke. So sinkt der mittels Simulation ermittelte Durchmesser der Schmelzzone von ca. 14 mm auf ca. 9 mm.

Ein Vergleich des Wachstums der Schmelzzone in Abhängigkeit des metallischen Fügepartners kann auf Basis identischer Materialstärken für EN AW 6082 und 1.4301 durchgeführt werden.

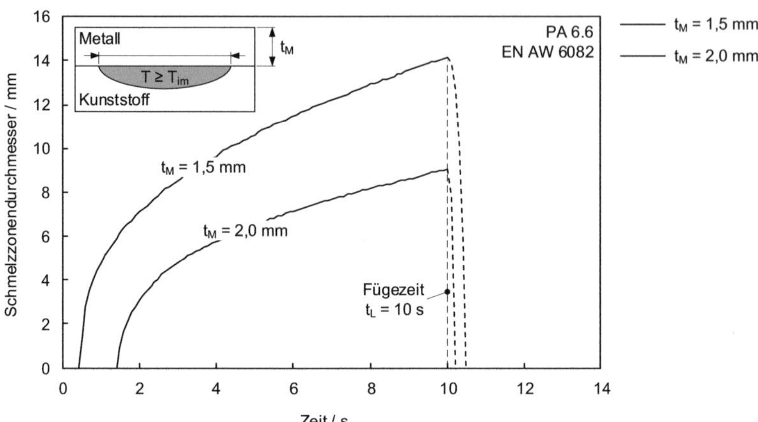

Abbildung 5-13 Transientes Wachstum des Durchmessers der Schmelzzone (PA 6.6, EN AW 6082, P_L = 1000 W)

Im gewählten Beispiel (Abbildung 5-14) wurde eine vergleichbare Schmelzzonendicke von ca. 450 µm eingestellt. Aufgrund des taillierten Temperaturfeldes beträgt der Durchmesser der Schmelzzone bei Stahl ca. 8 mm gegenüber 14 mm bei Aluminium. Die dafür verantwortliche, langsamere Wärmeleitung des Stahls verzögert das Schmelzen des Kunststoffes um weitere ca. 0,6 s. Bei Erreichen der Fügezeit kommt es wie bei den bisherigen Betrachtungen zu einem weiteren Anwachsen der Schmelzzone aufgrund des bestehenden Temperaturgradienten, d. h. in Aluminium und Stahl liegen noch hinreichend hohe Temperaturen für das Schmelzen von weiterem Material vor. Die Abkühlung setzt bei Stahl deshalb erst ca. 1 s nach dem Abschalten des Laserstrahls und damit deutlich später als bei Aluminium ein.

Die Untersuchungen verdeutlichen an dieser Stelle die wechselseitige Beeinflussung von Konstruktion, Werkstoffauswahl und Prozessführung in Bezug auf das thermische Fügen.

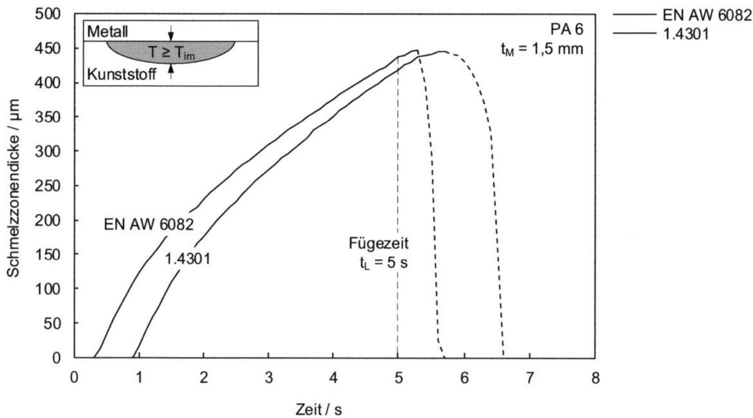

Abbildung 5-14 Transientes Wachstum der Schmelzzonendicke (PA 6, t_M = 1,5 mm, $P_{L,EN\ AW\ 6082}$ = 1000 W, $P_{L,1.4301}$ = 155 W)

Eine weitergehende Betrachtung der Simulationsergebnisse erfolgt auf Basis einer analytischen Vergleichsrechnung, um die gewählten Annahmen des halbunendlichen Körpers (HUK) im experimentellen Vorgehen zu bestätigen und eine abschließende Plausibilitätsbetrachtung der Simulationsergebnisse durchzuführen. Die analytische Vergleichsrechnung greift dabei auf Vereinfachungen zurück (siehe 4.2.6), u. a. auf konstante Werkstoffeigenschaften und eine konstante Wärmestromdichte auf dem Rand des Kunststoffes (z = 0). Abbildung 5-15 stellt die Ergebnisse für einen Verbund aus PA 6.6 mit EN AW 6082 für verschiedene Zeiten anhand des Temperaturverlaufes in z-Richtung gegenüber.

Die Vereinfachungen des halbunendlichen Körpers führen qualitativ zu einer vergleichbaren Charakteristik des Temperaturverlaufs, zeigen quantitativ aber deutliche Abweichungen zur numerischen Berechnung. Dies gilt insbesondere im Bereich der Grenzfläche (z = 0), die für den Fügeprozess aufgrund der Bildung der Schmelzzone von besonderer Relevanz ist. Für die drei betrachteten Zeiten ergibt sich allerdings keine systematische Abweichung, stattdessen liegen die Temperaturen für kurze Zeiten unterhalb und für längere Zeiten oberhalb der Simulation. Vergleicht man den Temperaturverlauf nach 2 s, 5 s und 10 s ergeben sich Temperaturdifferenzen von -86 K, +10 K und +97 K. Eine hinreichende Abschätzung der Temperaturen und ein daraus resultierender Rückschluss auf die Dicke der Schmelzzone ist durch die Berechnung des halbunendlichen Körpers damit nicht möglich. Demgegenüber zeigen jeweils beide Temperaturverläufe in Abbildung 5-15 mit zunehmender z-Position (z → 5 mm) eine Näherung an die Ausgangstemperatur T_0. Damit kann die Annahme des halbunendlichen Körpers durch die Auswahl einer großen Materialstärke für den

Kunststoff (t_K = 5 mm) bestätigt werden, d. h. die Kunststoffunterseite wird nicht durch den Energieeintrag an der Grenzfläche beeinflusst. Damit wird ein Wärmestau im Kunststoff und daraus resultierende Störeinflüsse auf die Eigenschaften der Fügezone für die Untersuchungen an Punktverbindungen vermieden.

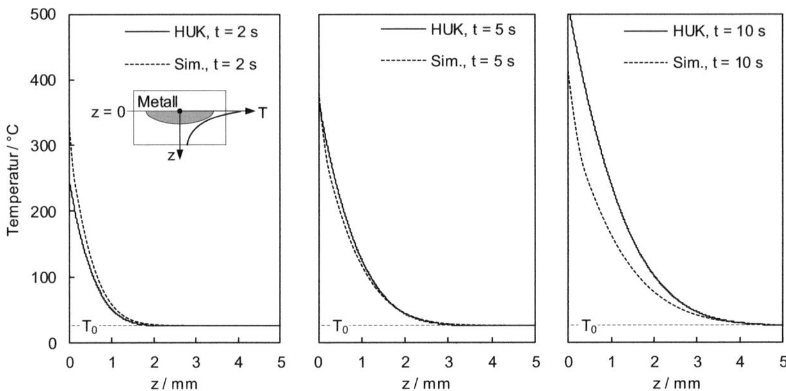

Abbildung 5-15 Vergleichsrechnung zwischen Simulation (Sim.) und halbunendlichen Körper (HUK) (PA 6.6, EN AW 6082, t_M = 1,5 mm, P_L = 1000 W, t_L = 10 s)

Zusammenfassend kann festgehalten werden, dass das Simulationsmodell eine allgemeingültige Beschreibung des Temperaturfeldes in beiden Fügepartnern bereitstellt, die Ermittlung der Schmelzzone anhand charakteristischer Isothermen zulässt und die Annahme eines halbunendlichen Körpers für die gewählte Materialstärke des Kunststoffes bestätigt.

Darauf aufbauend wird das validierte Modell wird nachfolgend als begleitendes Werkzeug zur Verifikation der zeitabhängigen Füllung der Oberflächenstruktur (5.1.5), der zersetzungsbedingten Blasenbildung (5.1.10) und der Sensitivität von Prozessgrößen (0) bzw. Werkstoffeigenschaften (5.1.13) eingesetzt.

5.1.5 Zeitabhängige Füllung der Oberflächenstruktur

Aufbauend auf den Untersuchungen zur geometrischen Ausbildung der Schmelzzone und der numerischen Simulation des Temperaturfeldes kann die zeitabhängige Füllung der Oberflächenstruktur näher betrachtet werden. Dabei ist die Strukturfüllung der Oberfläche maßgeblich für den formschlüssigen Wirkmechanismus des Kunststoff-Metall-Verbundes (siehe 2.1.6).

Aus den Simulationsergebnissen ist bekannt, dass ein großer Bereich der Schmelzzone nur partiell geschmolzen ist, d. h. Feststoff und Schmelze liegen gleichzeitig vor

($T_{im} \leq T \leq T_{em}$). Im Zusammenhang mit der Benetzung bzw. Füllung der Oberflächenstrukturen ergibt sich die Frage, ob dieser partiell geschmolzene Kunststoff das notwendige Fließen für eine Anbindung zwischen Kunststoff und Metall behindert.

Der Bindemechanismus der Kunststoff-Metall-Verbindungen ist im Stand der Technik dabei weitgehend beschrieben (siehe 2.1.6.1), die Voraussetzungen zur Benetzung bzw. Füllung der Oberflächenstrukturen sind demgegenüber nicht abschließend geklärt. Bisher wird vorrangig ein langes Zeitintervall, in dem der Kunststoff schmelzflüssig vorliegt, angestrebt, um eine hinreichende Zeit zur Benetzung bzw. Strukturfüllung von mehreren Sekunden zu geben (siehe 2.1.5). Eine Berücksichtigung des werkstoffabhängigen Schmelzintervalls bzw. der Temperaturverteilung in der Schmelzzone fand bisher nicht statt. Im Sinne der Anwendung ist dieser Aspekt von Bedeutung, da die erforderlichen Streckenenergien gezielt eingestellt und die erreichbaren Fügegeschwindigkeiten maßgeblich beeinflusst werden können, wenn nähere Informationen zur erforderlichen Temperaturführung bzw. hinreichenden Zeiten zur Verbundherstellung bekannt sind.

Zur weitergehenden Beschreibung der Strukturfüllung bzw. Benetzung wurden Untersuchungen an PA 6.6 durchgeführt. PA 6.6 ist der Kunststoff mit dem höchsten Schmelzintervall, der im Rahmen der Arbeit betrachteten Thermoplaste, mit einer verhältnismäßig schmalen Schmelzintervallbreite im Bereich T_{im} bis T_{em} von ca. 35 K. Darauf aufbauend soll die Strukturfüllung bei kurzen Fügezeiten ermittelt werden, was nachfolgend am Beispiel t_L = 1 s dargestellt ist (siehe Abbildung 5-16). Die Größe der gesamten Schmelzzone ist sehr begrenzt und weist eine Dicke von ca. 90 µm sowie einen Durchmesser von ca. 5,4 mm auf. Für die Fügezeit und Werkstoffpaarung ergibt sich aus der numerischen Simulation, dass innerhalb der Schmelzzone nur ca. 33 % des Materials innerhalb der Schmelzzonendicke und ca. 59 % innerhalb des Schmelzzonendurchmessers vollständig geschmolzen sind ($T \geq T_{em}$). Dabei wird die Strukturfüllung der Metalloberfläche durch den wirksamen Fügedruck, die verhältnismäßig geringe Viskosität der PA 6.6 Schmelze (siehe 2.2.3) sowie die Volumenzunahme im Phasenübergang fest-flüssig unterstützt. Weiter treten in der Schmelzzone vereinzelt wasserbedingte Blasen auf, die entsprechend dem Stand der Technik einen zusätzlichen Druck auf die Schmelze zur Unterstützung der Strukturfüllung ausüben sollen (siehe 2.1.8).

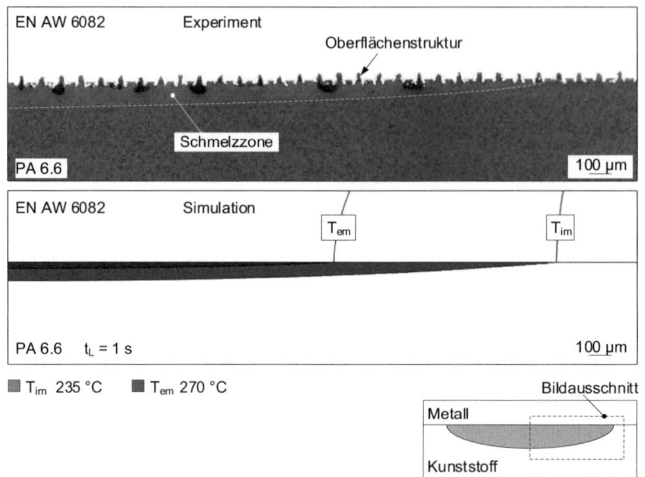

Abbildung 5-16 Gegenüberstellung von Simulation und Experiment für t_L = 1 s (PA 6.6 mit EN AW 6082, P_L = 1000 W)

Bei einer näheren Betrachtung des Randbereiches der Schmelzzone aus Abbildung 5-16, der nur partiell geschmolzen vorliegt, ist eine nahezu vollständige Strukturfüllung feststellbar (siehe Abbildung 5-17, Falschfarbendarstellung). Einzig am Übergang Schmelzzone-Grundwerkstoff wird die letzte Struktur mangels ausreichenden Schmelzevolumens nicht mehr gefüllt. Außerhalb der Schmelzzone liegt ein Spalt zwischen beiden Werkstoffen vor, der auf die Auswürfe der Oberflächenstrukturen zurückgeführt werden kann. Diese Strukturen werden außerhalb der Schmelzzone durch den Fügedruck oberflächlich in den festen Kunststoff hineingedrückt. Es ist davon auszugehen, dass der Spalt zu Prozessbeginn im gesamten Überlappbereich vorliegt und nur innerhalb der Schmelzzone überbrückt wird. Da im Randbereich nur partiell geschmolzenes Material vorliegt, ist davon auszugehen, dass das vollständige Schmelzen für die Strukturfüllung bei PA 6.6 nicht zwangsläufig gegeben sein muss und selbst bei kurzen Fügezeiten bereits eine vollständige Strukturfüllung erreicht werden kann.

Die Füllung der Oberflächenstrukturen wird durch zeitgleich auftretende Effekte hinsichtlich der Volumenzunahme, des Fügedrucks, der Viskosität und den chemisch-physikalischen Wechselwirkungen zwischen Polyamiden und der Metalloberfläche beeinflusst. Aus diesem Grund werden referenzierende Untersuchungen an PP durchgeführt.

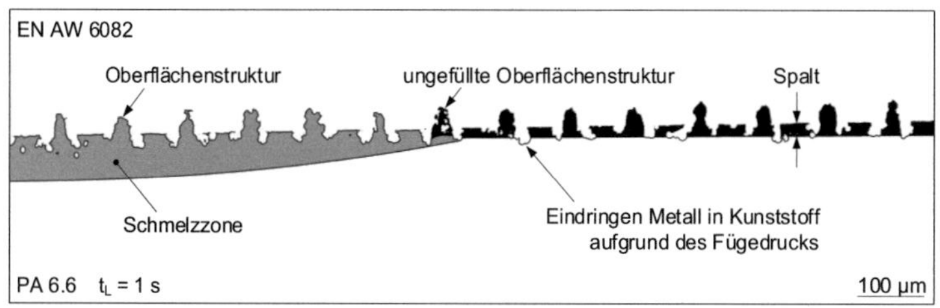

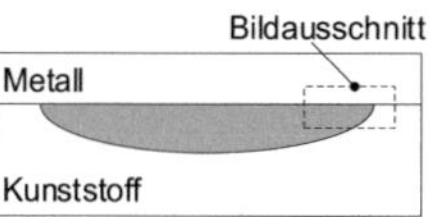

Abbildung 5-17 Füllung der Oberflächenstrukturen bei einer Fügezeit von 1 s in Falschfarbendarstellung (PA 6.6 mit EN AW 6082, P_L = 1000 W)

Der Werkstoff PP verfügt dabei über gegensätzliche Eigenschaften im Vergleich zu PA 6.6. Die deutlich erhöhte Viskosität sowie das ca. 100 K niedrigere Schmelzintervall ermöglichen eine weitergehende Betrachtung der zeitabhängigen Strukturfüllung der Oberfläche (siehe 2.2.3 bzw. 5.1.1). Darüber hinaus kann PP aufgrund seines unpolaren Charakters und in Ermangelung maßgeblicher funktioneller Gruppen nur formschlüssig mit dem metallischen Fügepartner verbunden werden (siehe 2.1.6). Damit wird ein Einfluss der chemisch-physikalischen Wechselwirkung zwischen Kunststoffschmelze und Metalloberfläche, bspw. als Kapillareffekt, auf die Strukturfüllung ausgeschlossen und eine Bewertung des formschlüssigen Verbundes durch Scherzugprüfung ermöglicht.

Bei Fügezeiten von t_L = 1 s erreicht die Schmelzzone von PP dabei einen Durchmesser von ca. 9 mm an der Grenzfläche. Zur Ermittlung der Strukturfüllung und den daraus resultierenden Scherzugfestigkeiten aufgrund des Formschlusses wird eine Strukturfläche gewählt, die ab Fügezeiten von 1 s immer vollständig innerhalb der Schmelzzone liegt. Das ermöglicht die vollständige Füllung des strukturierten Bereiches durch den Kunststoff. Durch die Festlegung auf eine strukturierte Fläche mit einem Durchmesser von 7,5 mm kann dieser Ansatz umgesetzt werden und berücksichtigt gleichzeitig etwaige Positionierungenauigkeiten oder prozessseitige Abweichungen durch ± 0,75 mm Toleranz in Bezug auf den erwarteten Schmelzzonendurchmesser.

Abbildung 5-18 stellt die Scherzugfestigkeit in Abhängigkeit der Fügezeit t_L dar. Darüber hinaus wird der Flächenanteil von vollständig geschmolzenem Kunststoff ($T \geq T_{em}$) an der Grenzfläche den erreichten Scherzugfestigkeiten gegenübergestellt. Den Ergebnissen sind charakteristische Bruchflächen nach der mechanischen Kurzzeitprüfung zugeordnet. A_s bezeichnet dabei den Bereich der strukturierten Fläche des Metalls, A_p die Bruchfläche mit einer Füllung der Oberflächenstrukturen sowie A_z den Bereich mit Blasenbildung aufgrund von thermischer Zersetzung.

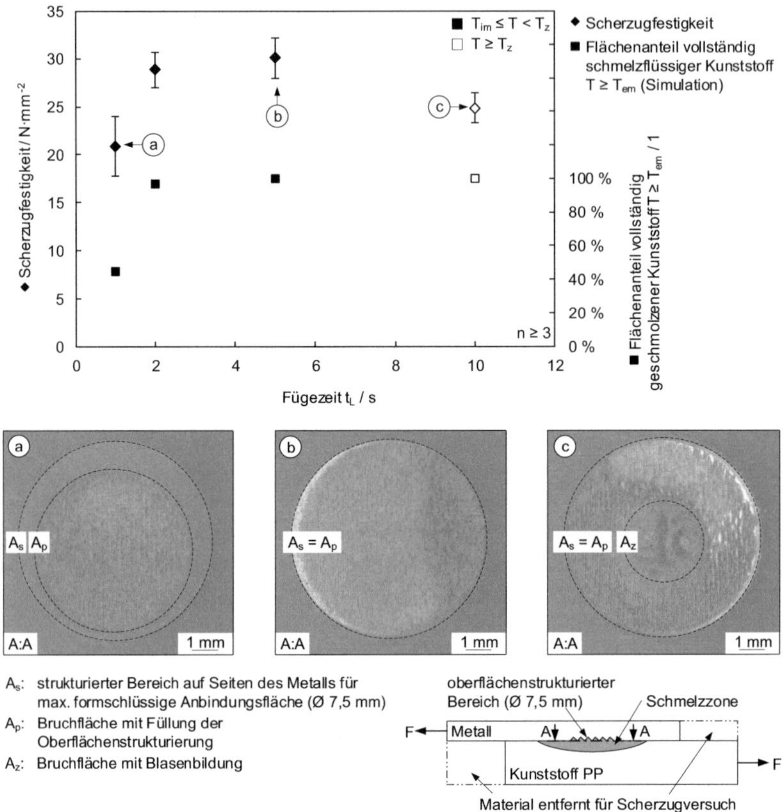

Abbildung 5-18 Scherzugfestigkeit in Abhängigkeit der Strukturfüllung und auftretenden Bereiche für formschlüssige Kunststoff-Metall-Verbunde (PP, EN AW 6082, P_L = 1000 W, t_L = var.)

Für Fügezeiten von 1 s wird eine Scherzugfestigkeit von ca. 21 $N{\cdot}mm^{-2}$ erreicht. Der Flächenanteil vollständig geschmolzenen Kunststoffs konnte durch die numerische Simulation bestimmt werden und beträgt dabei ca. 45 %, während die Bruchfläche auf einen Anteil von ca. 80 % gefüllter Oberflächenstrukturen (A_p) hinweist (a). Die Oberflächenstrukturierung wird damit auch – vergleichbar zu den Untersuchungen an Polyamid 6.6 – anteilig mit partiell geschmolzenem Werkstoff gefüllt. Mit steigender Fügezeit (2 s, 5 s) erreicht die Festigkeit ein Plateau von ca. 30 $N{\cdot}mm^{-2}$ und der Flächenanteil vollständig geschmolzenen Materials steigt auf 100 %. Damit wird eine vollständige Strukturfüllung sichergestellt und die Bruchfläche der penetrierten Oberfläche entspricht der gesamten strukturierten Oberfläche (b). Das verdeutlicht, dass bereits für kurze Fügezeiten unter vollständigem Schmelzen des Materials ein maximaler Formschluss erreicht werden kann und längere Füge- bzw. Benetzungszeiten zur formschlüssigen Verbundherstellung nicht erforderlich sind. Mit zunehmender Steigerung der Fügezeiten auf 10 s fällt die erreichbare Festigkeit auf ca. 25 $N{\cdot}mm^{-2}$ ab. Der Kunststoff ist im Bereich der oberflächenstrukturierten Grenzfläche wiederrum vollständig geschmolzen, allerdings kommt es zur Blasenbildung innerhalb der Schmelzzone wodurch der Anbindungsquerschnitt reduziert wird. Da PP kein Wasser löst, kann thermische Degradation als Ursache angenommen werden. In der numerischen Simulation treten dabei Spitzentemperaturen im Zentrum der Schmelzzone auf, die oberhalb der Zersetzungstemperatur T_z (siehe 5.1.1) liegen.

Das verdeutlicht, dass bereits für kurze Fügezeiten und unabhängig von der Viskosität oder der Wechselwirkungen zwischen Polymerschmelze und Metall eine Strukturfüllung erreicht werden kann. Im Vergleich zwischen PA 6.6 und PP ist auch davon auszugehen, dass der schmale Temperaturbereich zwischen Anfangs- und Endtemperatur des Schmelzintervalls bei PA 6.6 ($\Delta T \approx 35$ K) gegenüber PP ($\Delta T \approx 50$ K) sowie die Wechselwirkungen zwischen Polyamid und Aluminiumoberfläche und die geringere Viskosität einen positiven Einfluss auf die Strukturfüllung im partiell geschmolzenen Zustand ausüben. Eine vollständige Strukturfüllung der Metalloberfläche mit thermoplastischem Kunststoff wird dagegen mit Überschreitung der Endtemperatur des Schmelzintervalls T_{em} für alle betrachteten Werkstoffe sicher erreicht, d. h. der Einfluss von Wechselwirkungseffekten, der Schmelzintervallbreite oder der Viskosität ist an dieser Stelle untergeordnet. Eine vollständige Strukturfüllung zur Maximierung des Formschlusses kann daher durch die Temperaturführung erreicht werden und bedarf keiner langen Fügezeiten.

Demgegenüber bestehen offene Fragen hinsichtlich der Blasenbildung, der Ausdehnung der Schmelze im Phasenübergang sowie dem Schmelz- und Erstarrungsvorgang im Allgemeinen. Der Einfluss der Effekte kann positiv sein, bspw. in Form eines zusätzlichen Drucks auf die Schmelze durch die Volumenzunahme oder den Gasdruck in den Blasen (siehe 2.1.8). Demgegenüber kann die Verringerung des tragenden Querschnitts oder ein Herauslösen des Kunststoffes aus den Strukturen während der Erstarrung einen nachteiligen Effekt auf die Verbundeigenschaften ausüben. Die nähere Betrachtung dieser Effekte wird nachfolgend an einem Halbschnittversuchsstand durchgeführt, um eine zeitabhängige Erfassung und Beschreibung der genannten Effekte zu ermöglichen.

5.1.6 Schmelz- und Erstarrungsvorgänge in der Fügezone

Vergleichbar zu den zeitabhängigen Betrachtungen aus der numerischen Simulation kann der Schmelzvorgang innerhalb der Fügezone im Halbschnittversuchsstand experimentell aufgezeichnet werden. Eingangs wird dazu der Einfluss des Versuchsstandes durch die eingebrachte Glasscheibe, die reduzierte Probengröße und die veränderte Spannsituation anhand der Schmelzzonendicke ermittelt und mit Punktverbindungen verglichen. Der Halbschnittversuchsstand führt dabei zu veränderten Wärmeleitungsbedingungen im Prozess, woraus ein Wärmestau resultiert. Dieser Wärmestau ist ursächlich für eine deutlich größer ausgeprägte Schmelzzone, wie der Vergleich mit Punktverbindungen in Abbildung 5-19 zeigt.

Für PP steigt die Schmelzzonendicke beispielsweise von 777 µm ± 10 µm bei Punktverbindungen auf 1361 µm ± 103 µm. Die grundsätzliche Charakteristik bleibt allerdings bestehen, d. h. mit steigenden Temperaturen des Schmelzintervalls, von PP über PA 6 bis hin zu PA 6.6, nimmt die Dicke der Schmelzzone im Kunststoff ab. Darüber hinaus ist mit der Beeinflussung weiterer Vorgänge zu rechnen, bspw. verringerten Erstarrungsgeschwindigkeiten aufgrund der verlangsamten Wärmeableitung. Die vergrößerte Standardabweichung kann ebenfalls auf den Einfluss des Versuchsstandes zurückgeführt werden, da es aufgrund der Versuchsanordnung zu einem Austritt von schmelzflüssigem Material zwischen Glasscheibe und Metall kommen kann.

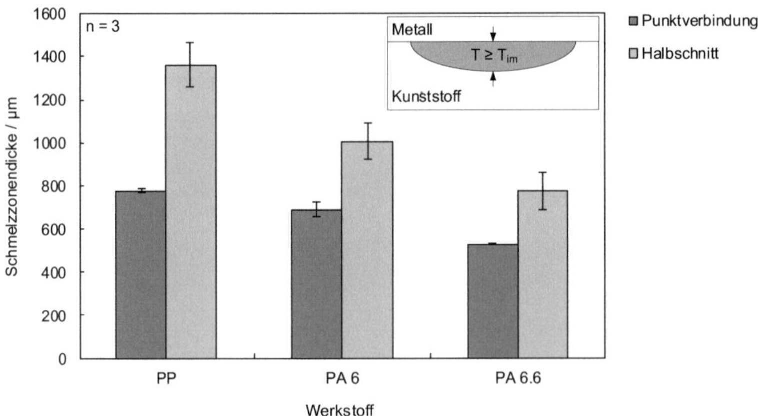

Abbildung 5-19 Vergleich Halbschnittversuchsstand mit Punktverbindungen (t_L = 10 s)

Eine zeitabhängige Betrachtung der entstehenden Schmelzzone folgt in erster Näherung einer Exponentialfunktion und spiegelt dabei die Betrachtungen zu Punktverbindungen (siehe 5.1.3) wider. Trotz des Wärmestaus zeigt sich qualitativ ein vergleichbares Bild zu den Untersuchungen an Punktverbindungen, wenn die Geometrie der Schmelzzone (siehe Abbildung 5-20a) gegenüber den bisherigen Ergebnissen betrachtet wird. Darüber hinaus treten innerhalb der Morphologie (siehe Abbildung 5-20b) der Schmelzzone vergleichbare Bereiche wie in Punktverbindungen auf (siehe 5.1.14), was anhand des charakteristischen, feinsphärolithischen Übergangsbereiches bei Polyamiden nachvollzogen werden kann. Da dieser mit Beginn der Erstarrung im Übergangsbereich Schmelzzone-Grundwerkstoff entsteht, sind qualitativ vergleichbare Abkühl- und Erstarrungsvorgänge anzunehmen.

Es ist festzuhalten, dass die veränderten Wärmeableitungs- und Spannbedingungen zu quantitativen Unterschieden in Schmelzzonendicke und -durchmesser führen, der Halbschnittversuchsstand unter Berücksichtigung dieser Fehlereinflüsse allerdings für eine qualitative Betrachtung des Schmelz- und Erstarrungsvorganges herangezogen werden kann.

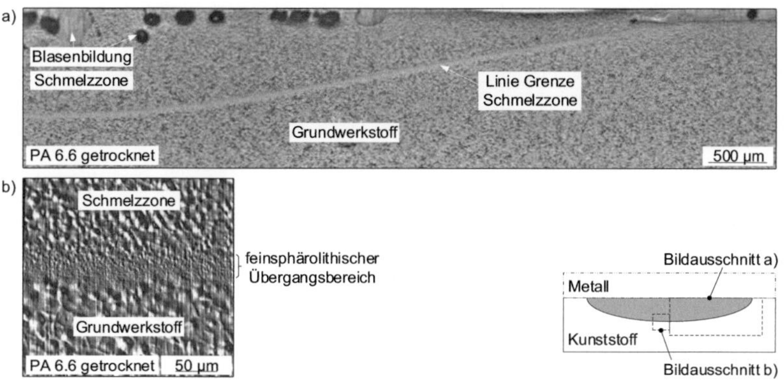

Abbildung 5-20 a) Geometrie der Schmelzzone im Halbschnittversuchsstand und b) Morphologie anhand des charakteristischen Randbereiches im Übergang Schmelzzone-Grundwerkstoff

Der Schmelzvorgang während des Fügens ist in Abbildung 5-21 am Beispiel von PP zu unterschiedlichen Zeitpunkten dargestellt. Zu Beginn des Fügeprozesses befinden sich Metall und Kunststoff an der Grenzfläche in Kontakt ($t = 0$ s) und der Laserstrahl wird aktiviert. Mit fortschreitender Zeit wird der Kunststoff ausgehend von der Grenzfläche geschmolzen. Die Schmelzzonendicke nimmt über die Zeit zu. Aufgrund ihres transparenten bzw. opaken Erscheinungsbildes kann die Schmelzzone in vollständig geschmolzenes ($T \geq T_{em}$) sowie partiell geschmolzenes Material ($T_{im} \leq T \leq T_{em}$) unterteilt werden. Dieses Verhalten wurde im Modell der Fügezone angenommen (siehe 0) und konnte bereits in der numerischen Simulation nachvollzogen werden (siehe

5.1.4). Aufgrund der geringen Temperaturleitfähigkeit sowie des breiten Schmelzintervalls von PP (126 °C...178 °C) nimmt der partiell aufgeschmolzene Bereich einen erheblichen Anteil der gesamten Schmelzzone ein. Die untersuchten Polyamide zeigen ein vergleichbares Bild. Diese Ergebnisse decken sich qualitativ auch mit dem Vergleich der Isothermen aus der numerischen Simulation.

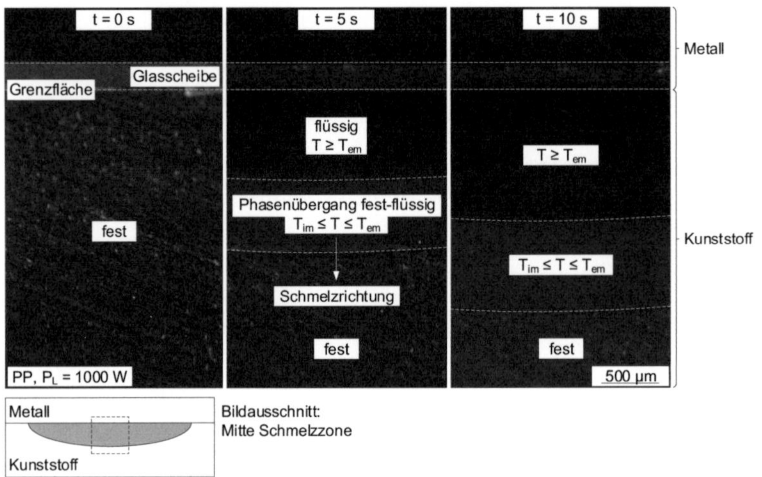

Abbildung 5-21 Hochgeschwindigkeitsaufnahmen des Schmelzvorgangs von PP im Halbschnittversuchsstand (P_L = 1000 W, EN AW 6082, t_L = 8 s)

Hinsichtlich der Erstarrungsvorgänge müssen Polyamide und Polypropylen getrennt betrachtet werden, da unterschiedliche Mechanismen auftreten. Für eine größtmögliche Aussage hinsichtlich der Erstarrung werden Polyamide am Übergang zum Grundwerkstoff sowie an der Seite der Schmelzzone betrachtet. Abbildung 5-22a stellt diesen Rand der Schmelzzone im Übergang zum festen Grundwerkstoff bei t = 12 s dar, unmittelbar vor dem Einsetzen der Erstarrung. An dieser Stelle ist zu berücksichtigen, dass das Zeitintervall zwischen dem Abschalten des Laserstrahls (t = 10 s) und dem Beginn der Erstarrung bzw. dem Erstarrungsvorgang selbst im Halbschnittversuchsstand deutlich mehr Zeit an Anspruch nehmen wird als im Fügeprozess bei Punktverbindungen. Bedingt ist das Verhalten durch den Wärmestau im Halbschnittversuchsstand. Die Erstarrungsfront wird als Beginn des Kristallisationsintervalls angenommen und ist zur verbesserten Darstellung hervorgehoben (- - -). Gegenüber der in einer DSC-Analyse ermittelten Temperatur T_{ic} (siehe 5.1.1) ist davon auszugehen, dass das Kristallisationsintervall aufgrund höherer Heizraten zu niedrigeren Temperaturen hin verschoben ist.

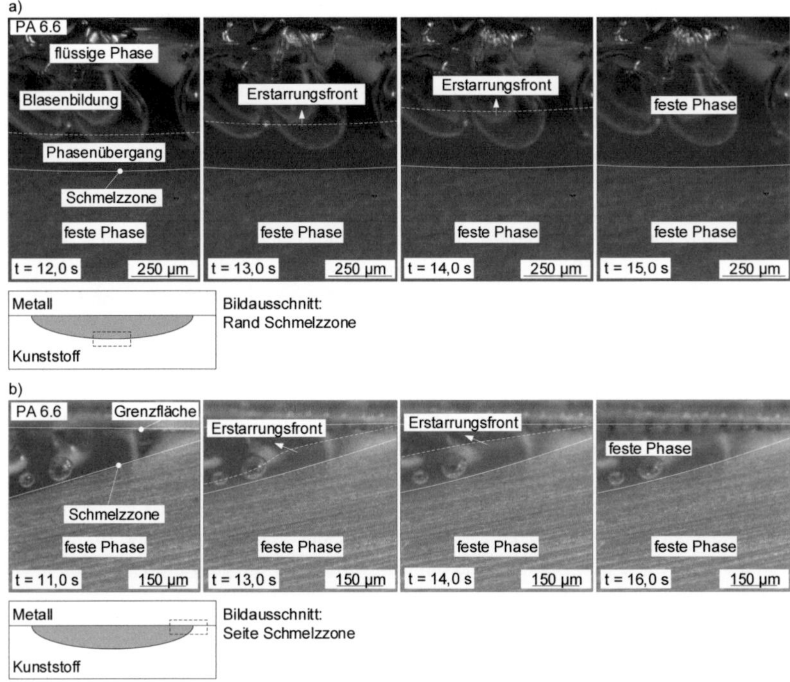

Abbildung 5-22 Erstarrung bei Polyamiden am Beispiel PA 6.6 am Rand der Schmelzzone (a) und der Seite der Schmelzzone mit Oberflächenstrukturierung (b)

Die Erstarrung beginnt dabei am Rand der Schmelzzone im partiell aufgeschmolzenen Material. Zwei Effekte können dafür als ursächlich angenommen werden. Einerseits liegt ein hohes Temperaturgefälle in dieser Region aufgrund der geringen Temperatur- bzw. Wärmeleitfähigkeit des Kunststoffes vor. Andererseits kann die einsetzende Erstarrung in dieser Zone auf einen Effekt durch Wasserstoffbrückenbindungen und Dipole von Überstrukturresten auf die Keimbildung in Polyamiden zurückgeführt werden (siehe 2.2.1). Eine Betrachtung der Mikrostruktur in 5.1.14 unterstützt diese Annahme aufgrund der Ausbildung einer feinsphärolithischen Struktur in diesem Bereich bei Polyamiden. Bei der Betrachtung der Zeitschritte im Zeitintervall von 12 s bis 15 s kann weiter festgestellt werden, dass die Erstarrung langsam einsetzt (t = 12 s...14 s) und sich dann deutlich schneller fortsetzt (t = 14 s...15 s). Die Erstarrungsrichtung vom Rand der Schmelzzone in Richtung der Grenzfläche bleibt dabei unverändert. Abbildung 5-22b verdeutlicht den Effekt anhand der seitlichen Position der Schmelzzone. Die Erstarrung setzt am Rand der Schmelzzone ein und setzt sich in Richtung Grenzfläche fort. Auch eine Oberflächenstrukturierung des Metalls zeigt dabei keinen Einfluss hinsichtlich veränderter Erstarrungsbedingungen, bspw. durch eine vergrößerte Anzahl an Keimen durch die Oberflächenvorbehandlung. Die Ergebnisse von PA 6 zeigen ein vergleichbares Bild.

Gegenüber Polyamiden wurde für Polypropylen ein veränderter Erstarrungsmechanismus festgestellt. Basierend auf der chemischen Struktur von PP und dem daraus resultierenden Mangel an funktionellen Gruppen, liegen keine Wasserstoffbrückenbindungen oder starke physikalische Wechselwirkungen vor, die eine Keimbildung wie bei Polyamiden begünstigen. Daraus folgend kann keine gerichtete Erstarrung beobachtet werden. Die Erstarrung setzt meist am Rand der Schmelzzone ein, was wiederrum einem Fortschritt der Erstarrungsfront in Richtung des Temperaturgradienten entspricht. Diese folgt allerdings keinem gleichmäßigen Muster, sondern setzt sich chaotisch fort wie Abbildung 5-23 an einem Beispiel verdeutlicht. Zum Zeitpunkt t = 13,0 s ist der Laserstrahl bereits 3 s deaktiviert und es liegt noch eine Schmelzzone vor. Die Erstarrung setzt am Rand der Schmelzzone ein und schreitet für verschiedene Positionen ungleichmäßig voran (t = 13,5 s). So kommt es in der Mitte der Schmelzzone zu einer schnelleren Ausbreitung der Erstarrungsfront als in den Randbereichen, wodurch das erstarrte Material die Grenzfläche zu deutlich unterschiedlichen Zeitpunkten erreicht (t = 14,0...15,0 s). Eine Quantifizierung der Erstarrungsgeschwindigkeit oder -zeit ist an dieser Stelle im Halbschnittversuchsstand nicht zielführend, da aufgrund des Wärmestaus deutlich verlangsamte Vorgänge gegenüber den Punktverbindungen vorliegen.

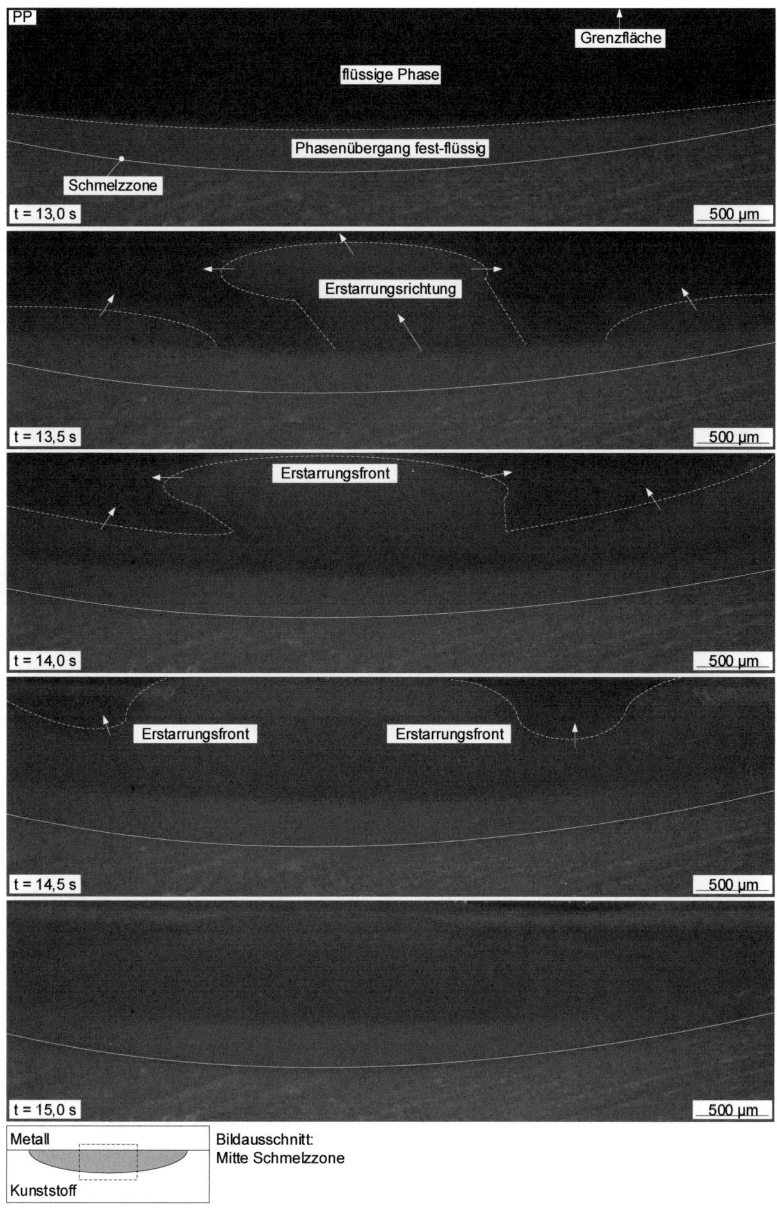

Abbildung 5-23 Beispielhafte Erstarrung bei Polypropylen (P_L = 750 W, t_L = 10 s)

5.1.7 Modellhafte Beschreibung von Ausbildung und Erstarrung der Schmelzzone

Die bisherigen Erkenntnisse können in eine Modellvorstellung zur zeitlichen Ausbildung der Schmelzzone überführt werden. Diese ist vereinfachend in Abbildung 5-24 zusammengefasst, die zugrundeliegenden Mechanismen sind dabei auch auf andere Energieträger anwendbar.

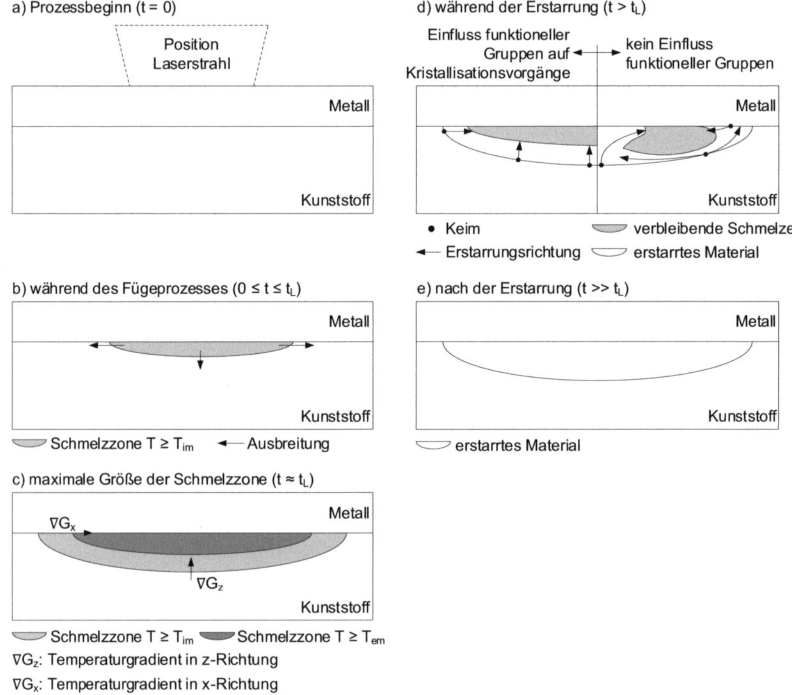

Abbildung 5-24 Modellvorstellung der Schmelz- und Erstarrungsvorgänge innerhalb der Fügezone

Im Wärmeleitungsfügen wird die Leistung über die äußere Metalloberfläche eingebracht (a), der Kunststoff wird mit kurzer Verzögerungszeit aufgrund der Wärmeleitung erwärmt und wird mit Erreichen des Schmelzintervalls ausgehend von der Grenzfläche geschmolzen. Das Wachstum des Schmelzzonendurchmessers ist aufgrund der höheren Wärmeleitfähigkeit des Metalls gegenüber dem Kunststoff schneller als in Richtung der Schmelzzonendicke (b). Aufgrund der Temperaturverteilung im Kunststoff liegt innerhalb der Schmelzzone partiell geschmolzener sowie vollständig geschmolzener Kunststoff vor, der eine vollständige Strukturfüllung selbst bei kurzen

Fügezeiten ermöglicht. Mit Ende der Fügezeit wird der Laserstrahl deaktiviert, die maximale Größe der Schmelzzone wird kurze Zeit später erreicht (c). Die Erstarrung beginnt aufgrund des großen Temperaturgradienten am Übergang Schmelzzone-Grundwerkstoff. In Abhängigkeit der funktionellen Gruppen des Kunststoffes und der daraus folgenden Wechselwirkungen auf die Keimbildung und Kristallisation schreitet die Erstarrungsfront entweder sehr gleichmäßig oder unregelmäßig voran (d). Die Erstarrung ist nach hinreichend langen Abkühlzeiten abgeschlossen (e).

Ausgehend von diesen grundlegenden Vorgängen beim Schmelzen und Erstarren innerhalb der Fügezone können weitergehende Untersuchungen durchgeführt werden, die einen Rückschluss der vorliegenden Mechanismen auf die Strömungen innerhalb der Fügezone liefern.

5.1.8 Strömungen innerhalb der Fügezone

Innerhalb der Schmelzzone können sich Strömungen der Kunststoffschmelze ausbilden, die auf Basis des Halbschnittversuchsstandes im Experiment ermittelt und durch phänomenologische Betrachtung nachvollzogen werden können. Diese sind auf die Volumenzunahme des Kunststoffes in Abhängigkeit der Temperatur, der möglichen Blasenbildung sowie den wirksamen Fügedruck am Übergang Überlapp-Grundwerkstoff zurückzuführen. Aufgrund der Untersuchung mit vollständiger Überlappbreite (siehe 0) für Punktverbindungen wird der letztgenannte Einfluss ausgeschlossen. Gegenüber konventionellen Schmelzschweißverfahren, bspw. dem Laserstrahlwärmeleitungsschweißen, wird mangels einer freien Oberfläche keine Marangoni-Konvektion vorliegen.

Grundsätzlich können zwei Mechanismen unterschieden werden: Einerseits gleichmäßig auftretende Schmelzbadbewegungen, andererseits lokal auftretende Impulse, die eine unregelmäßige Bewegung des Schmelzbades verursachen. Gleichmäßig auftretende Schmelzbadbewegung werden durch die Zunahme des spezifischen Volumens in Abhängigkeit der Temperatur verursacht. Insbesondere im Phasenübergang fest-flüssig, d. h. im Intervall zwischen der Anfangstemperatur T_{im} und der Endtemperatur T_{em} des Schmelzintervalls, kommt es zu einer absoluten Volumenzunahme von ca. 4-6 %. Abbildung 5-25 stellt das spezifische Volumen anhand unterschiedlicher Werkstoffe dar. Zur besseren Vergleichbarkeit der verschiedenen Kunststoffe wurde das spezifische Volumen auf die Anfangstemperatur T_{im} des Schmelzintervalls bezogen. Beispielsweise für PA 6 steigt das relative spezifische Volumen von ca. 0,9 bei 25 °C (ΔT = -166 K zu T_{im}) auf ca. 1,1 bei 280 °C (ΔT = +91 K zu T_{im}). Die Darstellung verdeutlicht insbesondere diese Volumenzunahme mit Beginn der Phasenumwandlung oberhalb T_{im}. Zu berücksichtigen ist, dass T_{im} für die betrachteten Werkstoffe jeweils bei unterschiedlichen Temperaturen liegt, womit die absolute Volumenzunahme für verschiedene Werkstoffe nicht konstant ist.

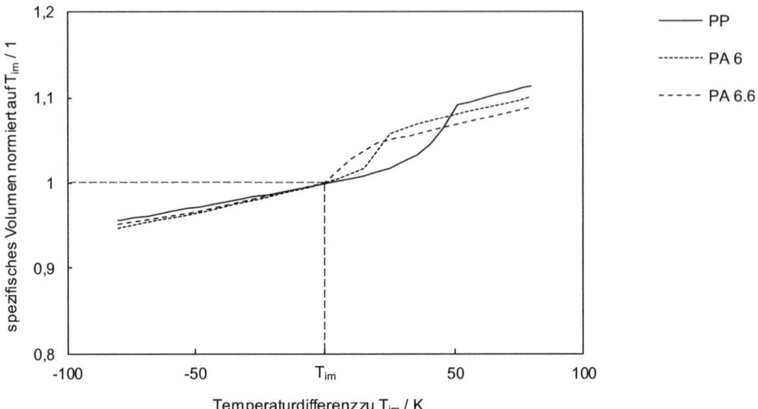

Abbildung 5-25 Normiertes spezifisches Volumen in Abhängigkeit der Temperaturdifferenz zur Anfangstemperatur T_{im} des Schmelzintervalls (Materialdaten: [Aut17])

Ausgehend von den benannten Mechanismen entsteht ein Strömungsfeld innerhalb der Schmelzzone. Dieses ist einerseits durch den festen Grundwerkstoff und andererseits durch das Metall an der Grenzfläche in seiner Ausbreitung begrenzt.

Durch den Halbschnittversuchsstand kann der Einfluss der zeitabhängigen Bewegung des schmelzflüssigen Materials erfasst werden. Abbildung 5-26a stellt die Seite der Schmelzzone für zwei Zeitpunkte dar. Einerseits zum Abschaltzeitpunkt des Laserstrahls ($t = t_L = 10$ s), andererseits für das vollständig erstarrte Material beim letztmöglichen Aufnahmezeitpunkt ($t = 21$ s). Zum Zeitpunkt $t = 10$ s ist die Schmelzzone gegenüber der festen Phase von PP sowie dem Aluminium (EN AW 6082) gut erkennbar. Trotz des vollständigen Überlapps stehen beide Werkstoffe nicht vollflächig in Kontakt. Dieser Effekt beruht auf der beschriebenen Volumenzunahme im Phasenübergang, woraus ein Spalt zwischen Kunststoff und Metall resultiert, der nur von schmelzflüssigem Material überrückt ist. Der Wärmeübergang durch Wärmeleitung ist damit auch auf diesen Bereich begrenzt.

Neben der Entstehung des Spaltes kann auch eine Verschiebung der Grenzfläche während des Prozesses beobachtet werden. Im Schmelzvorgang wandert die Grenzfläche in Richtung Aluminium, wobei die resultierende Kraft dem Spannmittel entgegen wirksam wird ($t = 10$ s). Während der Abkühlphase bzw. Erstarrung nähert sich die Grenzfläche wieder der Ausgangslage an ($t = 21$ s). Die Bildauswertung erlaubt dabei auch eine quantitative Analyse der Grenzflächenposition, wobei der Ausgangszustand zum Zeitpunkt $t = 0$ s als Referenz dient. Abbildung 5-26b stellt diese zeitabhängige Verschiebung der Grenzfläche für einen exemplarischen PP-EN AW 6082-

Verbund dar. Mit steigender Fügezeit nimmt die Verschiebung der Grenzfläche aufgrund der Volumenzunahme im Kunststoff zu. Nach ca. 10 s ist ein Maximum von ca. 53 µm erreicht. Der zeitliche Verlauf korreliert dabei mit dem Energieeintrag des Laserstrahls, d. h. die Verschiebung der Grenzfläche folgt dem Fügeprozess und findet zwischen Einschaltzeitpunkt (t = 0 s) und Abschaltzeitpunkt (t = 10 s) des Laserstrahls statt. Während der Abkühlung und Erstarrung wird die Grenzfläche in Richtung Ausgangslage zurückverschoben, allerdings bleibt eine Verschiebung von ca. 10 µm bestehen.

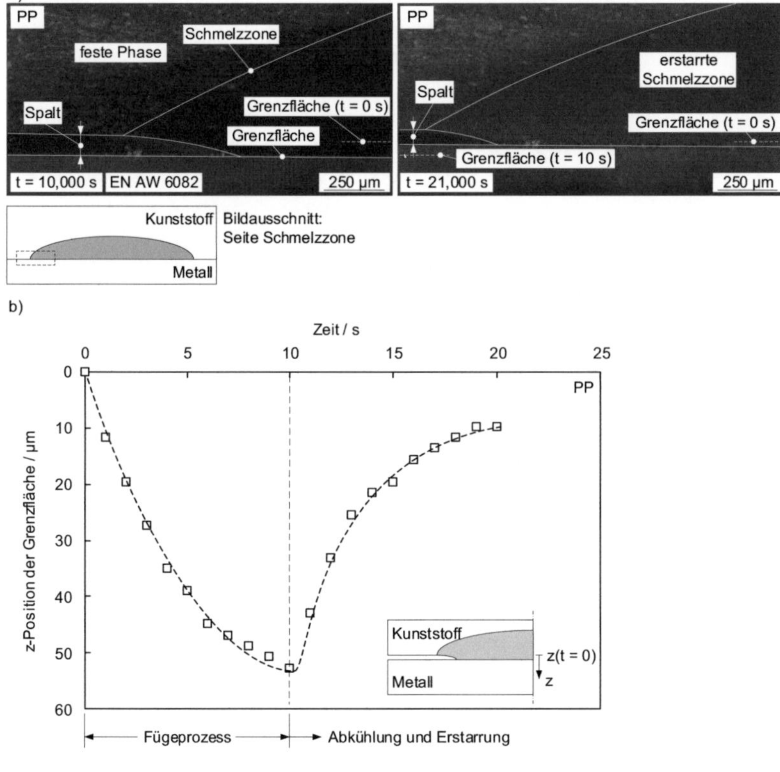

Abbildung 5-26 a) Volumenzunahme der Schmelzzone (Position: Seite Schmelzzone) und b) zeitabhängige Verschiebung der Grenzfläche während des Fügeprozesses (P_L = 1000 W, t_L = 10 s)

Aus fertigungstechnischer Sicht kann bei allen Kunststoffen eine bleibende Verschiebung von wenigen Mikrometern festgestellt werden, die auf eine dauerhafte Volumenzunahme hindeutet, da keine Veränderung der Blechgeometrie festgestellt werden konnte. Referenzierende Untersuchungen an Punktverbindungen zeigen für PP (t_L = 5 s, blasenfreie Schmelzzone) im Verbund mit unstrukturierten Blechen eine bleibende Volumenzunahme von ca. 0,7 % ± 0,2 %. Bei auftretender Blasenbildung konnte für PA 6.6 (t_L = 10 s) eine Volumenzunahme von bis zu 6,6 % festgestellt werden. Ein gesteigerter Anteil der amorphen Phase kann durch die thermische Analyse in 5.1.15 als Ursache ausgeschlossen werden. Veränderungen der anteiligen Kristallmodifikation können ebenfalls einen Einfluss darstellen, bspw. nimmt die Dichte für die Umwandlung einer reinen α- in eine γ-Modifikation bei PA 6 um ca. 1,8 % zu (siehe 2.2.1). Die für Punktverbindungen durchgeführten XRD-Analysen (siehe 5.1.15) zeigen diese Umwandlung bei PA 6, allerdings müsste damit eine Abnahme des Volumens einhergehen. Da alle betrachteten Kunststoffe unterschiedliche Kristallmodifikationen mit jeweils anderen Eigenschaftsprofilen aufweisen, eine Volumenzunahme aber für alle untersuchten Thermoplaste auftritt, wird ein herstellungsbedingter Einfluss für wahrscheinlich gehalten. Ein möglicher Erklärungsansatz ist die im Herstellungsprozess eingebrachte Orientierung der Makromoleküle im Randschichtbereich. Diese kann während des Schmelzvorganges aufgehoben werden, woraus sich ein Schwellen des Kunststoffes und ein erhöhtes spezifisches Volumen gegenüber dem angrenzenden Grundwerkstoff ergibt (siehe 2.2.4).

Die Volumenzunahme der Werkstoffe kann auch im Fügeprozess für Punktverbindungen anhand integrierter Kraftmessdosen im Spannmittel (siehe 4.1.2) nachvollzogen werden. Abbildung 5-27 stellt die Kraftzunahme ΔF ausgehend von der Spannkraft F_{spann} zum Prozessstart dar. Mit Beginn des Fügeprozesses kommt es zu einer deutlichen Kraftzunahme aufgrund der thermischen Ausdehnung der Werkstoffe, insbesondere durch den Phasenübergang fest-flüssig. Bei Ende des Fügeprozesses kann eine Zunahme von ca. 35 N…40 N gegenüber dem Ausgangsniveau ermittelt werden. Die Spannelemente sind dabei am Rand des Überlapps (siehe 4.1.2) positioniert. Das Temperaturfeld breitet sich aufgrund der Wärmeleitung verzögert in Richtung der Spannelemente aus, woraus eine Kraftzunahme aufgrund der thermischen Ausdehnung auch nach dem Ende des Fügeprozesses festzustellen ist. Im Maximum werden ca. 70 N erreicht. Mit der Abkühlung nimmt die Kraft gegen einen Grenzwert (Endniveau ΔF, Bestimmung mit Messdauer von 3600 s) ab, ohne auf das Ausgangsniveau abzufallen. Im gezeigten Beispiel bleibt eine zusätzliche Last von ca. 38 N zurück, da die Grenzfläche dauerhaft verschoben ist (siehe Abbildung 5-26b). Der Effekt ist für alle untersuchten Werkstoffe nachweisbar, hängt allerdings von einem entsprechenden Schmelzvolumen und der Temperaturverteilung ab.

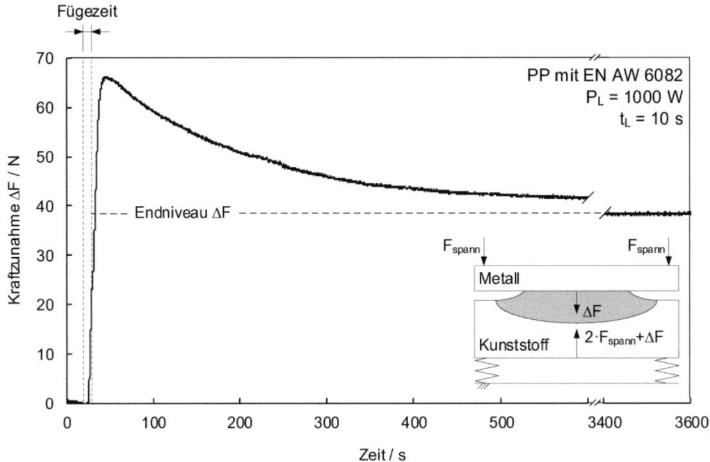

Abbildung 5-27 Kraftmessung auf Fügeversuch an Punktverbindungen (EN AW 6082 mit PP, P_L = 1000 W, t_L = 10 s)

Es ist davon auszugehen, dass der Fügedruck zum Zeitpunkt des Prozessstarts anliegen muss, um einen Wärmeübergang zwischen beiden Werkstoffen sicherzustellen, während die Volumenzunahme aufgrund der thermischen Ausdehnung bzw. des Phasenübergangs die Strukturfüllung der Metalloberfläche wesentlich unterstützt.

Ausgehend von diesem Phänomen entstehen unterschiedliche Einflüsse auf den Fügeprozess. Erstens wird der Wärmeübergang zwischen beiden Fügepartnern im Bereich der ausgebildeten Schmelzebrücke positiv beeinflusst. Zweitens kann die Volumenzunahme der Schmelze eine bessere Füllung der Oberflächenstrukturen ermöglichen, da die Schmelze selbst den Druck aufbaut.

Darauf aufbauend folgt eine weitergehende Betrachtung zum Einfluss der Werkstoffkonditionierung (Lagerung an Umgebungsatmosphäre/getrocknet) auf die Schmelzbadbewegung. Die getrockneten Werkstoffe (siehe 4.1.4) sind in den Abbildungen jeweils durch eine entsprechende Beschriftung gekennzeichnet. Abbildung 5-28 stellt die Seite der Schmelzzone für die Werkstoffe PP, PA 6 sowie PA 6 (getrocknet) dar, woraus sich eine allgemeine Beschreibung der Phänomene ableiten lässt. In allen Fällen kommt es durch die Volumenzunahme der Schmelzzone zur Bildung eines Spaltes zwischen Kunststoff und Metall, der nur im Bereich der Schmelzzone durch flüssiges Material überbrückt wird (Abbildung 5-28a-c). Bei Werkstoffen, die an Umgebungsatmosphäre gelagert sind, kann wasserdampfbasierte Blasenbildung beobachtet werden, die gegenüber trockenen Materialien zu einer weiteren Volumenzunahme führt und schmelzflüssigen Kunststoff in den Spalt hineinströmen lässt (Abbildung 5-28b, Fließfront). Lokal auftretende Impulse verursachen unregelmäßige Schmelzbadbewegungen und werden durch die Entstehung, die Vereinigung oder dem Ausgasen von Blasen aus der Fügezone verursacht. Eine detaillierte Betrachtung der Blasenbildung wird in Kapitel 5.1.10 vorgenommen.

Die dynamische Bewegung des Schmelzbades beeinflusst dabei auch das resultierende Benetzungsverhalten der Kunststoffschmelze an der Metalloberfläche, was anhand des Kontaktwinkels zwischen Kunststoff und Metalloberfläche nachvollzogen werden kann.

Der Kontaktwinkel wird als charakteristische Kenngröße für das Benetzungsverhalten herangezogen und verdeutlicht die Wirkung des dynamischen Eindringverhaltens des Materials in den Spalt (Abbildung 5-28d). Der sich ausbildende Kontaktwinkel hängt vorrangig von den wirksamen physikalisch-chemischen Wechselwirkungen zwischen Kunststoff und Metall ab. Für PP und getrocknetes PA 6 wächst die Schmelzzone gleichmäßig an, ohne plötzliche Auswirkungen durch Blasenbildung. Aus der unterschiedlichen chemischen Struktur der Werkstoffe resultieren unterschiedliche Grenzflächenspannungsverhältnisse. So zeigt trockenes PA 6 aufgrund der funktionellen Gruppen sowie der Dipolcharakteristik einen wesentlich geringeren Kontaktwinkel ($\ll 90°$) als PP ($\gg 90°$, siehe Abbildung 5-28a, c). Demgegenüber ist an Umgebungsatmosphäre gelagertes PA 6 aufgrund des hochdynamischen Verhaltens der Schmelze nicht in der Lage, einen gleichmäßigen Kontaktwinkel auszubilden.

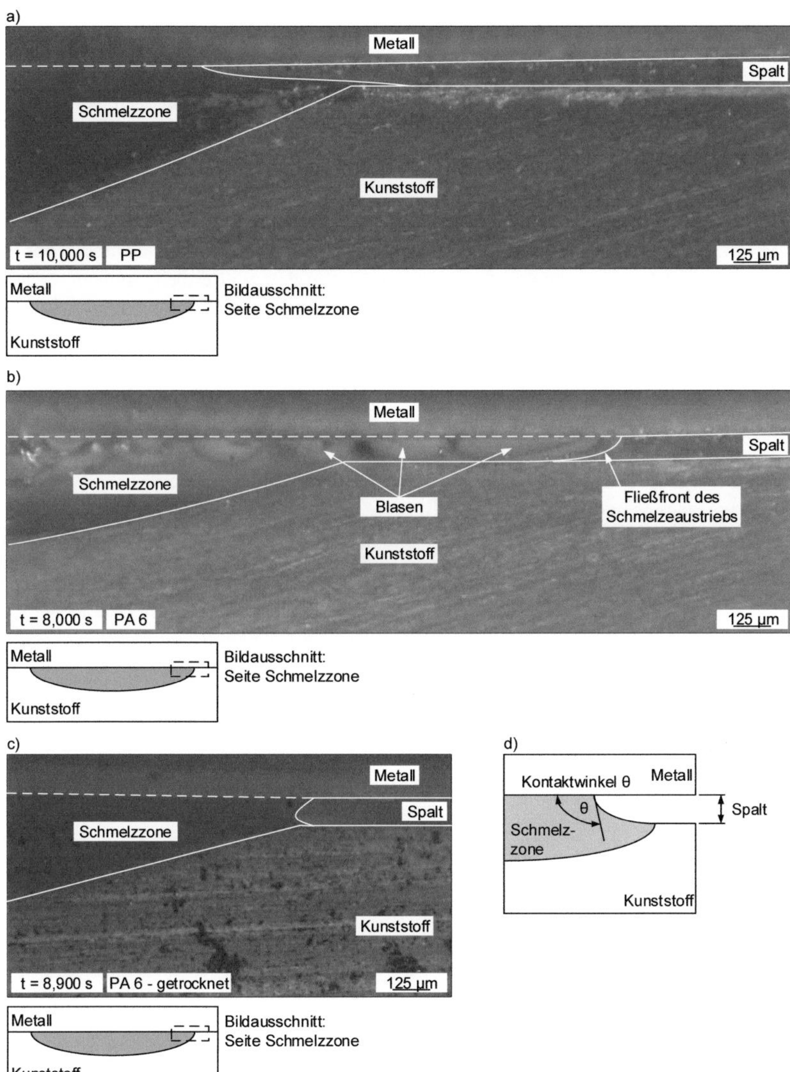

Abbildung 5-28 Schmelzeaustrieb und Benetzung der Metalloberfläche (P_L = 1000 W, t_L = 10 s)

Abbildung 5-29 zeigt die Abhängigkeit der Werkstoffkonditionierung für unterschiedliche Werkstoffzustände aller untersuchten Polymere und verdeutlicht die wirksamen Schmelzbadströmungen. Die Ausbildung des Kontaktwinkels für getrocknete Werkstoffe in Abbildung 5-29a ist für alle betrachten Werkstoffe konsistent, d. h. bei polaren Kunststoffen (PA 6, PA 6.6) bildet sich gegenüber unpolaren Kunststoffen (PP) ein kleinerer Kontaktwinkel aus, was die strukturabhängigen Wechselwirkungen zwischen Kunststoffschmelze und Metalloberfläche verdeutlicht. Dabei findet die Benetzung nicht über die volle Fläche der Schmelzzone oder in den Spalt hinein statt, stattdessen bildet sich die Schmelzebrücke zurückgezogen in Richtung Schmelzzonenmitte aus. Die Wärmeleitung kann dabei auch nur in diesem Bereich stattfinden. Dieses Verhalten wird auf die Oberflächenflächenspannung der Schmelze sowie die geringere Beweglichkeit der Molekülketten im partiell geschmolzenen Bereich zurückgeführt, die jeweils in der geringeren Temperatur begründet ist. Ohne zusätzliche wirkende Impulse durch Blasenbildung bzw. -expansion kann die Schmelze dabei nicht in den Spalt vordringen.

Eine Strömung in Form des Schmelzeaustriebs wird durch wasserbedingte Blasenbildung verursacht und ist für PA 6 und PA 6.6, die zur Wasseraufnahme fähig sind, vergleichbar (b). Die beschriebenen Mechanismen zu Kontaktwinkel sowie Schmelzeaustrieb sind aufgrund der betrachteten Werkstoffe und ihrer Zustände auf weitere Materialien übertragbar.

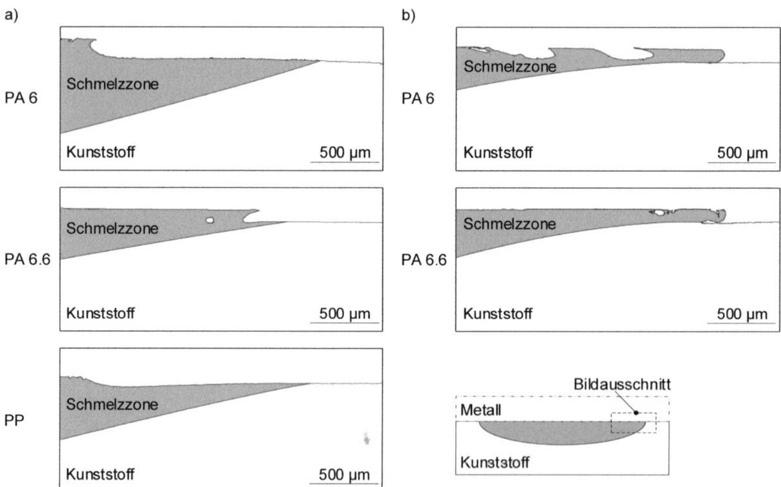

Abbildung 5-29 Materialographisches Schliffbild in Falschfarben zur Darstellung der Abhängigkeit der Werkstoffkonditionierung für a) getrocknet und b) an Umgebungsatmosphäre gelagert (P_L = 1000 W, t_L = 10 s)

Der entstehende Spalt muss ggf. für die konstruktive Auslegung der Hybridverbunde berücksichtigt werden, bspw. um das Eindringen von Medien in die Fügezone bei Punktverbindungen zu verhindern. Eine Vermeidung des Spaltes kann durch die Verwendung begrenzter Überlappbreiten herbeigeführt werden, wenn in diesem Bereich eine vollständige Anbindung zwischen den Werkstoffen besteht. Positiv hervorzuheben ist die Volumenzunahme des Kunststoffes beim Phasenübergang fest-flüssig, der einen deutlichen Einfluss auf den wirksamen Fügedruck nimmt und die Füllung der Metalloberfläche durch Kunststoff maßgeblich unterstützt, während der von außen wirkende Fügedruck vorrangig einen Kontakt zwischen beiden Werkstoffen zu Prozessbeginn sicherstellen muss. Ausgehend von diesen Erkenntnissen wird eine Modellvorstellung der Strömungen innerhalb der Fügezone abgeleitet.

5.1.9 Modellhafte Beschreibung der Strömungen innerhalb der Fügezone

Die Strömungen innerhalb der Fügezone werden in Abbildung 5-30 zusammenfassend dargestellt. Ausgehend von dem Energieeintrag über die Metalloberfläche im Wärmeleitungsfügen (a) erfolgt der Wärmeübergang an der Grenzfläche Metall-Kunststoff und resultiert in einem Schmelzen des thermoplastischen Werkstoffes. Durch die Phasenumwandlung fest-flüssig im Kunststoff kommt es zu einer deutlichen Volumenzunahme (b). Diese führt zu veränderten Druckverhältnissen innerhalb der Fügezone und verursacht eine Bewegung der Schmelze in Richtung Metall, die der Einspannvorrichtung entgegenwirkt und zu einem Spalt bzw. einer Verschiebung der Grenzfläche führt. Dieser Effekt kann die Füllung von Strukturen innerhalb der Metalloberfläche unterstützen.

Bei gleichzeitig auftretender Blasenbildung kommt es zu einer wesentlich vergrößerten Dynamik, d. h. die Schmelze wird aufgrund der Volumenzunahme in der Gasphase auch in den Spalt zwischen beiden Werkstoffen hineingetrieben bzw. erfährt unregelmäßige Impulse durch das dynamische Verhalten der Blasen (b). Demgegenüber verhält sich eine trockene bzw. blasenfreie Schmelzzone wesentlich ruhiger und ist aufgrund der temperaturabhängigen Viskosität weiter in Richtung Schmelzzonenmitte zurückgezogen. Die Wärmeleitung zwischen beiden Fügepartnern ist jeweils auf den direkten Kontaktbereich zwischen Metall und Schmelzzone begrenzt. Während der Abkühlung und Erstarrung (c) nimmt das Volumen wieder ab, d. h. auch der Spalt wird reduziert (c). Nach der Erstarrung und der Abkühlung auf Raumtemperatur bleibt ein Restspalt aufgrund einer dauerhaften Volumenzunahme zurück (d).

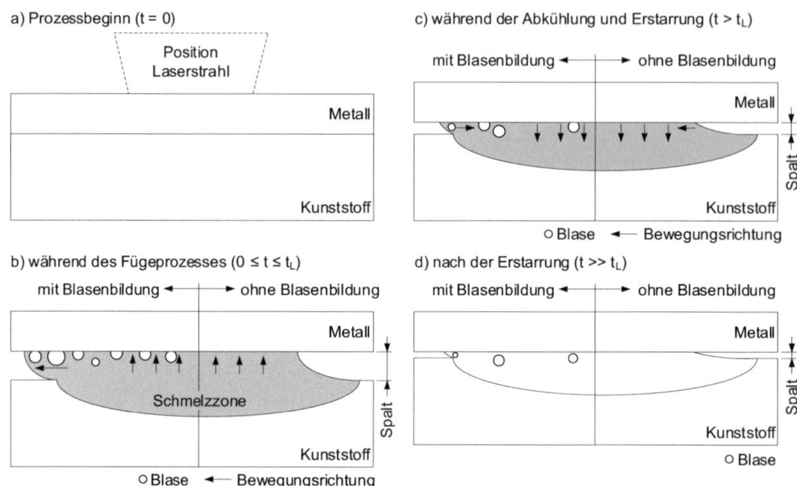

Abbildung 5-30 Strömungen innerhalb der Fügezone unter Berücksichtigung der Blasenbildung

5.1.10 Entstehung und Verhalten von Blasen in der Fügezone

Ausgehend von den Beobachtungen im Strömungsverhalten soll die Entstehung sowie der Einfluss der Blasenbildung auf den Fügeprozess näher betrachtet werden. Die Mechanismen der Blasenbildung können entsprechend dem Stand der Technik durch thermische Degradation sowie der Verdampfung des im Kunststoff gelösten Wassers während des Fügeprozesses erklärt werden (siehe 2.1.8). Zur orts- und zeitaufgelösten Entstehung der Blasen liegen demgegenüber keine gesicherten Erkenntnisse vor.

In der Schmelzzone können drei Entstehungsmechanismen identifiziert werden. Die Blasenbildung findet auf Keimstellen, d. h. der Grenzfläche bzw. künstlich eingebrachten Feststoffpartikeln, oder an Keimen, d. h. Gasanteilen in der Schmelze aufgrund des verdampfenden Wassers, statt (siehe 2.1.8). Abbildung 5-31 zeigt diese drei Mechanismen anhand von Hochgeschwindigkeitsaufnahmen aus dem Halbschnittversuchsstand.

Mit zunehmender Fügezeit (t = 4 s...5 s) entstehen Blasen an den Keimstellen, d. h. der Grenzfläche sowie künstlich eingebrachten Keimen. Die Blasen an der Grenzfläche lösen sich dabei nicht in Richtung Schmelzzone ab, sondern breiten sich in entlang der Grenzfläche aus und unterliegen gleichzeitig einer hohen Dynamik aufgrund überlappender Effekte von Blasenbildung, der Vereinigung von zwei oder mehr Blasen sowie einem laufenden Ausgasen an der Grenzfläche. Die Grenzfläche wird auch als Entstehungsort für zersetzungsbedingte Blasenbildung angenommen, da dort die höchsten Temperaturen innerhalb der Schmelzzone auftreten. Die an künstlichen Keimen gebildeten Blasen dehnen sich vorrangig in Richtung Grenzfläche aus. Weiter bilden sich in der Schmelzzone Blasen an beliebigen Positionen, ohne dass eine ersichtliche Keimstelle vorliegt (t = 7 s). Das kann auf die Keimbildung auf Basis von verdampfendem Wasser in der Schmelzzone zurückgeführt werden. Wiederrum kommt es zur Expansion der gebildeten Blasen in Richtung der Grenzfläche (t = 7 s...9 s).

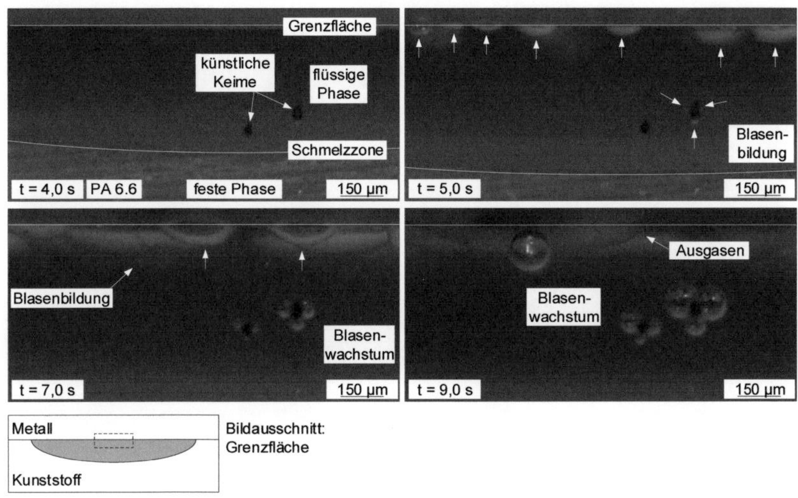

Abbildung 5-31 Blasenbildung im Fügeprozess (P_L = 1000 W, t_L = 10 s)

Die Expansion der Blasen in Richtung Grenzfläche tritt dabei losgelöst von der Fügeanordnung auf, was durch einen inversen Aufbau des Halbschnittversuchsstandes verifiziert werden konnte. Ein vergleichbares Expansionsverhalten der Blasen kann für das Metall (Abbildung 5-32a) sowie den Kunststoff (Abbildung 5-32b) als oberen Fügepartner nachvollzogen werden. Damit wird ein signifikanter Einfluss der Auftriebskraft auf die Blasenbewegung ausgeschlossen. Demgegenüber kann das Verhalten anhand vorliegender Gradienten der Viskosität, der Oberflächenspannung sowie der Dichte innerhalb der Schmelzzone erklärt werden. Diese Einflussgrößen wurden im Stand der Technik auf die Bewegung von Gasblasen in Flüssigkeiten beschrieben (siehe 2.1.8). Durch den Wärmeübergang zwischen Metall und Kunststoff bildet sich ein Temperaturfeld aus, dessen Maximaltemperaturen an der Grenzfläche auftreten. Durch die in Richtung der Grenzfläche ansteigenden Temperaturen reduzieren sich Oberflächenspannung, Dichte und Viskosität, wodurch die Blasenexpansion dorthin unterstützt wird und deshalb immer unabhängig von der Fügeanordnung auftritt.

In den bisherigen Betrachtungen überlagern sich die Effekte von Wasserdampf und thermischer Zersetzung des Kunststoffes, deren Einfluss auf die Blasenbildung nachfolgend abgegrenzt wird.

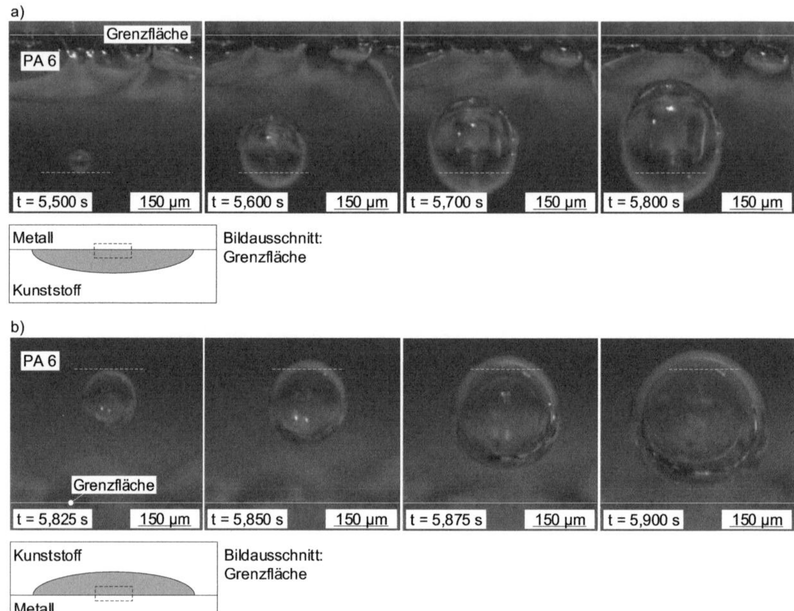

Abbildung 5-32 Unabhängigkeit der Blasenexpansion in Richtung Grenzfläche von der Anordnung der oberen Fügepartners im Wärmeleitungsfügen für a) Metall-Kunststoff Anordnung und b) Kunststoff-Metall-Anordnung (P_L = 1000 W, t_L = 10 s)

Die Blasenbildung aufgrund von Zersetzung konnte ebenfalls im Halbschnitt anhand von getrockneten Kunststoffproben nachvollzogen werden. Dabei kommt es nur nach einem hohen Energieeintrag, d. h. hohen Laserstrahlleistungen sowie langen Fügezeiten, zur thermischen Degradation.

Die Degradation des Kunststoffes beginnt am Ort der höchsten thermischen Belastung, d. h. die Blasenbildung aufgrund von thermischer Zersetzung beginnt an der Grenzfläche. Abbildung 5-33 zeigt einen Bildausschnitt im Übergangsbereich Metall-Kunststoff. Gegenüber wasserdampfbasierten Blasen findet die Zersetzung erst nach längeren Zeiten (t = 8 s) und für hinreichend hohe Temperaturen statt, während die restliche Schmelzzone im betrachteten Zeitintervall keine Fehlstellen aufweist. Darüber hinaus unterliegen die zersetzungsbedingten Blasen einer deutlich reduzierten Dynamik, da kein Ausgasen stattfindet sowie keine Vereinigung mit benachbarten

Blasen in den betrachteten Fügezeiten festgestellt werden kann. Eine mögliche Begründung kann in unterschiedlichen Grenzflächenspannungsverhältnissen sowie der Blasengröße gegenüber wasserbasierten Blasen liegen, da sich eine nahezu sphärische Form während der Entstehung ausbildet.

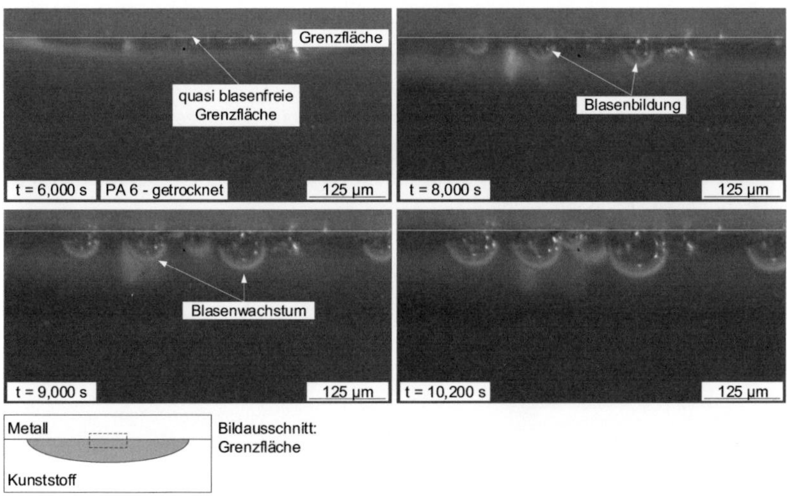

Abbildung 5-33 Blasenbildung an der Grenzfläche bei getrockneten Werkstoffen durch thermische Degradation (P_L = 1000 W, t_L = 10 s)

Ausgehend vom Modell der Fügezone (siehe 0) wird die zersetzungsbedingte Blasenbildung auf die Überschreitung der Zersetzungstemperatur T_z zurückgeführt, ab der es zur thermischen Degradation des Kunststoffes kommt (siehe 5.1.1). Zur Validierung dieser Annahme wird ein Vergleich der experimentellen Ergebnisse mit der numerischen Simulation herangezogen.

Abbildung 5-34 stellt die experimentellen Ergebnisse eines PA 6.6-EN AW 6082-Verbundes mit dem Verlauf der Isothermen aus der numerischen Simulation für eine Fügezeit von t_L = 10 s gegenüber. Die Aufnahme bildet die Draufsicht der Schmelzzone von getrocknetem PA 6.6 in der Ebene der Grenzfläche ab (links), nachdem der Hybridverbund mechanisch getrennt wurde. Das Erscheinungsbild der Schmelzzone ist einerseits durch die Bruchfläche gekennzeichnet, andererseits durch die Benetzung der unstrukturierten Metalloberfläche (Abdruck der parallelen Strukturen der Walzrichtung im Kunststoff). Die Schmelzzone wird dem Verlauf der Isothermen an der Grenzfläche für drei Temperaturen gegenübergestellt (rechts): Einerseits der Zersetzungstemperatur T_z für einen Vergleich mit dem Bereich der thermischen Degradation, andererseits dem Ende (T_{em}) und dem Beginn des Schmelzintervalls (T_{im}) für einen Vergleich der äußeren Schmelzzonengeometrie.

Die Ergebnisse verdeutlichen eine sehr gute Übereinstimmung der Geometrie für Schmelzzone und Simulation (T_{im}). Während des Prozesses tritt die höchste thermische Belastung im Mittelpunkt der Fügestelle auf, die zur thermischen Schädigung des Kunststoffes führen kann. Dieser Bereich, in dem es zur zersetzungsbedingten Blasenbildung kommt, kann mit der Isotherme der Zersetzungstemperatur T_z korreliert werden. Die Blasenbildung findet dort nicht gleichförmig statt, d. h. in der Mitte der Fügezone treten aufgrund der höheren thermischen Belastung des Kunststoffes größere Blasen als im Randbereich der Isotherme T_z auf. Die Zersetzungstemperatur T_z kann damit vereinfacht als Anhaltspunkt für die Ableitung der zulässigen Maximaltemperatur genutzt werden, allerdings bestehen auch Wechselwirkungen der thermischen Zersetzung mit Heizrate, Verweildauern unter erhöhten Temperaturen oder Umgebungsbedingungen (siehe 2.1.8).

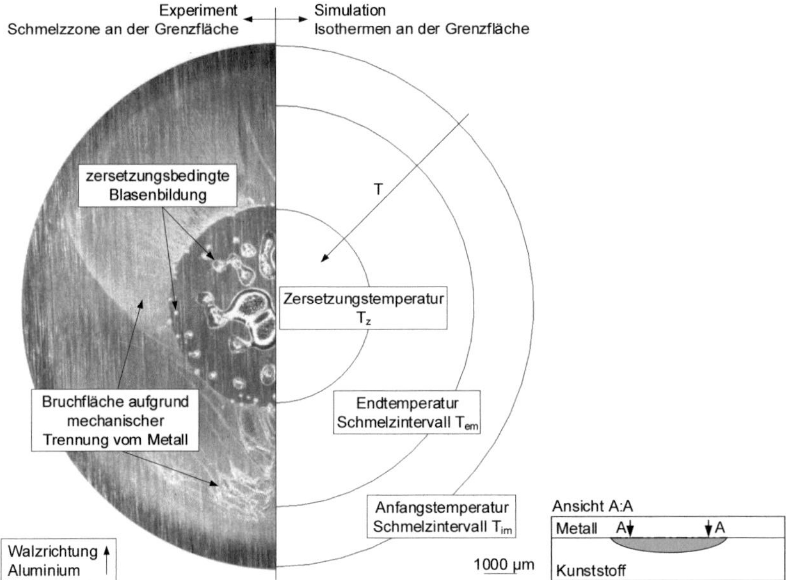

Abbildung 5-34 Gegenüberstellung Simulation und Experiment zur zersetzungsbedingten Blasenbildung (t_L = 10 s, P_L = 1000 W, PA 6.6 getrocknet mit EN AW 6082, Draufsicht auf Kunststoff nach mechanischer Trennung vom unstrukturierten Metall)

Neben der Entstehung der Blasen treten im Verlauf des Fügeprozesses weitere Phänomene auf. Abbildung 5-35 zeigt den Bereich der Grenzfläche sowie die Schmelzzone von PA 6 zum Abschaltzeitpunkt des Laserstrahls ($t = t_L$ = 2 s). Die wasser- und zersetzungsbedingten Blasen treten an der Grenzfläche sowie in der Schmelzzone auf. Mit Beginn der Abkühlung bzw. Erstarrung bewegt sich die Grenzfläche aufgrund der Volumenabnahme zurück in Richtung Schmelzzone (siehe 0). Durch diese Verschiebung gasen kleinere, an der Grenzfläche befindliche Blasen aus (t = 2,3...2,4 s). Größere Blasen, die in der Schmelzzone gebildet wurden, werden durch die voranschreitende Erstarrung (ab t = 2,4 s) von unten beginnend in ihrer Position gehalten. Zuvor kann bereits eine beginnende Einschnürung dieser Blasen an der Grenzfläche festgestellt werden. Es wird angenommen, dass sich die Grenzflächenspannungsverhältnisse zwischen Metalloberfläche, Schmelze und Blase durch die Abkühlung so verändern, dass die Bildung einer sphärischen Geometrie der Blasen den energetisch günstigsten Energiezustand des Gesamtsystems darstellt.

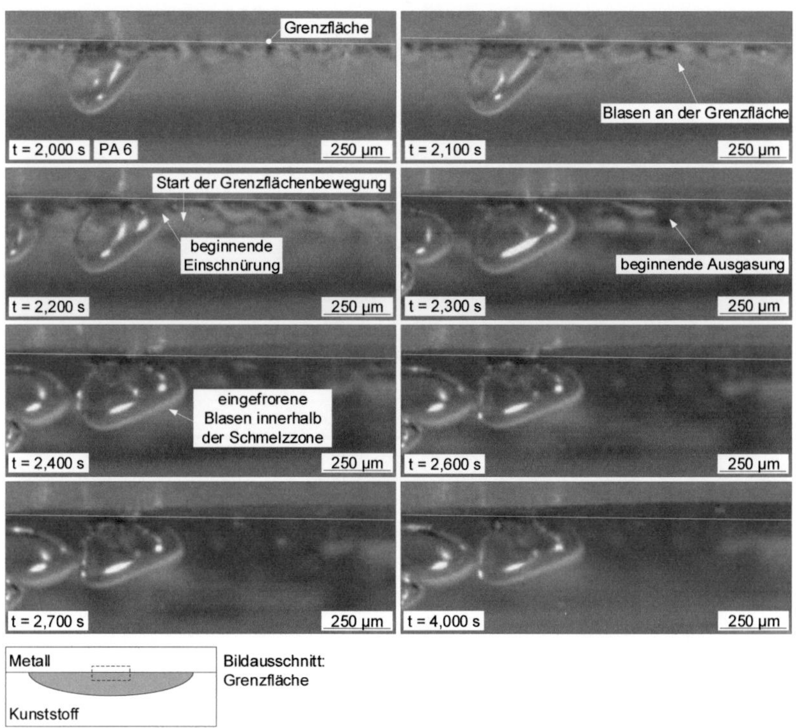

Abbildung 5-35 Verhalten von Blasen während der Abkühlung und Erstarrung (P_L = 1000 W, t_L = 2 s)

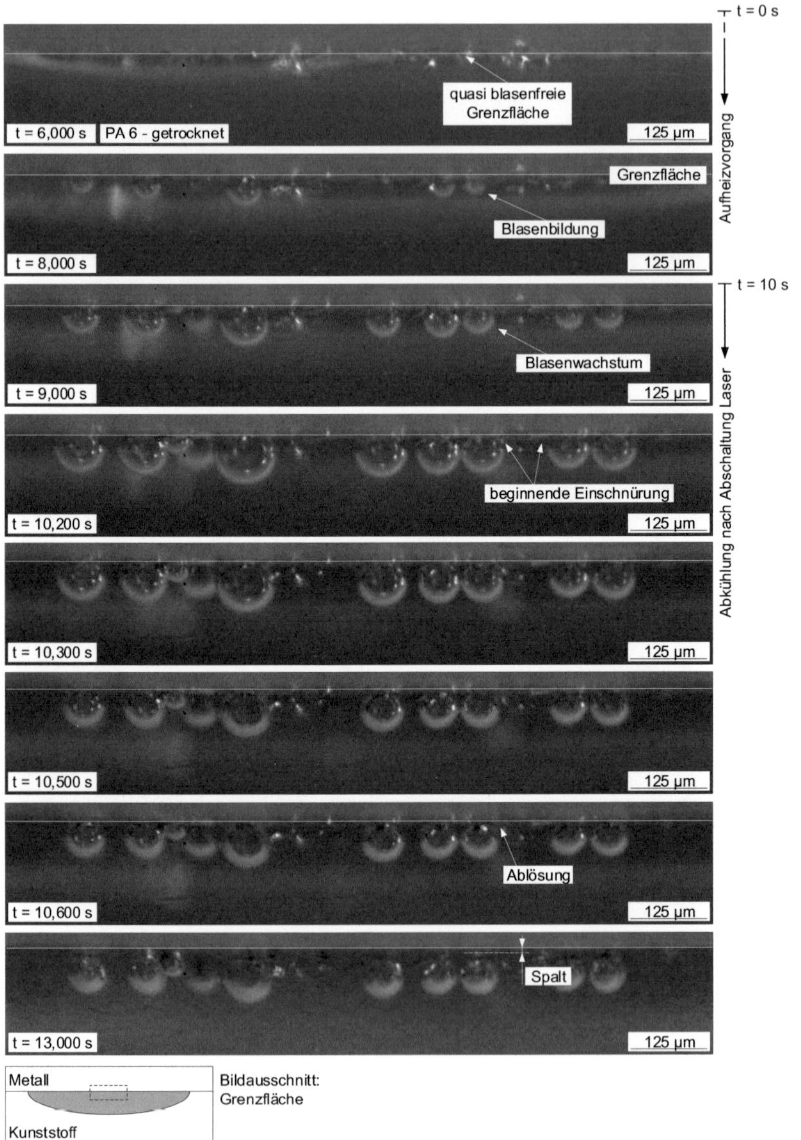

Abbildung 5-36 Verhalten von zersetzungsbedingten Blasen bis einschließlich Abkühlung und Erstarrung (P_L = 1000 W, t_L = 10 s)

Demgegenüber verdeutlichen die zersetzungsbedingten Blasen in trockenen Werkstoffen bzw. Werkstoffen ohne Wasseraufnahme ein abweichendes Verhalten. Wie beschrieben setzt die Blasenbildung zu späteren Zeitpunkten an der Grenzfläche mit Überschreitung der Zersetzungstemperatur T_Z ein (Abbildung 5-36, t = 6 s...9 s). Mit beginnender Abkühlung kommt es zur Einschnürung an der Grenzfläche (t = 10,2 s). Wiederrum wird eine temperaturabhängige Veränderung der Grenzflächenspannungsverhältnisse als ursächlich angenommen. Ein Ausgasen kann nicht festgestellt werden, was auf stärkere Wechselwirkungen zwischen Zersetzungsprodukten der Blase und der Schmelze hindeuten kann, als es bei wasserdampfhaltigen Blasen der Fall ist. Letztendlich lösen sich die Blasen von der Grenzfläche ab bzw. der Kunststoff benetzt die Oberfläche im Bereich der Blase, wodurch ein mit thermoplastischem Werkstoff gefüllt Spalt entsteht (siehe auch 2.1.8).

Gegenüber dem Stand der Technik ist festzuhalten, dass die Blasen nur in seltenen Fällen – bei einer Entstehung in der Schmelzzone – einen Druck auf den Kunststoff zur besseren Füllung der Oberflächenstrukturen ausüben können. Darüber hinaus ist, insbesondere bei wasserdampfbasierten Blasen, eine hohe Dynamik von Entstehung, Vereinigung und Ausgasen nachzuvollziehen. Diese Mechanismen können ggf. auch für andere Phänomene Anwendung finden, bspw. für das Ausgasen von Reaktionsprodukten, bspw. bei der Entstehung von Titankarbid, das in PET-Ti-Verbunden nachgewiesen wurde (siehe 2.1.6.1). Die durch Hochgeschwindigkeitsaufnahmen erlangten Erkenntnisse zu Entstehung, Dynamik und Verhalten der Blasen werden nachfolgend auf eine Modellvorstellung übertragen.

5.1.11 Modellhafte Beschreibung von Blasenbildung und -verhalten

Abbildung 5-37 stellt die Blasenbildung in Abhängigkeit des Kunststoffs dar. Beide Fügepartner sind zu Prozessbeginn in Kontakt an der Grenzfläche, der Laserstrahl wird auf die Metalloberfläche fokussiert (a) und bringt im Zeitintervall von 0 bis t_L Leistung ein. In der durch den Wärmeübergang entstehenden Schmelzzone bilden sich für Thermoplaste mit Wassergehalt oder vergleichbar schnell flüchtigen Stoffen unmittelbar Blasen im Bereich der Grenzfläche. Die an der Grenzfläche entstehenden Blasen können auch den Wärmeübergang vom Metall in den Kunststoff behindern bzw. begrenzen (siehe 5.1.3). Darüber hinaus bilden sich Blasen innerhalb der Schmelzzone sowie an künstlichen Keimen, bspw. Schmutzpartikeln. Die wasserbasierten Blasen unterliegen einer großen Dynamik, d. h. sie entstehen, gasen aus oder vereinigen sich innerhalb von sehr kurzen Zeiten. Die Blasenbewegung bzw. -expansion innerhalb der Schmelze erfolgt während des Aufheizens aufgrund des Temperaturgradienten immer in Richtung der Grenzfläche (b, c).

Mit Überschreitung der Zersetzungstemperatur T_Z weisen auch Kunststoffe ohne gelöstes Wasser Blasenbildung auf. Aufgrund der Temperaturverteilung innerhalb der Fügezone entstehen die zersetzungsbedingten Blasen an der Grenzfläche in der Mitte der Schmelzzone (c). Während der Abkühlung (d) beginnen die zersetzungsbedingten Blasen sich aufgrund temperaturabhängiger Grenzflächenspannungsverhältnisse einzuschnüren und sich mit zunehmender Zeit von der Grenzfläche abzulösen. Die wasserbedingten Blasen zeigen teilweise ein ähnliches Verhalten, der Großteil der an der Grenzfläche befindlichen Blasen gast dort allerdings aus. Im erstarrten Material (e) bleiben somit vereinzelte Blasen zurück, die meist nicht direkt mit der Grenzfläche in Kontakt stehen.

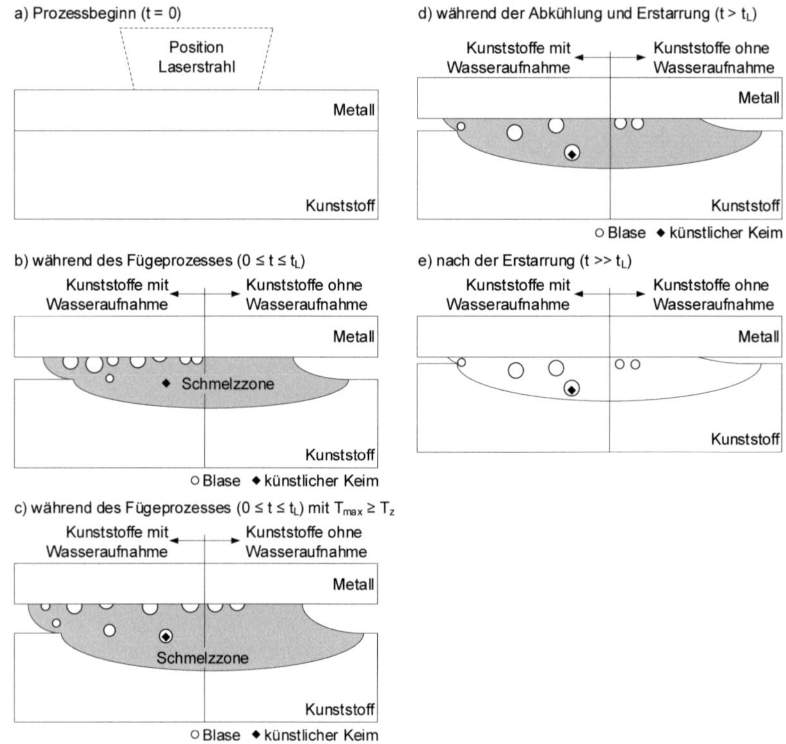

Abbildung 5-37 Modellvorstellung der Blasenbildung

Da wasserbasierte Blasen vorwiegend und zersetzungsbasierte Blasen ausschließlich an der Grenzfläche entstehen, wird der Einfluss der Blasenbildung auf die Füllung der metallischen Oberflächenstrukturen mit Kunststoffschmelze als vernachlässigbar bzw. behindernd gegenüber den wirksamen Kräften aus der Volumenzunahme im Phasenübergang fest-flüssig (siehe 0) gesehen.

Ausgehend von den getätigten Untersuchungen ist die Schmelzzone hinsichtlich ihrer Eigenschaften sowie den auftretenden Effekten im Allgemeinen beschrieben. Um die Geometrie der Fügezone und ihre Abhängigkeit von Prozessgrößen, Werkstoffen und Materialeigenschaften zu ermitteln, erfolgt nachfolgend eine Betrachtung der Sensitivität auf Basis der numerischen Simulation.

5.1.12 Sensitivität ausgewählter Prozessgrößen und thermischer Wirkungsgrad

Zur Beschreibung der Sensitivität verschiedener Prozessgrößen wurden auf Basis der numerischen Simulation Untersuchungen zum Einfluss von absorbierter Laserstrahlleistung, Fokusdurchmesser und Materialstärke des metallischen Fügepartners durchgeführt. Die simulationsbasierten Betrachtungen erfolgten parallel für einen hochlegierten Stahl (1.4301) und eine Aluminiumlegierung (EN AW 6082), um den Einfluss metallischer Werkstoffe unterschiedlicher Eigenschaftsprofile abzubilden. Vereinfachend wird ein Modellwerkstoff (siehe 4.2.5) als Kunststoff verwendet, der über konstante Werkstoffeigenschaften verfügt. Aufgrund des Modellwerkstoffes müssen die Voraussetzungen zur Anwendung des halbunendlichen Körpers nicht mehr zwangsläufig erfüllt sein, allerdings konnte an der Kunststoffunterseite kein Wärmestau festgestellt werden, d. h. die Ausganstemperatur wurde dort auch bei Anwendung den größten untersuchten Energieeinträgen nicht überschritten.

Die Anwendung eines ausgedehnten Parameterfeldes ist Voraussetzung für die Betrachtung unterschiedlicher Größen. Als Grenzen werden einerseits das Vorliegen einer Schmelzzone im Kunststoff, andererseits ein Schmelzen des metallischen Werkstoffes gewählt. Datenpunkte außerhalb dieser Grenzen finden in der folgenden Darstellung keine Berücksichtigung. Innerhalb der Grenzen führt die Breite des betrachteten Parameterfeldes mitunter zu sehr großen Schmelzzonen und dem Auftreten von Temperaturen oberhalb der Zersetzungstemperatur des Kunststoffes T_z (siehe 5.1.1), weshalb diese Datenpunkte gesondert gekennzeichnet sind.

Abbildung 5-38 stellt die Abhängigkeit der Schmelzzonendicke gegenüber der absorbierten Laserstrahlleistung für verschiedene Fokusdurchmesser (d_L = 2 mm...8 mm) dar. Bei der Verwendung von Stahl (1.4301, Abbildung 5-38a) ist bei konstantem Fokusdurchmesser eine Abhängigkeit der Schmelzzone von der absorbierten Laserstrahlleistung erkennbar. Mit Erhöhung des Strahldurchmessers wird mehr Leistung zur Einstellung einer vergleichbaren Schmelzzonendicke benötigt, da die Maximaltemperatur und der resultierende Temperaturgradient in Richtung Grenzfläche verringert werden. Bei gleicher Laserstrahlleistung verursachen hohe Intensitäten deshalb größere Schmelzzonen, wobei insbesondere ab ca. 1200 µm vermehrt die Überschreitung der Zersetzungstemperatur (T_z = 400 °C) des Modellwerkstoffes festzustellen ist. Für Aluminium (Abbildung 5-38b) werden qualitativ vergleichbare Ergebnisse erreicht, allerdings ist aufgrund der deutlich höheren Wärme- bzw. Temperaturleitfähigkeit eine ca. fünffach höhere Laserstrahlleistung zur Ausbildung einer vergleichbaren Schmelzzone erforderlich. Ein vereinfachender Zusammenhang, bspw. zwischen Intensität und Schmelzzonendicke, konnte nicht ermittelt werden.

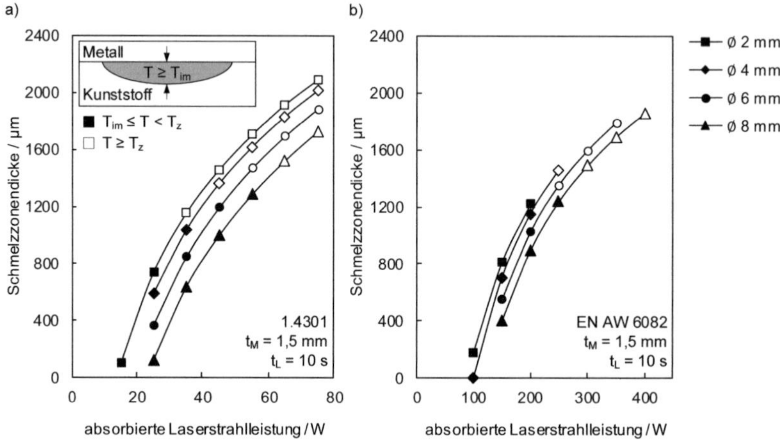

Abbildung 5-38 Schmelzzonendicke in Abhängigkeit von Fokusdurchmesser und Laserstrahlleistung für a) 1.4301 und b) EN AW 6082 (t_L = 10 s, t_M = 1,5 mm)

Ein Vergleich der Temperaturverläufe in radialer Richtung (Abbildung 5-39) verdeutlicht den Einfluss des Fokusdurchmessers auf die Temperaturverteilung in der Grenzfläche zum Zeitpunkt $t = t_L$ = 10 s. Bei konstanter Laserstrahlleistung nimmt die Intensität des Laserstrahles mit steigendem Fokusdurchmesser ab. Dadurch wird vorrangig die Maximaltemperatur des Metalls verringert, bspw. bei Stahl von ca. 500 °C auf ca. 340 °C. In radialer Richtung zeigt das Temperaturfeld allerdings keine Sensitivität gegenüber den untersuchten Fokusdurchmessern. In der Betrachtung zeigt Stahl ab ca. 4 mm Radius und Aluminium ab ca. 4,5 mm Radius einen vergleichbaren Temperaturverlauf. Gegenüber 1.4301 treten bei EN AW 6082 aufgrund der erhöhten Wärmeleitfähigkeit geringere Maximaltemperaturen in der Grenzfläche sowie ein flacherer Temperaturgradient in radialer Richtung auf.

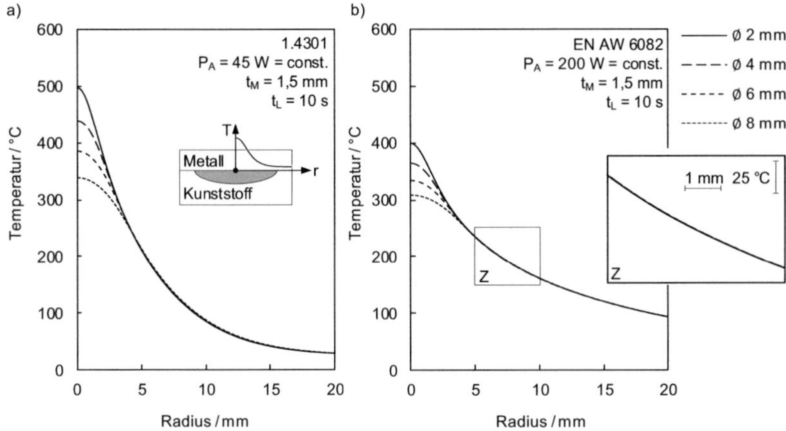

Abbildung 5-39 Radialer Temperaturverlauf in der Grenzfläche für a) 1.4301 b) EN AW 6082 ($t = t_L = 10$ s, $t_M = 1{,}5$ mm)

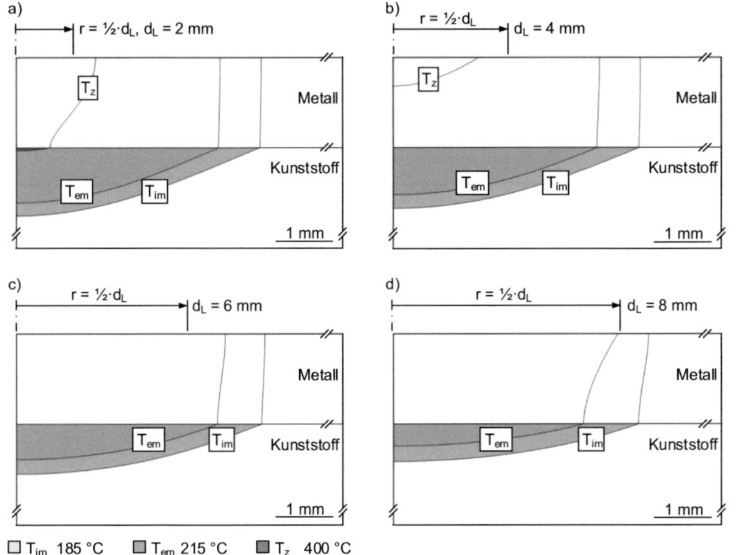

Abbildung 5-40 Isothermen in Kunststoff und Metall zur Beschreibung der Schmelzzone in Abhängigkeit des Fokusdurchmessers d_L (1.4301, P_A = 35 W, t_L = 10 s, t_M = 1,5 mm)

Der Vergleich verschiedener Fokusdurchmesser auf die Geometrie der Schmelzzone bei konstanter Materialstärke des Metalls verdeutlicht die beschriebenen Effekte. Abbildung 5-40 zeigt den Verbund aus 1.4301 mit dem Musterwerkstoff für eine absorbierte Laserstrahlleistung von P_A = 35 W für Fokusdurchmesser von 2 mm bis 8 mm. Mit sinkender Intensität verringern sich die Maximaltemperaturen und daraus folgend der Temperaturgradient in z-Richtung, wodurch die Schmelzzonendicke abnimmt. Der Vergleich von d_L = 2 mm gegenüber d_L = 8 mm verdeutlicht dieses Verhalten. Einerseits wird die Überschreitung der Zersetzungstemperatur im Kunststoff vermieden, andererseits wird aufgrund der Wärmeleitung eine vergleichbare Breite der Schmelzzone eingestellt. Durch die Einflussnahme des Fokusdurchmessers auf die Maximaltemperatur kann die Prozessführung werkstoff- und geometrieabhängig so gestaltet werden, dass ein Aufschmelzen des Metalls vermieden werden kann.

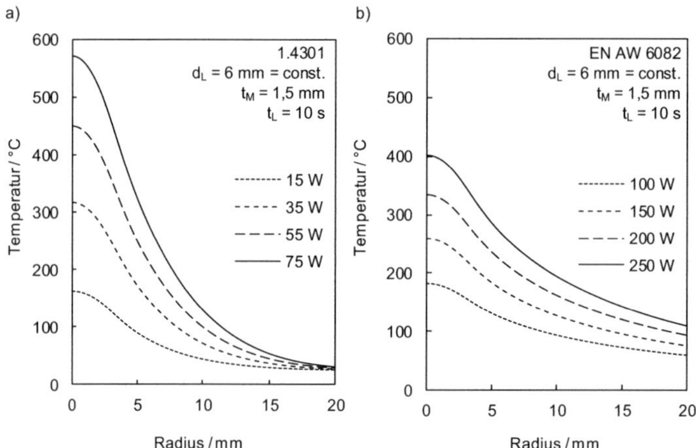

Abbildung 5-41 Radialer Temperaturverlauf in der Grenzfläche für unterschiedliche Laserstrahlleistungen am Beispiel a) 1.4301 und b) EN AW 6082 ($t = t_L$ = 10 s, t_M = 1,5 mm)

Ein anderes Bild zeigt sich für die Veränderung der Laserstrahlleistung bei Verwendung eines konstanten Fokusdurchmessers (Abbildung 5-41). Durch eine Anpassung der Laserstrahlleistung kann die Temperaturverteilung in ihrer Lage, d. h. Maximaltemperatur und Breite, eingestellt werden. Vergleichbar zu den vorherigen Betrachtungen zeigt Aluminium wiederrum ein breiteres Temperaturfeld gegenüber Stahl, das sich aufgrund der größeren Wärmeleitfähigkeit mit steigender Leistung insgesamt zu höheren Temperaturen hin verschiebt. Bei Stahl ist leistungsunabhängig nach 10 s noch keine Temperaturerhöhung ab 20 mm Radius festzustellen. In Abhängigkeit der thermophysikalischen Eigenschaften der metallischen Werkstoffe können unterschiedliche Laserstrahlleistungen zur Ausbildung einer Schmelzzone gewählt werden.

Ausgehend von den bisherigen Untersuchungen wird der Einfluss der Materialstärke des Metalls t_M betrachtet. Abbildung 5-42 stellt Stahl (a) und Aluminium (b) vergleichend gegenüber. Eine ausreichende Laserstrahlleistung vorausgesetzt, kann bei den betrachteten Materialstärken von 1 mm bis 4 mm eine Schmelzzone erzeugt werden. Wiederrum zeigt sich, dass für große Schmelzzonen ab 1200 µm die Zersetzungstemperatur des Kunststoffes T_Z aufgrund des zu hohen Energieeintrages überschritten wird. Für steigende Materialstärken verzögert sich die Entstehung der Schmelzzone aufgrund der Wärmeleitung. Einerseits bedingt durch einen größeren Materialquerschnitt der erwärmt werden muss, andererseits aufgrund des steigenden Verlustwärmestromes.

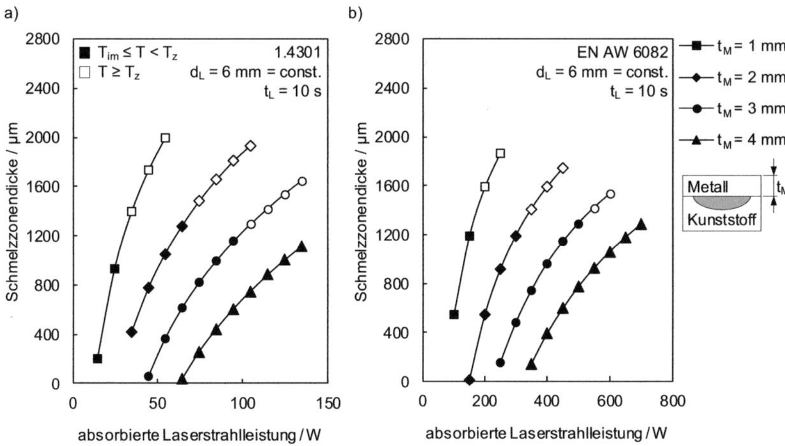

Abbildung 5-42 Einfluss der Materialstärke auf die Schmelzzonendicke bei a) 1.4301 und b) EN AW 6082

Hinsichtlich veränderter Materialstärken ist eine Anpassung des Prozesses erforderlich. Aufgrund des untergeordneten Einflusses des Strahldurchmessers im Wärmeleitungsfügen kann eine Skalierung über die Laserstrahlleistung erfolgen. Abbildung 5-43 zeigt einen Verbund aus 1.4301 mit dem Modellwerkstoff für eine Materialstärke von 4 mm bzw. 1 mm. In beiden Fällen kann durch Anpassung der absorbierten Laserstrahlleistung (115 W zu 25 W) eine ähnliche Schmelzzonendicke eingestellt werden, wobei der Einsatz großer Materialstärken einen deutlich erhöhten Leistungsbedarf aufweist. Aufgrund der größeren Materialstärke bei 4 mm bildet sich ein Temperaturfeld aus, das im Metall beispielsweise die Zersetzungstemperatur des Kunststoffes T_Z bereits überschreitet, in der resultierenden Schmelzzone aufgrund der Wärmeleitung im Metall und der Verlustwärmeströme aber nicht erreicht wird.

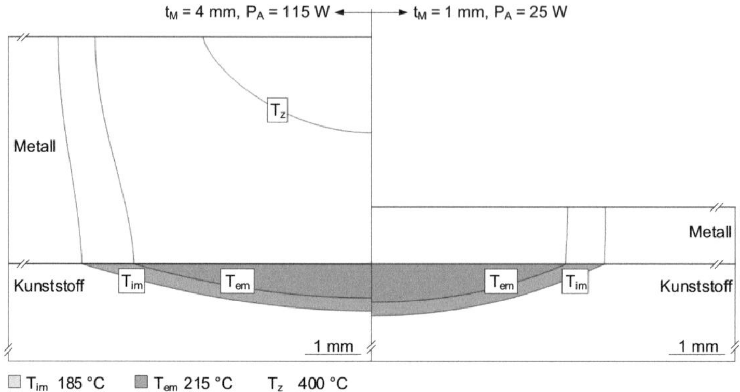

Abbildung 5-43 Vergleichbare Ausprägung von der Schmelzzone in Abhängigkeit der Materialstärke und des Leistungseintrages (1.4301, d_L = 6 mm)

Der mit zunehmender Materialstärke erhöhte Leistungsbedarf zur Bildung einer Schmelzzone wirkt sich direkt auf den thermischen Wirkungsgrad des Prozesses aus. Dieser beschreibt, wie viel der eingebrachten Energie im Kunststoff als Schmelzzone umgesetzt wird, also zur Benetzung bzw. Füllung der Oberflächenstrukturen zur Verfügung steht, um einen Hybridverbund zu bilden (siehe 4.2.5). Ausgangspunkt für die Betrachtung des thermischen Wirkungsgrades ist die vorangegangene Ermittlung der Schmelzzonen für verschiedene Materialstärken in Abhängigkeit der Laserstrahlleistung (siehe Abbildung 5-42).

Abbildung 5-44 stellt den resultierenden thermischen Wirkungsgrad für 1.4301 (a) und für EN AW 6082 (b) in Abhängigkeit der Laserstrahlleistung und verschiedener Materialstärken von 1 mm bis 4 mm dar. Im Wärmeleitungsfügen findet eine indirekte Erwärmung des Kunststoffes statt, weshalb die Verlustwärmeströme vorrangig durch Wärmeleitung innerhalb des metallischen Fügepartners bedingt sind. Diese Verlustwärmeströme steigen mit zunehmender Materialstärke und reduzieren den thermischen Wirkungsgrad. Für eine Materialstärke von t_M = 1 mm werden im Vergleich beider Werkstoffe thermische Wirkungsgrade von maximal 9,8 % bzw. 5,7 % erreicht, wobei hohe Maximaltemperaturen zur Zersetzung des Kunststoffes und damit zur Blasenbildung führen würden (siehe 5.1.10). Unter Vermeidung der Zersetzungstemperatur werden maximal ca. 3 % bei Stahl bzw. ca. 2 % bei Aluminium der absorbierten Energie als Schmelzzone umgesetzt. Mit zunehmender Materialstärke steht für die zur Erzeugung zersetzungsfreier Schmelzzonen ein ausgedehnter Leistungsbereich zur Verfügung, da die Breite des Temperaturfeldes zunimmt und geringere Spitzentemperaturen erreicht werden.

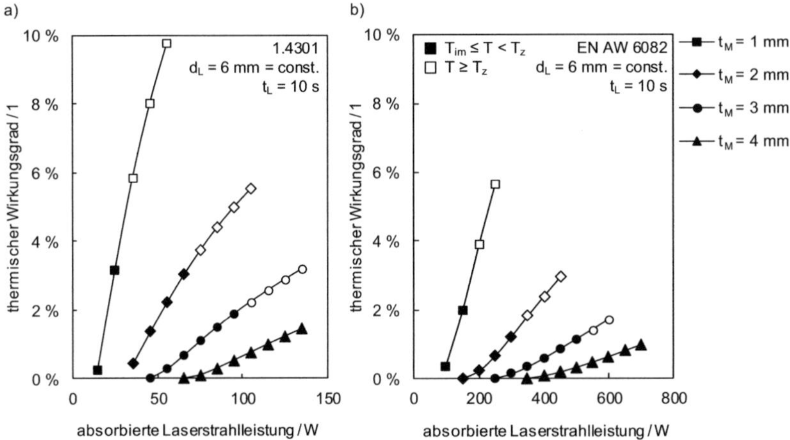

Abbildung 5-44 Thermischer Wirkungsgrad in Abhängigkeit der Materialstärke für a) 1.4301 und b) EN AW 6082

Die Untersuchungen verdeutlichen, wie hoch der Anteil der Verlustwärme im thermischen Fügen aufgrund der indirekten Erwärmung des Kunststoffes ist. Daraus kann einerseits ein großer thermischer Verzug resultieren, andererseits ist die Prozesseffizienz sehr begrenzt. Der thermische Wirkungsgrad berücksichtigt nur die absorbierte Laserstrahlleistung, d. h. die Reflexionsverluste auf der Metalloberfläche finden keine Berücksichtigung und reduzieren den realen Prozesswirkungsgrad entsprechend weiter. Damit wird nur ein geringer Anteil von Energie im Fügeprozess tatsächlich für die Verbundherstellung aufgewendet.

Eine Erhöhung des thermischen Wirkungsgrades kann durch Veränderungen in Konstruktion, Prozess und Werkstoff erreicht werden. Konstruktiv ist die Verringerung der Materialstärke des Metalls bzw. die Ausführung von Fügestellen an kleinen Überlappbreiten ein großer Hebel, um den Verlustwärmestrom zu begrenzen bzw. gezielt einen Wärmestau zu nutzen. Die Reduktion der Materialstärke des Kunststoffes ($t_K \ll$ halbunendlicher Körper) kann ebenfalls genutzt werden, um eine größere Schmelzzone bei gleichem Energieeintrag zu erzeugen. Prozessseitig bieten angepasste Intensitätsverteilungen die Möglichkeit einer optimierten Temperaturverteilung in Hinblick auf das thermische Fügen (siehe 2.1.3). Ein weiterer Ansatzpunkt ist die Werkstoffauswahl. Unterschiedliche Eigenschaftsprofile der metallischen Werkstoffe zeigen bereits einen deutlichen Einfluss auf den thermischen Wirkungsgrad. Auf Seiten des thermoplastischen Fügepartners können die thermisch-physikalischen Eigenschaften Einfluss auf die Schmelzzone und ihre Ausprägung nehmen, bspw. führen niedrigere Temperaturen des Schmelzintervalls bei identischen Prozessparametern zu größeren Schmelzzonen und damit zu höheren thermischen Wirkungsgraden (siehe 5.1.3).

Zusammenfassend können auf Seiten der Prozessgrößen und geometrischen Einflüsse die Materialstärke und die Laserstrahlleistung bzw. -intensität als zentrale Einflussgrößen auf die Ausbildung der Schmelzzone festgehalten werden.

Eine detaillierte Betrachtung zum Einfluss der thermo-physikalischen Werkstoffeigenschaften auf die resultierende Schmelzzone wird nachfolgend durchgeführt.

5.1.13 Sensitivität ausgewählter Werkstoffeigenschaften des Kunststoffes

Der Einsatz verschiedener thermoplastischer Werkstoffe im Fügeprozess führt zu einer veränderten Größe bzw. Geometrie der resultierenden Schmelzzone (siehe 5.1.3). Durch die Betrachtung der Werkstoffe PA 6, PA 6.6 und PP konnten verschiedene thermo-physikalische Werkstoffeigenschaften im Verbund mit EN AW 6082 bzw. 1.4301 untersucht und hinsichtlich der entstehenden Fügezone charakterisiert werden. Eine getrennte Betrachtung zur Gewichtung der verschiedenen Einflussgrößen setzt dabei voraus, dass die Komponenten Wärmeleitfähigkeit λ, spezifische Wärmekapazität c_p, Dichte ρ, Schmelzintervall (T_{pm}, ΔT) sowie Schmelzenthalpie ΔH frei gewählt werden können. Da dies im Experiment nicht möglich ist, werden nachfolgende Betrachtungen auf Basis der numerischen Simulation unter Einsatz des Modellwerkstoffes (siehe 4.2.5) durchgeführt. Die genannten Werkstoffeigenschaften des Modellwerkstoffes werden dafür in der Simulation entsprechend veränderlich gestaltet.

Entsprechend den Vorbetrachtungen der Temperaturleitfähigkeit ($a = \lambda \cdot \rho^{-1} \cdot c_p^{-1}$) als Hilfsgröße (siehe 4.2.5) erfolgt die Analyse von Dividend λ und Divisor ($\rho \cdot c_p$) in ihrer Wirkung auf die Schmelzzone. Abbildung 5-45 bildet die Kurvenschar für beide Komponenten ab. Die Schmelzzonendicke folgt dem Kehrwert des Produktes ($\rho \cdot c_p$), d. h. für steigende Werte nimmt die Größe der Schmelzzone ab. Eine größere Dichte bzw. spezifische Wärmekapazität erfordert einen höheren Energieeintrag, um die erforderliche Temperaturdifferenz bis zum Schmelzen des Werkstoffes zu überwinden, woraus kleinere Schmelzzonen resultieren. Demgegenüber führt eine Erhöhung der Wärmeleitfähigkeit zur Verschiebung der Kurven hin zu größeren Schmelzzonen, da eine schnellere Ausbreitung der Isothermen im Kunststoff stattfindet. Eine deutliche Erhöhung der Wärmeleitfähigkeit von 0,15 $W \cdot m^{-1} \cdot K^{-1}$ auf 0,35 $W \cdot m^{-1} \cdot K^{-1}$ resultiert beispielsweise in einer Zunahme der Schmelzzonendicke um 26 % bis 31 %. In Hinblick auf die Zersetzung des Kunststoffes geht damit allerdings keine signifikante Reduktion der Maximaltemperaturen in der Grenzfläche einher ($\Delta T \leq 10$ K). Gleichzeitig ändert sich der Durchmesser der Schmelzzone ebenfalls um höchstens 12 %, woraus sich ein untergeordneter Einfluss auf das Temperaturfeld des Metalls durch die Wärmeleitfähigkeit des Kunststoffs ableiten lässt. Das erfordert eine nähere Betrachtung der Wechselwirkung zwischen Schmelzzonengeometrie und Temperaturleitfähigkeit.

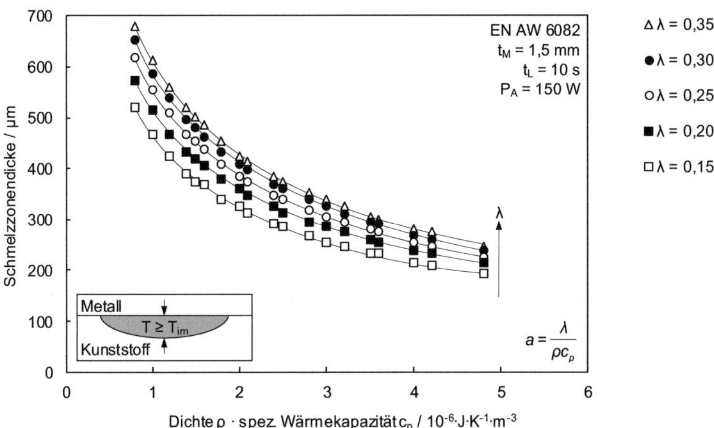

Abbildung 5-45 Einfluss der Temperaturleitfähigkeit auf die Schmelzzonendicke anhand der Wärmeleitfähigkeit λ und dem Produkt $\rho \cdot c_p$ (T_{im} = 200 °C)

Abbildung 5-46 stellt die resultierende Schmelzzone für einen Fügeparameter anhand unterschiedlicher Variationen von Werkstoffeigenschaften dar. Als Ausgangszustand wird eine absorbierte Laserstrahlleistung von 150 W angenommen, was für die gegebenen Werkstoffeigenschaften in einer Schmelzzone mit einem Durchmesser von ca. 8,3 mm und einer Schmelzzonendicke von ca. 425 µm resultiert (a). Eine Erhöhung der Wärmeleitfähigkeit des Kunststoffes von 0,15 $W \cdot m^{-1} \cdot K^{-1}$ auf 0,35 $W \cdot m^{-1} \cdot K^{-1}$ beeinflusst das Temperaturfeld im metallischen Werkstoff wie beschrieben nur untergeordnet. Es kommt deshalb nicht zu einer signifikanten Vergrößerung der Anbindungsfläche an der Grenzfläche, sondern vorrangig zu einer tieferen Schmelzzone (b). Demgegenüber führt eine Veränderung der beiden Faktoren Dichte ρ und spezifische Wärmekapazität c_p bei konstanter Temperaturleitfähigkeit a und konstanter Wärmeleitfähigkeit zu keiner Änderung der resultierenden Schmelzzone (b und c). Wird neben dem Produkt aus Dichte und spezifischer Wärmekapazität auch die Wärmeleitfähigkeit selbst variiert, so ergibt sich bei konstanter Temperaturleitfähigkeit eine abweichende Ausprägung der Schmelzzone (d und e). Am Beispiel von $a = 1 \cdot 10^{-7}$ $m^2 \cdot s^{-1}$ = const. nimmt die Schmelzzone in Durchmesser um ca. 19 % und Dicke um ca. 24 % zu. Daraus lässt sich folgern, dass die gegenseitige Beeinflussung der Wärmeleitfähigkeit mit dem Produkt aus Dichte und spezifischer Wärmekapazität bei gleicher Temperaturleitfähigkeit einen eindeutigen Einfluss auf die resultierende Schmelzzone hat. Eine Beschränkung der Betrachtungen auf Basis der Temperaturleitfähigkeit ist damit nicht ausreichend.

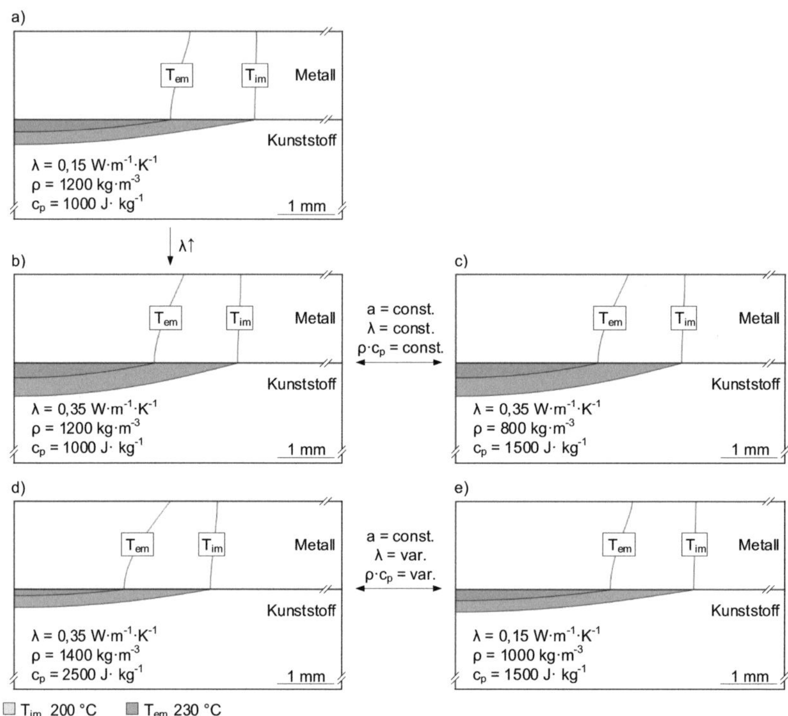

Abbildung 5-46 Ausbildung der Schmelzzone in Abhängigkeit der Temperaturleitfähigkeit und ihrer Komponenten (P_A = 150 W, EN AW 6082, t_L = 10 s, t_M = 1,5 mm)

Neben der Temperaturleitfähigkeit und ihren Einflussgrößen befassen sich weitergehende Untersuchungen mit dem Einfluss der Schmelzintervallbreite ΔT sowie der Schmelzenthalpie ΔH in Abhängigkeit der Schmelztemperatur T_{pm}. Diese Eigenschaften wurden in den bisherigen Betrachtungen zur Sensitivität nicht variiert, weshalb ihre Bedeutung für die Ausbildung der Schmelzzone nachfolgend betrachtet wird.

In Abbildung 5-47a ist die Schmelzzonendicke in Abhängigkeit der Schmelzintervallbreite ΔT (T_{em}-T_{im}) für Schmelztemperaturen von 150 °C bis 275 °C dargestellt. Die Kurvenschar wird mit steigender Schmelztemperatur pro 25 K um ca. 200 µm näherungsweise parallel verschoben, wodurch die Bedeutung der Schmelztemperatur als zentrale Einflussgröße unterstrichen wird. Mit zunehmender Breite des Schmelzintervalls senkt sich deren Anfangstemperatur ab, weshalb die Dicke der Schmelzzone im betrachteten Bereich linear ansteigt.

Die Bedeutung der Schmelzenthalpie ist in Abbildung 5-47b im Bereich von 30 $J \cdot g^{-1}$ bis 70 $J \cdot g^{-1}$ veranschaulicht. Für niedrige Schmelztemperaturen (T_{pm} = 150 °C), die in der größten Schmelzzonendicke resultieren, beträgt über den gesamten betrachteten Bereich der Schmelzenthalpie nur ca. 6 %. Für hohe Schmelztemperaturen (T_{pm} = 275 C) kann demgegenüber kein Einfluss auf die Ausbreitung der Isothermen festgestellt werden. Damit ist der Einfluss als untergeordnet einzustufen und ist gegenüber der Schmelztemperatur vernachlässigbar.

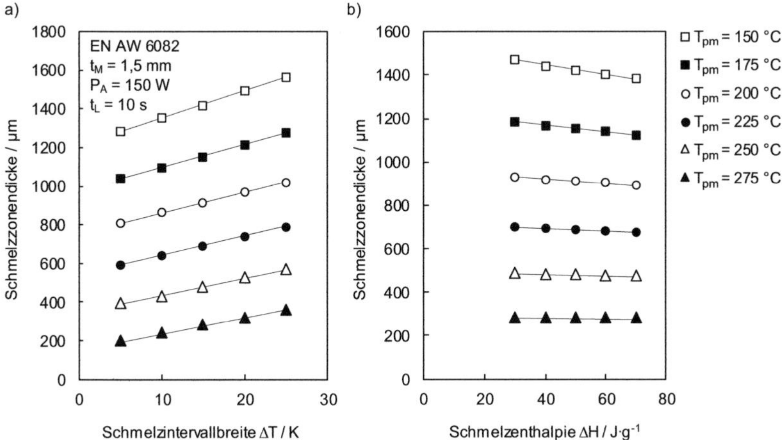

Abbildung 5-47 Einfluss der a) Schmelzintervallbreite ΔT (mit $\Delta H = 50\ J \cdot g^{-1}$ = const.) und b) der Schmelzenthalpie ΔH (mit ΔT = 15 K = const.) in Abhängigkeit der Schmelztemperatur T_{pm} (P_A = 150 W, EN AW 6082, t_L = 10 s, t_M = 1,5 mm)

Zusammenfassend können die Komponenten der Temperaturleitfähigkeit sowie die Schmelztemperatur als maßgebliche Einflussgrößen festgehalten werden. Die Schmelzintervallbreite sorgt aufgrund der Verschiebung der Anfangstemperatur für eine größere Schmelzzone, wohingegen die Schmelzenthalpie aufgrund der geringen geschmolzenen Volumina nur untergeordneten Einfluss aufweist.

Aufbauend auf den Untersuchungen zur geometrischen Ausbildung der Schmelzzone wird nachfolgend der Prozesseinfluss auf die zugehörige Morphologie näher betrachtet.

5.1.14 Morphologie der Schmelzzone im Kunststoff

Der thermische Fügeprozess und die damit verbundenen Vorgänge von Schmelzen und Erstarren üben auch einen Einfluss auf die Morphologie der thermoplastischen Kunststoffe aus. Die Schmelzzone im Kunststoff erstreckt sich dabei von der Grenzfläche bis in den Grundwerkstoff hinein und verfügt aufgrund des Temperaturgradienten sowie der mechanischen Beanspruchung über verschiedene Bereiche. Die Phänomene werden eingangs für die betrachteten Polyamide am Beispiel PA 6.6 dargestellt und die morphologische Ausprägung von PP nachfolgend abgegrenzt.

Eine Betrachtung der Morphologie erfolgt anhand charakteristischer Bereiche in Abbildung 5-48a-c. An der Grenzflächenschicht (a) stehen Metall und Kunststoff direkt in Kontakt, weshalb dieser Bereich von besonderem Interesse für die Verbundherstellung ist. Für hinreichend lange Fügezeiten wie im gewählten Beispiel liegt der Kunststoff in diesem Bereich vollständig geschmolzen vor. Die Morphologie weist dabei keine amorphe Randschicht oder vergleichbare Phänomene in Richtung der Grenzfläche auf, da eine hinreichend langsame Abkühlung zur Ausbildung von Überstrukturen durch das Temperaturfeld im metallischen Fügepartner sichergestellt ist. Die sphärolithischen Überstrukturen bilden sich auch in den Oberflächenstrukturen des metallischen Werkstoffes aus und schließen unmittelbar an Blasen in der Fügezone an. Dieses Verhalten zeigt sich entlang der gesamten Grenzfläche, d. h. auch im äußeren Bereich des maximalen Schmelzzonendurchmessers. Entsprechend zu den bisherigen Betrachtungen zeigt sich eine vollständige Strukturfüllung.

Weiterführend wird der Übergang von der Schmelzzone zum Grundwerkstoff betrachtet (Abbildung 5-48b). Die Größenordnung des dargestellten Bereiches legt nahe, dass unter Berücksichtigung der numerischen Simulation sowie des Halbschnittversuchsstandes in der Schmelzzone nur partiell geschmolzenes Material vorliegt. Auffallend ist, dass eine Auswirkung der partiell geschmolzenen Sphärolithe nur in einem Bereich von ca. 50 µm im direkten Übergang zum festen Grundwerkstoff erkennbar ist. Trotz des unvollständigen Schmelzens sind keine Überstrukturreste in der weiteren Schmelzzone ersichtlich. Mit einsetzender Abkühlung beginnt Erstarrung der Schmelzzone aufgrund des großen Temperaturgradienten am Übergang zum Grundwerkstoff. Bedingt durch die starken physikalischen Wechselwirkungen zwischen den Molekülketten der schmelzflüssigen Phase und den noch bestehenden kristallinen Bereichen partiell geschmolzener Sphärolithe, ergibt sich eine hohe Keimbildungsrate, die zur Ausbildung einer feinsphärolithischen Zone führt. Aus Richtung des Grundwerkstoffes kommend lösen sich die Grenzen der partiell geschmolzenen Sphärolithe auf und gehen nahtlos in den feinsphärolithischen Bereich und in die weitere Schmelzzone über.

a) PA 6.6 an der Grenzfläche (Position 1)

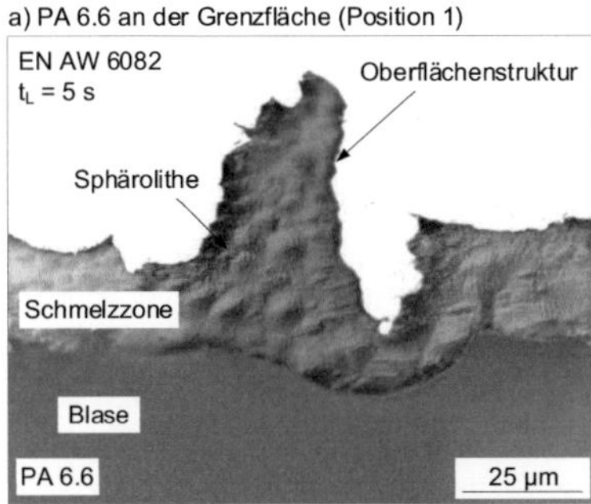

b) PA 6.6 am Rand Schmelzzone (Position 2)

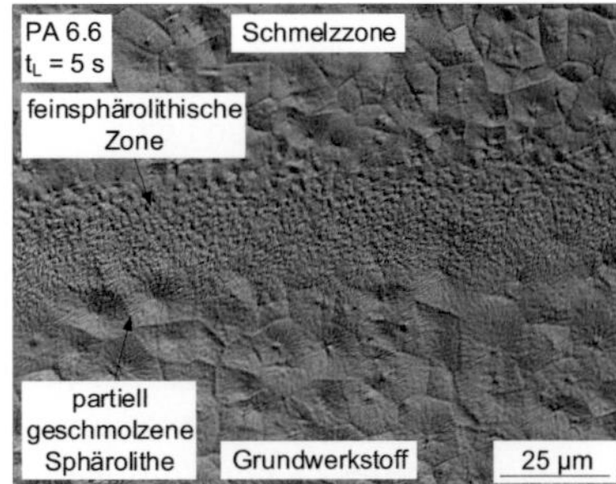

c) PA 6.6 an der Seite Schmelzzone (Position 3)

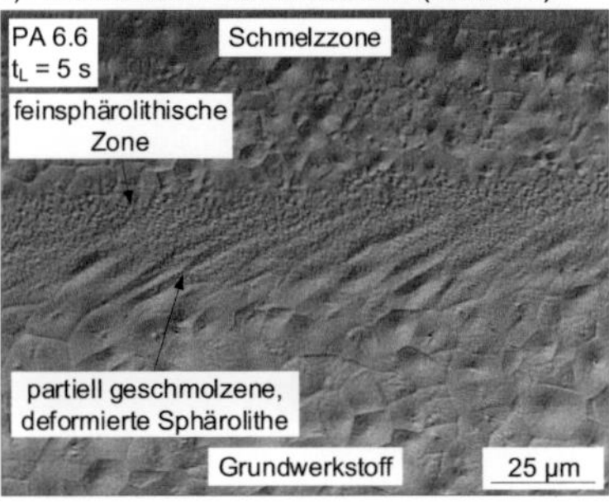

d) PP am Rand der Schmelzzone (Position 2)

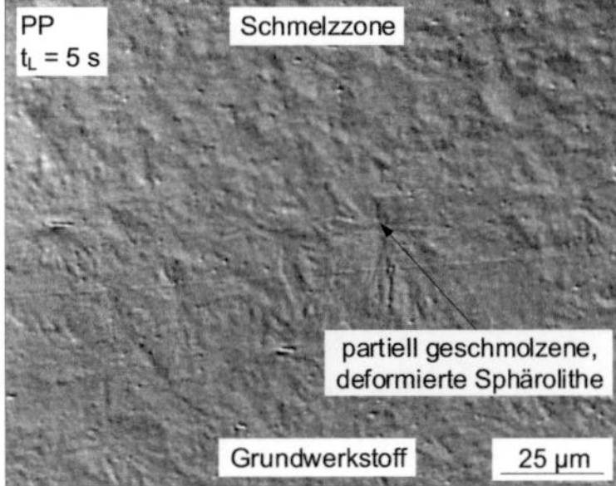

Metall 1
Kunststoff 2 3

1: Grenzfläche
2: Rand der Schmelzzone
3: Seite Schmelzzone

Abbildung 5-48 Morphologie der Schmelzzone von PA 6.6 (a-c) sowie für PP (d) an charakteristischen Positionen (EN AW 6082, $t_L = 5$ s, $P_L = 1000$ W)

Das seitliche Randgebiet der Schmelze (c) weist dabei dieselben Bereiche wie (b) auf. Aus der Schmelzzone kommend tritt ein feinsphärolithischer Bereich auf, der in partiell geschmolzene Sphärolithe und den Grundwerkstoff übergeht. Durch die Volumenzunahme im Phasenübergang fest-flüssig resultiert allerdings eine Bewegung der Schmelze. Die partiell geschmolzenen Sphärolithe im Übergang zum Grundwerksoff werden dabei auf Scherung beansprucht und entsprechend der Strömungsrichtung deformiert. Der Effekt ist im seitlichen Randbereich der Schmelzzone, wo die größte Bewegung auftritt, deutlich erkennbar. Damit wird auch verdeutlicht, wie weit die Überreste der partiell geschmolzenen Überstrukturen noch in die feinsphärolithische Zone hineinreichen, an denen die Erstarrung beginnt. Vergleichbare Effekte zur Umformung partiell geschmolzener Überstrukturen sind u. a. auch vom Extrusionsschweißen bekannt (siehe 2.2.4).

Gegenüber Polyamiden weist PP in Ermangelung funktioneller Gruppen zur Unterstützung der Keimbildungsrate keine feinsphärolithische Struktur im Bereich des Übergangs Schmelzzone-Grundwerkstoff auf. Abbildung 5-48d stellt den Übergang zwischen Schmelzzone und Grundwerkstoff auf derselben Höhe wie in (c) dar. Aus dem Halbschnittversuchsstand ist bekannt, dass die Erstarrung aufgrund des großen Temperaturgradienten überwiegend im Übergang zum Grundwerkstoff beginnt, sich allerdings unter hohen Kristallisationsgeschwindigkeiten unregelmäßig ausbreitet. Dabei bilden die partiell geschmolzenen Sphärolithe der Schmelzzone den Übergang in den Grundwerkstoff hinein. Die weiteren Mechanismen wie eine Deformation im seitlichen Randgebiet der Schmelzzone oder die Ausbildung von teilkristallinen Überstrukturen im Bereich der Grenzfläche sind vergleichbar zu den betrachteten Polyamid-Werkstoffen.

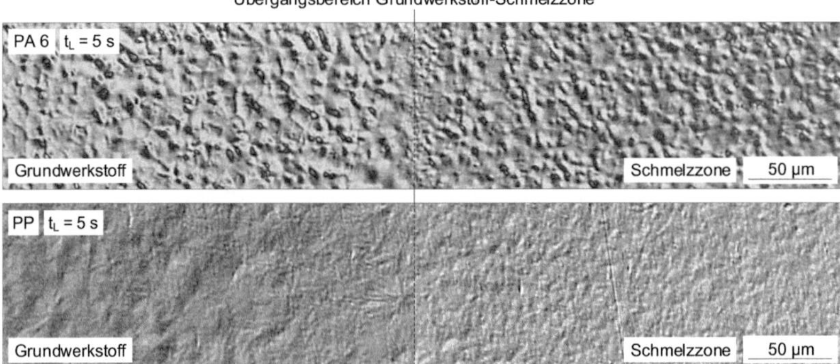

Abbildung 5-49 Qualitativer Vergleich der Morphologie am Beispiel PA 6 und PP (EN AW 6082, t_L = 5 s, P_L = 1000 W)

Der Fügeprozess kann damit auch Einfluss auf die Größenverteilung der Sphärolithe nehmen, was in Abbildung 5-49 qualitativ für PA 6 und PP dargestellt wird. Im Sinne einer verbesserten Darstellung ist die Anordnung um 90° gedreht abgebildet. Auf der linken Seite befindet sich der Grundwerkstoff, auf der rechten Seite die Schmelzzone. Die Markierung des Übergangsbereiches dient als Anhaltspunkt zur Orientierung und wurde bei PA 6 im Bereich der feinsphärolithischen Zone und bei PP an der Grenze des partiell geschmolzenen Kunststoffes angelegt. Beide Werkstoffe weisen in der Schmelzzone dabei tendenziell kleinere bzw. veränderte Strukturen gegenüber dem Grundwerkstoff auf, da der Erstarrungsvorgang im Fügeprozess beeinflusst wird und im Vergleich zum Herstellungsprozess mit einem anderen Zeit-Temperatur-Regime abläuft. Neben der Größe der Überstrukturen und dem Kristallisationsgrad kann es auch zu einer Veränderung der jeweiligen Kristallmodifikation im Polymer bzw. unterschiedlicher Anteile der Modifikationen kommen, bspw. für das Verhältnis von α- zu β-Polypropylen. Im jeweiligen Gebiet, d. h. der Schmelzzone bzw. dem Grundwerkstoff, erscheinen die Strukturen gleichmäßig verteilt. Daraus lässt sich folgern, dass eine Änderung der Prozessführung und die daraus resultierende Auswirkung auf das Temperaturfeld während der Erstarrung damit auch zur Beeinflussung der Morphologie und Modifikation innerhalb der Schmelzzone genutzt werden kann, um Einfluss auf die Eigenschaften des jeweiligen Kunststoffes zu nehmen.

Die dargestellten Ergebnisse zur Mikrostruktur lassen noch keine quantitative Aussage zu veränderten Werkstoffeigenschaften zu. Aus diesem Grund werden weitere Betrachtungen des thermoplastischen sowie metallischen Werkstoffes durchgeführt.

5.1.15 Modifikation der Eigenschaften im Fügeprozess

Übergeordnet zur Schmelzzone sollen die Eigenschaften der gesamten Fügezone innerhalb der Werkstoffe und ihre Beeinflussung durch den thermischen Fügeprozess erfasst werden. Aufbauend auf der Modellvorstellung der Fügezone (siehe 0) werden das Metall sowie der Kunststoff einer weitergehenden Betrachtung unterzogen. Um eine quantitative Ermittlung der Bereiche bzw. Einflüsse zu ermöglichen, werden Untersuchungen mittels Härteprüfungen, thermischen Analysen sowie Röntgendiffraktometrie durchgeführt.

Mit Überschreitung der Temperatur T_{WEZ} kann es im metallischen Fügepartner zu einer bleibenden Veränderung des Werkstoffes aufgrund einer Wärmebehandlung kommen. Abbildung 5-50 stellt flächendeckende Härteprüfungen für die Werkstoffe 1.4301 (a) sowie EN AW 6082 (b) dar. Aufgrund der Materialcharakteristik kann für die Maximaltemperaturen von ca. 513 °C (ermittelt aus der numerischen Simulation) bei P_L = 150 W und t_L = 5 s keine Veränderung der Eigenschaften des hochlegierten Stahls festgestellt werden. Demgegenüber weist die Aluminiumlegierung eine deutlich erkennbare Wärmeeinflusszone mit reduziertem Härteniveau gegenüber dem Ausgangszustand T6 auf. Die Ausbreitung der Wärmeeinflusszone entspricht dabei näherungsweise der Wechselwirkungszone des Laserstrahls mit der Metalloberfläche, wo mittels numerischer Simulation Temperaturen von ca. 450 °C bis ca. 340 °C ermittelt werden konnten. Dieser Temperaturbereich sowie die hohen Heizraten (bei Prozessbeginn bis zu 600 $K{\cdot}s^{-1}$) für die betrachteten Parameter im Laserstrahlprozess führen zu einer Wärmebehandlung in ausgehärteten Aluminiumwerkstoffen und der erkennbaren Härteabnahme (siehe 2.1.5). Aufgrund der deutlich höheren Heizrate gegenüber den im Stand der Technik beschriebenen 100 $K{\cdot}s^{-1}$ ist eine zeitliche Beschleunigung der werkstofflichen Vorgänge anzunehmen. Das reduzierte Härteniveau deutet dabei auf eine Entfestigung der Aluminiumlegierungen aufgrund der Wärmebehandlung hin, die auch in der Wärmeeinflusszone von Schweißprozessen festgestellt wird (siehe 2.1.5). Die Temperaturverteilung ist aufgrund der hohen Wärmeleitfähigkeit von EN AW 6082 über die Materialstärke nahezu konstant, was die gleichmäßige Verringerung der Härte um ca. 50 % erklärt. Damit kann in Abhängigkeit der

Werkstoffeigenschaften eine bleibende Veränderung des metallischen Fügepartners festgestellt werden.

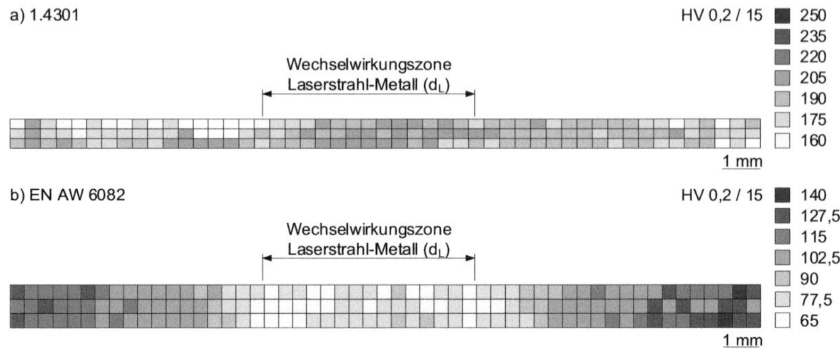

Abbildung 5-50 Härteprüfung an a) 1.4301 (P_L = 150 W, t_L = 5 s) und b) EN AW 6082 (P_L = 1000 W, t_L = 10 s)

Die Härteprüfung im Kunststoff wurde einerseits für einen Vergleich zwischen Schmelzzone, partiell geschmolzener Zone sowie Grundwerkstoff durchgeführt und andererseits zur Ermittlung einer auftretenden Wärmeeinflusszone. Die Prüfeindrücke haben dabei einen Abstand von mindestens 125 µm (2,5-facher Durchmesser der Eindruckdiagonale), weshalb die Härtebestimmung nur an ausgewählten Positionen durchgeführt wurde. Damit wurde gegenüber einer Reihenmessung sichergestellt, dass die betreffenden Zonen trotz ihrer geringen Größe erfasst werden. Um einen Fehlereinfluss des physikalischen Ätzvorganges durch ein oberflächliches Abtragen der amorphen Bereiche auf das Ergebnis zu vermeiden, wurden die Untersuchungen an nicht geätzten Proben durchgeführt. Aufgrund des optischen Erscheinungsbildes in der Härteprüfung konnten dabei nur Untersuchungen an PA 6 und PA 6.6 durchgeführt werden.

Abbildung 5-51 stellt das Härteniveau der unterschiedlichen Zonen für beide Polyamide dar. Bei PA 6 (a) sowie bei PA 6.6 (b) nimmt das Härteniveau ausgehend von der Schmelzzone bis zur Wärmeeinflusszone tendenziell zu. Die Härte der Wärmeeinflusszone, die direkt an die feinsphärolithische Zone und den partiell geschmolzenen Bereich angrenzt, liegt bei PA 6 ca. 13 % und bei PA 6.6 ca. 26 % oberhalb der Schmelzzone. Gegenüber dem Grundwerkstoff wird jeweils ein um ca. 10 % bzw. ca. 14 % erhöhtes Härteniveau festgestellt. Die Ursache der Wärmeeinflusszone liegt in der Wärmebehandlung des an die partielle Schmelzzone angrenzenden thermoplastischen Werkstoffes bei Temperaturen unterhalb des Schmelzintervalls, aber oberhalb der Glasübergangstemperatur. Dadurch kommt es zur Sekundärkristallisation, die einen Härteanstieg verursacht. Ein Einfluss veränderter Kristallmodifikationen kann aufgrund nachfolgender XRD-Messungen ausgeschlossen werden. Die feinsphärolithische Zone zeigt tendenziell eine Härtezunahme gegenüber der vollständig geschmolzenen Zone. Dieser Effekt kann in der wesentlich verringerten Sphärolithgröße sowie der Wärmebehandlung von partiell geschmolzenen Überstrukturen in Richtung Grundwerkstoff liegen, allerdings werden in der Härteprüfung beide Bereiche der partiell geschmolzenen Struktur erfasst, weshalb keine eindeutige Abgrenzung der Effekte möglich ist. Die Härteprüfung legt an dieser Stelle das Vorhandensein einer Wärmeeinflusszone aus der unter 0 vorgestellten Modellvorstellung nahe.

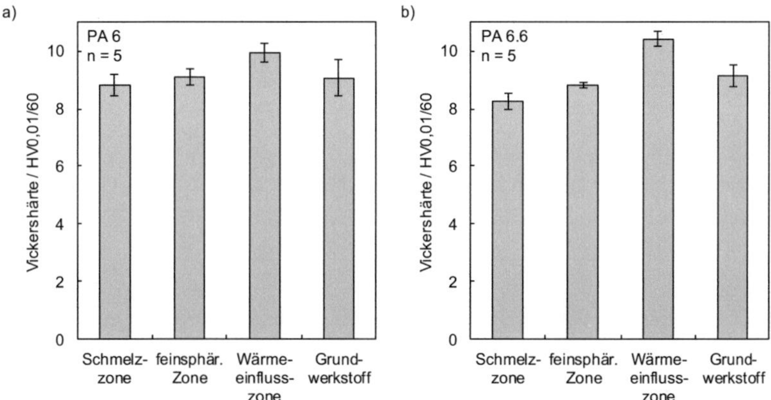

Abbildung 5-51 Härteprüfung der Schmelzzone für a) PA 6 und b) PA 6.6 (t_L = 10 s, EN AW 6082, P_L = 1000 W)

Bei einer Betrachtung des Härteniveaus der Schmelzzone gegenüber dem Grundwerkstoff kann für PA 6 ein vergleichbares Niveau festgestellt werden, bei PA 6.6 liegt die Härte der Schmelzzone ca. 0,9 HV unter dem Grundwerkstoff. Das deutet zumindest für PA 6.6 auf veränderte Werkstoffeigenschaften in diesem Bereich hin.

Ein Vergleich zwischen Schmelzzone und thermoplastischem Grundwerkstoff wird auf Grundlage von DSC-Analysen (siehe 4.3.5) getätigt. Um eine ortsaufgelöste Betrachtung durchführen zu können, werden Dünnschnitte mit einer Dicke von 50 µm in einer Tiefe von 150 µm (grenzflächennah) sowie 300 µm (Zentrum Schmelzzone) verwendet. Mittels numerischer Simulation wurde verifiziert, dass die Dünnschnitte immer im Bereich vollständig geschmolzenen Materials liegen. Um die Aussagefähigkeit der DSC-Analysen sicherzustellen, wurde die Materialstärke der Dünnschnitte so festgelegt, dass jeweils mehrere Überstrukturen sicher erfasst werden. Auf eine Probenentnahme zur Erfassung des feinsphärolithische Zone sowie der Wärmeeinflusszone wird aufgrund der geringen Größe dieser Bereiche verzichtet.

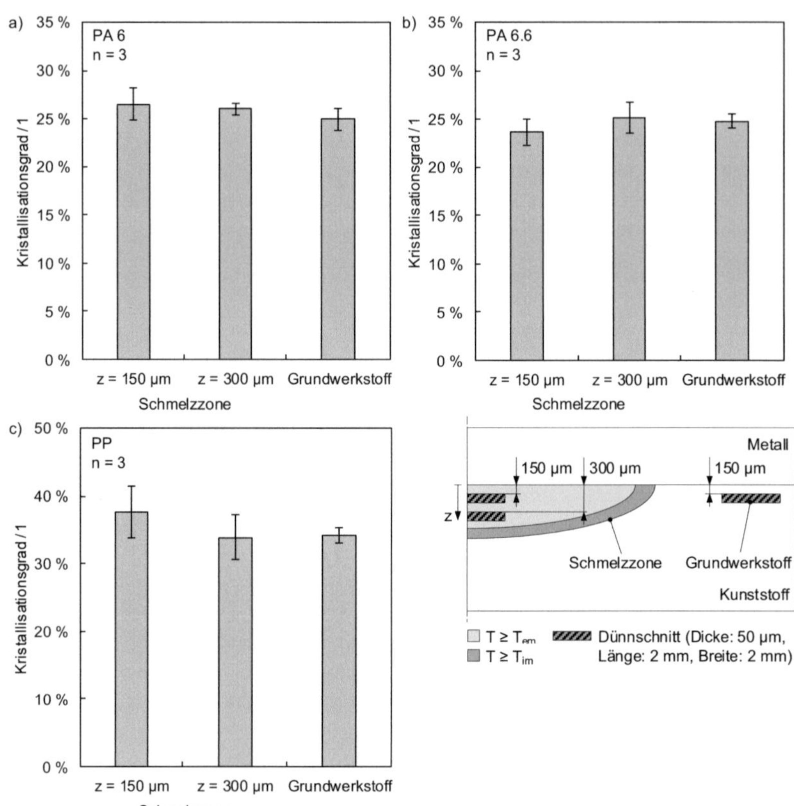

Abbildung 5-52 Vergleich des Kristallisationsgrad in Schmelzzone und Grundwerkstoff (t_L = 10 s, P_L = 1000 W, EN AW 6082, Heizrate: 10 K·min^{-1})

Aufgrund des großen Einflusses auf die mechanischen Eigenschaften des Kunststoffs (siehe 2.2.2) wird der Kristallisationsgrad in Abbildung 5-52 für PA 6 (a), PA 6.6 (b) und PP (c) gegenübergestellt. PA 6 (a) zeigt im Mittelwert einen leicht erhöhten Kristallisationsgrad von 26,56 % ± 1,6 % gegenüber dem Grundwerkstoff mit ca. 24,99 % ± 1,1 %. Innerhalb der Schmelzzone zeigen sich keine wesentlichen Unterschiede. PA 6.6 (b) verfügt über ein etwas verringertes Niveau im oberen Bereich der Schmelzzone (23,65 % ± 1,4 % zu 24,81 % ± 0,7 %), aufgrund überlappender Standardabweichungen ist allerdings kein eindeutiger Effekt festzustellen. Die Härtemessungen beider Polyamide liefern dabei vergleichbare Ergebnisse zur Betrachtung des Kristallisationsgrades. PP (c) weist in der Schmelzzone deutlich erhöhte Streubreiten gegenüber dem Grundwerkstoff auf. Die unregelmäßigen Erstarrungsbedingungen (siehe 5.1.6) können dafür ursächlich sein. Daher wird auch im Mittel erhöhte Kristallisationsgrad der Schmelzzone bei einer Tiefe von 150 µm gegenüber einer Tiefe von 300 µm oder dem Grundwerkstoff keine wesentliche Bedeutung zugerechnet, allerdings ist das Vorliegen inhomogener Eigenschaftsprofile innerhalb einer Fügenaht bei PP gegenüber Polyamiden als erhöht anzunehmen. Aufgrund des isotaktischen Aufbaus weist PP gegenüber PA 6 und PA 6.6 deutlich gesteigerte Kristallisationsgrade von bis zu 42,7 % in der Schmelzzone auf.

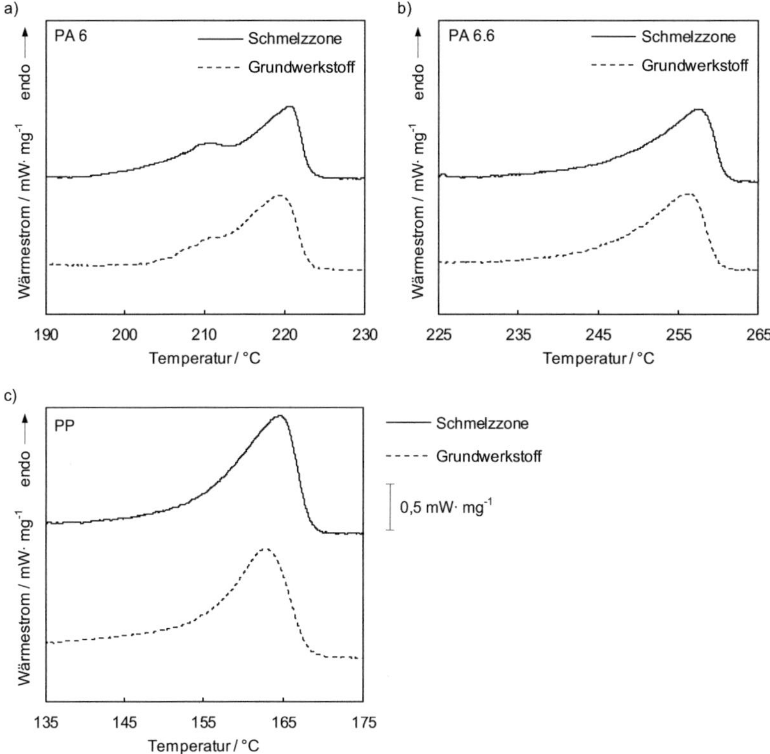

Abbildung 5-53 Vergleich zwischen Schmelzzone und Grundwerkstoff anhand charakteristischer DSC-Kurven (Schmelzintervall, ermittelt durch Dünnschnitt 50 µm, Probenentnahme in einer Tiefe von 150 µm, t_L = 10 s, P_L = 1000 W, EN AW 6082)

Der Vergleich charakteristischer DSC-Kurven (Aufheizphase) zwischen Schmelzzone und Grundwerkstoff ermöglicht eine weitere Beschreibung der werkstofflichen Veränderungen (Abbildung 5-53). Für alle betrachteten Werkstoffe ist eine Verschiebung der Schmelztemperatur im Bereich von ca. 0,5 K bis ca. 0,8 K in Richtung niedriger

Temperaturen erkennbar. Das weist auf eine verringerte Lamellendicke bzw. eine imperfekte Ausbildung der Kristallite hin (siehe 2.2.1). Die Betrachtung der Morphologie unter 5.1.14 unterstützt diese Annahme aufgrund der tendenziell kleiner ausgebildeten Strukturen gegenüber dem Grundwerkstoff. PA 6 (a) verfügt darüber hinaus über einen zweiten Peak des Schmelzintervalls bei ca. 210 °C, der auf das Vorliegen der γ-Modifikation hinweist (siehe 2.2.1). Dieser Peak ist in der Schmelzzone stärker ausgeprägt als im Grundwerkstoff, weshalb an dieser Stelle von einem Einfluss des Fügeprozesses auf die Kristallmodifikation ausgegangen werden kann. Ein alternativer Erklärungsansatz ist eine auftretende Sekundärkristallisation, die ebenfalls ursächlich für einen zweiten Peak im Schmelzintervall sein kann (siehe 2.2.1). Eine Eingrenzung der vorliegenden Effekte kann dabei nicht mehr über DSC-Messungen vorgenommen werden, weshalb eine nähere Betrachtung der relevanten Bereiche mittels Röntgendiffraktometrie am Beispiel PA 6 erfolgt.

Die Charakterisierung mittels XRD erfolgt anhand der charakteristischen Peaks der jeweiligen Kristallmodifikationen (siehe 2.2.1). Abbildung 5-54 stellt die Diffraktogramme für fünf Messpositionen dar: Dem Grundwerkstoff in vergleichbarer Position zur Schmelzzone (0), dem Grundwerkstoff aus der Probenmitte (1), dem unmittelbar an die Schmelzzone angrenzenden Bereich inklusive Wärmeeinflusszone (2) sowie den Bereichen der überwiegend partiell (3) bzw. überwiegend vollständig geschmolzenen Zone (4).

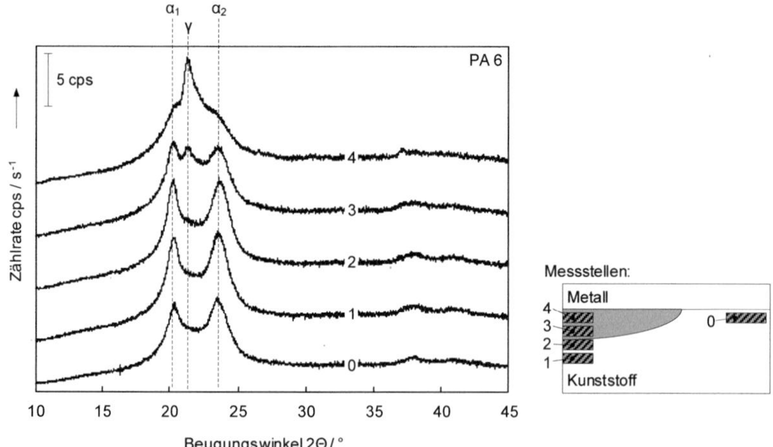

Abbildung 5-54 XRD-Messungen zur ortsabhängigen Charakterisierung der Kristallmodifikation bei PA 6 (t_L = 10 s, P_L = 1000 W, EN AW 6082)

Der Grundwerkstoff in vergleichbarer Position zur Schmelzzone (0) verfügt über eine ausgeprägte α-Modifikation. Der Bereich zwischen den Peaks α_1 und α_2 ist weniger deutlich ausgeprägt, weshalb von einem untergeordneten Anteil von γ-Kristallen ausgegangen werden kann. Damit ist der betrachtete Randbereich vergleichbar zur Position (1). Die etwas höheren Peaks deuten auf eine erhöhte Kristallinität hin, beispielsweise bedingt durch eine langsamere Abkühlung der Plattenmitte gegenüber den Randbereichen im Herstellungsprozess. In der Region der Wärmeeinflusszone (2) wird keine veränderte Kristallmodifikation festgestellt, allerdings weisen die Peaks eine höhere Intensität als der Grundwerkstoff in Position (0) oder (1) auf. Der Effekt kann auf die Sekundärkristallisation in diesem Bereich zurückgeführt werden, die auch als Ursache für eine Härtesteigerung in der Wärmeeinflusszone angenommen wurde.

In der Schmelzzone wurden die Bereiche (3) mit überwiegend partiell geschmolzenem Material sowie (4) mit überwiegend vollständig geschmolzenem Material betrachtet. In Zone (3) weisen die Peaks auf das Vorliegen einer Mischung aus α- und γ-Modifikation hin, die auf eine teilweise Neubildung der Kristallstrukturen sowie Überresten der Grundwerkstoffstruktur zurückgeführt werden. In (4) liegt überwiegend die γ-Modifikation vor, die ursprünglichen Peaks der α-Modifikation deuten sich darunterliegend an. Die verhältnismäßig hohen Abkühlgeschwindigkeiten können als ursächlich für die überwiegende Ausbildung der γ-Modifikation angenommen werden (siehe 2.2). Der in den DSC-Analysen ermittelte erste Peak (siehe Abbildung 5-56) kann damit auf die Ausbildung der γ-Modifikation zurückgeführt werden.

Die Betrachtungen verdeutlichen den Einfluss des Fügeprozesses auf die Eigenschaften der metallischen und thermoplastischen Fügepartner gegenüber den jeweiligen Grundwerkstoffen. Die Bereiche des Fügezonenmodells aus 0 konnten damit erfasst und entsprechend nachgewiesen werden. Dabei konnte das Vorliegen einer Wärmeeinflusszone sowie der Einfluss auf die morphologische Ausprägung der Schmelzzone gegenüber dem Grundwerkstoff gezeigt werden.

5.2 Untersuchungen an Linienverbindungen

5.2.1 Ausbildung der Füge- und Schmelzzone

Ausgehend von den modellhaften Untersuchungen an Punktverbindungen sowie der einhergehenden Beschreibung grundlegender Mechanismen und Effekte werden die Erkenntnisse auf die Herstellung von Linienverbindungen mit anwendungsnaher Fügegeometrie übertragen.

Basierend auf der Versuchsplanung (siehe 4.1.6) wurden Experimente an einer konstanten Überlappbreite von 16 mm durchgeführt und die Streckenenergie im Bereich von 200 $kJ \cdot m^{-1}$ bis 400 $kJ \cdot m^{-1}$ variiert. Auf eine weitergehende Untersuchung unter- bzw. oberhalb der betrachteten Streckenenergien wurde verzichtet, da keine vollständige Benetzung der Überlappbreite mehr gewährleistet bzw. der metallische Fügepartner geschmolzen wurde. Das sich ergebende Prozessfenster war für den Verbund aus EN AW 6082 mit allen drei Kunststoffen – PA 6, PA 6.6 und PP – vergleichbar.

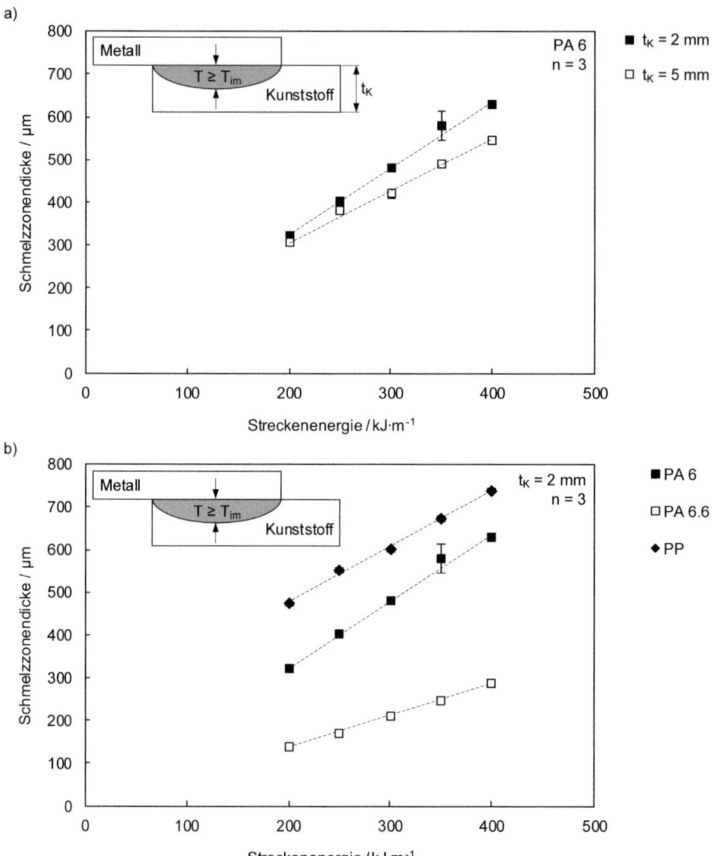

Abbildung 5-55 a) Einfluss der Materialstärke des Kunststoffes bzw. b) des Kunststoffes auf die Schmelzzonendicke bei Linienverbindungen (P_L = 1000 W, EN AW 6082)

Im Sinne einer anwendungsnahen Betrachtung werden auch die eingesetzten Materialstärken auf Seiten des Kunststoffes von 5 mm auf 2 mm verringert, d. h. die Bedingungen des halbunendlichen Körpers sind nicht mehr erfüllt und es ist ein Wärmestau innerhalb des Kunststoffes zu erwarten. Abbildung 5-55a stellt einen Vergleich zwischen beiden Materialstärken für PA 6 dar. Für eine Streckenenergie von

200 kJ·m^{-1} bildet sich für beide Materialstärken eine vergleichbar große Schmelzzone (306 µm ± 3 µm gegenüber 320 µm ± 6 µm) im Kunststoff aus. Mit zunehmender Streckenenergie, d. h. höherem Energieeintrag im Fügeprozess durch eine verringerte Fügegeschwindigkeit, steigt der Einfluss der Materialstärke aufgrund des sich stärker ausbildenden Wärmestaus im Kunststoff. Für die maximal betrachtete Streckenenergie (400 kJ·m^{-1}) ergibt sich daraus ein Unterschied von ca. 16 % in der Dicke der Schmelzzone zwischen beiden Materialstärken (630 µm ± 8 µm gegenüber 544 µm ± 8 µm).

Im Vergleich der drei Kunststoffe ergibt im betrachteten Streckenenergie-Intervall jeweils ein linear zunehmendes Wachstum der Schmelzzone (siehe Abbildung 5-55b). Qualitativ zeigt sich ein Verhalten wie für die Punktverbindungen, d. h. mit sinkenden Temperaturen des Schmelzintervalls bildet sich eine größere Schmelzzone aus. Während bei den Modellversuchen am halbunendlichen Körper (siehe 5.1.3) unter vergleichbarem Energieeintrag die Schmelzzonendicke von PP (ca. 780 µm) gegenüber PA 6.6 (ca. 530 µm) um den Faktor ca. 1,47 größer war, so wird bei Linienverbindungen für eine Streckenenergie von 400 kJ·m^{-1} eine ca. 2,6-fach größere Ausbildung der Schmelzzone vor. Einerseits bildet sich aufgrund der hohen Wärmeleitfähigkeit des Aluminiums ein vorlaufendes Temperaturfeld aus, andererseits kommt es zum Wärmestau im Kunststoff. Durch diese Effekte wird ein schnelleres Erreichen bzw. Überschreiten der deutlich niedrigeren Schmelzintervalltemperaturen von PP gegenüber PA 6 oder PA 6.6 ermöglicht.

Abbildung 5-56 stellt die Fügezone anhand der minimalen und maximalen Streckenenergie von 200 kJ·m^{-1} bzw. 400 kJ·m^{-1} gegenüber. In beiden Fällen erstreckt sich die Schmelzzone im Kunststoff über die gesamte Überlappbreite von 16 mm. Ausgehend von der Blechkante wurde eine Breite von 14 mm vor dem Fügeprozess strukturiert. Dieses Vorgehen stellt sicher, dass alle Oberflächenstrukturen innerhalb des Überlapps vollständig mit Kunststoff gefüllt sind und keine Kerben aufgrund von ungefüllten Strukturen außerhalb der Fügezone die mechanischen Eigenschaften des Verbundes nachteilig beeinflussen. Der am Rand des Überlapps auftretende Schmelzeaustrieb ist auf die Volumenzunahme im Phasenübergang (siehe 0) sowie den Fügedruck zurückzuführen, der einen Materialaustritt aus der Fügezone unterstützt. Mit steigender Streckenenergie wird mehr Material geschmolzen und es bildet sich ein deutlich größerer Wulst am Rand des Überlapps aus. Für beide Streckenenergien treten in der Schmelzzone vereinzelt Blasen auf, die während des Fügeprozesses auch teilweise in Richtung Schmelzeaustrieb transportiert werden. Entsprechend den Untersuchungen an Punktverbindungen wird davon ausgegangen, dass sich die Blasen während der Abkühlung von der Grenzfläche lösen, da ein mit Kunststoff gefüllter Spalt zwischen Blase und Grenzfläche vorliegt. Die Oberflächenstrukturen innerhalb der Fügezone sind dabei vollständig mit Kunststoff gefüllt.

Das Maximum der Schmelzzonendicke liegt in der Mitte des Überlapps und nimmt nach links bzw. rechts ab. In Richtung Metall bildet sich an der Probenkante des Kunststoffs ein Wärmestau aus, weshalb die Dicke der Schmelzzone an dieser Stelle wieder zunimmt. Durch das lineare Wachstum der Schmelzzone im betrachteten Streckenenergiebereich verdoppelt sich diese in ihrer Ausdehnung von ca. 320 µm bei 200 $kJ \cdot m^{-1}$ auf ca. 630 µm bei 400 $kJ \cdot m^{-1}$. Gleichzeitig dringt das Metall mit steigender Streckenenergie tiefer in den thermoplastischen Fügepartner ein, wodurch es zu einer Reduzierung des Kunststoffquerschnittes um ca. 5 % für die betrachteten Streckenenergien kommt.

Die Werkstoffe PA 6.6 und PP verhalten sich damit vergleichbar zu den bisherigen Betrachtungen bei Linienverbindungen. Darauf aufbauend wird kann eine weitere Betrachtung der Morphologie sowie das Herausarbeiten von Analogien zu den Untersuchungen an Punktverbindungen vorgenommen werden.

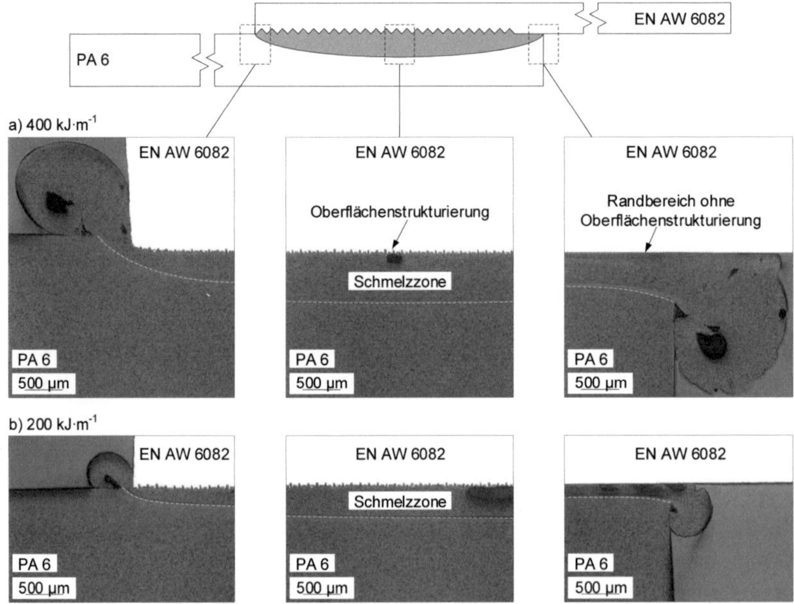

Abbildung 5-56 Materialographische Untersuchungen Streckenenergien von a) 400 $kJ \cdot m^{-1}$ und b) 200 $kJ \cdot m^{-1}$

5.2.2 Morphologie der Schmelzzone im Kunststoff

Die Morphologie der Schmelzzone im Kunststoff ist mit den Untersuchungen an Punktverbindungen (siehe 5.1.14) vergleichbar. Abbildung 5-57 stellt die charakteristische Morphologie anhand zweier Positionen für einen Verbund aus PA 6 mit EN AW 6082 exemplarisch dar. Im Randbereich des Überlapps ist ausgehend vom Grundwerkstoff eine Zone mit deformierten Sphärolithen, verursacht durch die Strömung der Schmelze, sowie eine feinsphärolithische Zone, bedingt durch den Einfluss der funktionellen Gruppen auf die Kristallisation bzw. Keimbildung, erkennbar. In Richtung Grenzfläche bilden sich die Sphärolithe gleichmäßig aus, auch innerhalb der metallischen Oberflächenstrukturen sind die Überstrukturen detektierbar, d. h. es gibt wiederrum keine amorphe Randschicht. Innerhalb der betrachteten Streckenenergien zwischen 200 $kJ{\cdot}m^{-1}$ bis 400 $kJ{\cdot}m^{-1}$ zeigte sich für alle Werkstoffe dabei ein zu den Punktverbindungen vergleichbares Bild und übereinstimmend auftretende Mechanismen.

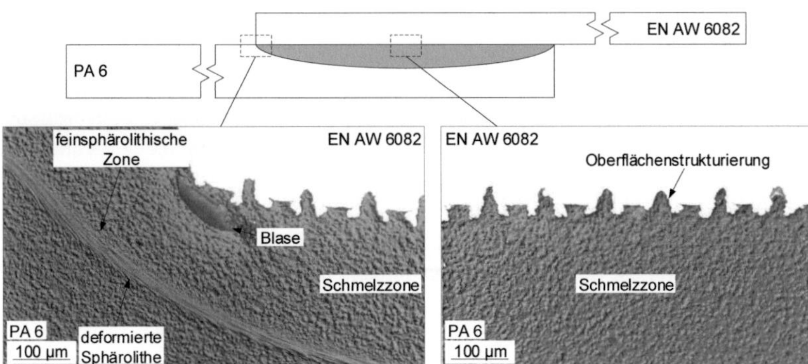

Abbildung 5-57 Darstellung der Morphologie der Linienverbunde ($E = 300\ kJ{\cdot}m^{-1}$, PA 6, EN AW 6082)

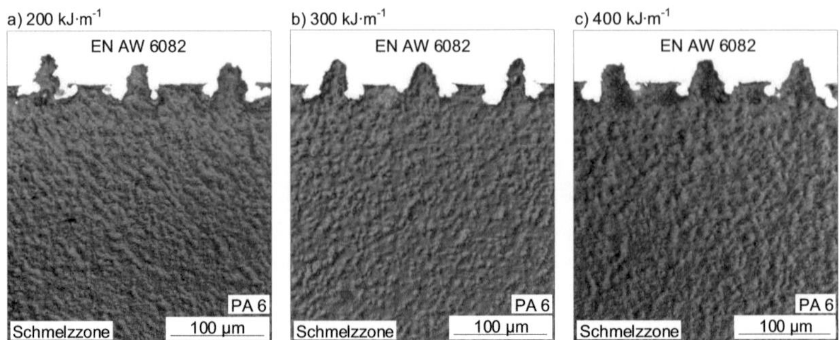

Abbildung 5-58 Vergleich der Sphärolithgrößen für die Streckenenergien a) 200 kJ·m^{-1} und b) 400 kJ·m^{-1}

Ein qualitativer Vergleich der Sphärolithgrößen innerhalb der Schmelzzone ist in Abhängigkeit der untersuchten Streckenenergie in Abbildung 5-58 dargestellt. Mit zunehmender Streckenenergie kann tendenziell eine Vergröberung der Überstrukturen identifiziert werden. Die größeren Überstrukturen können auf erhöhte Maximaltemperaturen bei steigender Streckenergie sowie eine daraus resultierende, verzögerte Abkühlung zurückgeführt werden (siehe 5.2.3). Dabei wird dem Kunststoff ein größeres Zeitintervall für die Ausbildung der Sphärolithe während der Erstarrung zur Verfügung gestellt und die Keimbildungsrate reduziert (siehe 2.2.1). Es ist allerdings festzuhalten, dass die Erfassung der Strukturgrößen als schwierig einzustufen ist. Durch das Abtragen der amorphen Bereiche werden die kristallinen Strukturen freigelegt, d. h. auch Effekte wie die Sekundärkristallisation könnten das optische Erscheinungsbild beeinflussen.

5.2.3 Modifikation der Eigenschaften im Fügeprozess

Weitergehend erfolgt die Betrachtung der Modifikation der Materialeigenschaften im Fügeprozess auf Grundlage der variierten Streckenenergie. Die Untersuchungen werden wie für die Punktverbindungen exemplarisch an PA 6 durchgeführt (siehe 5.1.15), da der Werkstoff hinsichtlich der eingesetzten Untersuchungsmethoden (DSC, XRD) eine eindeutige Aussage zu den auftretenden Effekten ermöglicht.

Auf eine weitergehende Betrachtung der Aluminiumlegierung gegenüber den Punktverbindungen wird an dieser Stelle verzichtet, da es wie in den bisherigen Untersuchungen zur Ausbildung einer Wärmeeinflusszone entsprechend der auftretenden Temperaturen, Verweilzeiten und Heizraten kommt. Demgegenüber wird der Kunststoff vertieft betrachtet, da bei diesem deutliche Änderungen der Eigenschaften im Vergleich zu Punktverbindungen bzw. deren Einstellung durch eine variierte Streckenenergie erwartet werden können. Darüber hinaus wird ein kohäsives Versagensverhalten des Kunststoffes angestrebt, d. h. der Verbund soll unter mechanischer Belastung im thermoplastischen Fügepartner versagen. Der Einfluss der Streckenenergie auf den Kunststoff kann sich damit auch auf die Eigenschaften des Gesamtverbundes im Versagensverhalten auswirken.

Abbildung 5-59 zeigt den Zeit-Temperatur-Verlauf in der Mitte des Verbundes für die minimal sowie die maximal betrachtete Streckenenergie. Zur besseren Vergleichbarkeit sind die Temperaturverläufe auf einen Zeitpunkt t = 0 referenziert, der nicht beim Prozessstart, sondern bei der Unterschreitung der Kristallisationstemperatur T_{pc} (siehe 5.1.1) während der Abkühlung liegt. Nach dem Prozessstart setzt sich der Laserstrahl in Bewegung und passiert während der Maximaltemperatur die Messstelle in der Grenzfläche bei der Hälfte der Fügenahtlänge. Mit steigender Streckenenergie nimmt dabei auch die Maximaltemperatur zu. Für eine Streckenenergie von 400 $kJ \cdot m^{-1}$ werden ca. 490 °C erreicht, wohingegen bei 200 $kJ \cdot m^{-1}$ eine Temperatur von ca. 375 °C nicht überschritten wird. Trotz Überschreitung der Zersetzungstemperatur bei hohen Streckenenergien werden bei PA 6 im Verbund mit EN AW 6082 nur vereinzelte Blasen innerhalb der Fügezone detektiert, bedingt durch das Ausgasen bzw. den Transport infolge des Schmelzeaustriebs an der begrenzten Überlappbreite (siehe Abbildung 5-56). Nachdem der Laserstrahlfokus die Messstelle passiert hat, nimmt die Temperatur ab und kühlt im weiteren Verlauf und nach dem Abschalten des Laserstrahls auf Umgebungstemperatur ab.

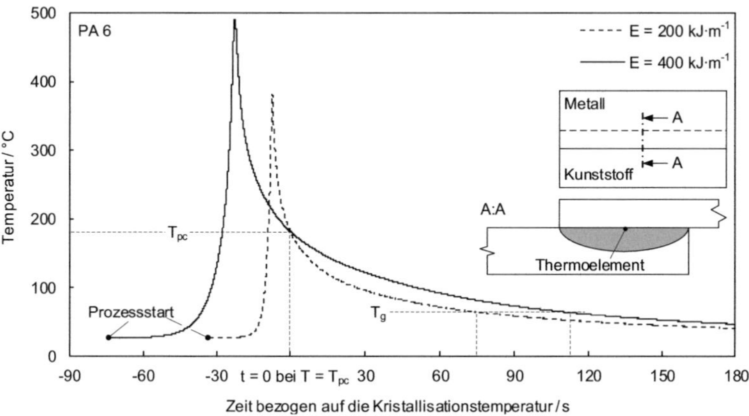

Abbildung 5-59 Zeit-Temperatur-Verlauf innerhalb der Fügezone für die betrachteten Streckenenergien

Ein Vergleich der Erstarrungszeiten im Kristallisationsintervall (191...153 °C für Heizrate 10 $K \cdot min^{-1}$) lässt darauf schließen, dass mit steigender Streckenenergie einerseits mehr Zeit für die Erstarrung zur Verfügung stehen kann, was sich auch in der tendenziellen Vergröberung der vorliegenden Überstrukturen andeutet (siehe 5.2.2). Eine präzise Ermittlung dieser Zeitintervalle ist aufgrund der großen Temperaturabhängigkeit des Kristallisationsintervalls von der Abkühlrate an dieser Stelle nicht zielführend, da dieses stark von der Streckenenergie selbst beeinflusst wird. Andererseits fällt die Temperatur im Intervall von der Kristallisationstemperatur bis zur Unterschreitung des Glasübergangs mit steigender Streckenenergie deutlich langsamer ab, d. h. es erfolgt in Abhängigkeit der Streckenenergie eine unterschiedlich ausgeprägte Wärmebehandlung der bereits erstarrten Schmelzzone.

Der Einfluss der Erstarrungsbedingungen innerhalb der Schmelzzone kann weitergehend anhand einer Härteprüfung betrachtet werden. Abbildung 5-60 stellt einen vergleichenden Härteverlauf zwischen der minimalen sowie maximalen Streckenenergie dar. Zur besseren Vergleichbarkeit wird auf der Ordinate die Härteänderung gegenüber dem Grundwerkstoff angegeben, dessen Niveau auf Basis von fünf Messungen und einer maximalen Standardabweichung von ± 0,17 HV0,01/60 ermittelt wurde. Auf der Abszisse wird der Nullpunkt an die direkte Grenze der Schmelzzone zum Grundwerkstoff gelegt. In Richtung Grundwerkstoff ist jeweils die Ausbildung einer Wärmeeinflusszone nachzuvollziehen. Aufgrund der längeren Zeit bei erhöhter Temperatur im Fügeprozess ist diese für hohe Streckenenergien weiter in Richtung Grundwerkstoff ausgedehnt bzw. fällt langsamer ab. Die maximal erreichte Härtedifferenz ist in beiden betrachteten Fällen ähnlich. Innerhalb der Schmelzzone wird für 400 $kJ \cdot m^{-1}$ ein leicht erhöhtes Härteniveau gegenüber dem Grundwerkstoff festgestellt, demgegenüber wird für 200 $kJ \cdot m^{-1}$ ein deutlich verringertes Härteniveau erreicht. Die Untersuchungen verdeutlichen, dass über die Streckenenergie ein Einfluss auf die Eigenschaften der Schmelzzone genommen werden kann, allerdings liefert die Härteprüfung keinen Rückschluss auf die zugrundeliegenden Mechanismen der veränderten Eigenschaften (bspw. Kristallisationsgrad oder Kristallmodifikation, siehe 2.2.2), weshalb weiterführende Untersuchungen durchgeführt werden.

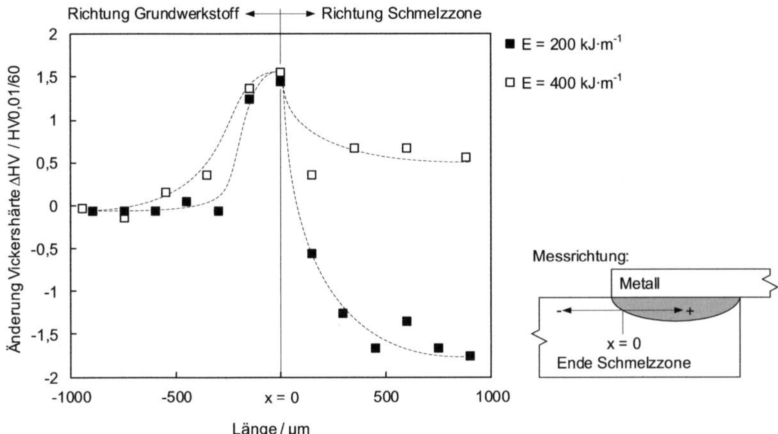

Abbildung 5-60 Repräsentativer Verlauf des Härteniveaus bei verschiedenen Streckenergien (PA 6, EN AW 6082, P_L = 1000 W)

Abbildung 5-61 stellt Diffraktogramme der Schmelzzone für die beiden untersuchten Streckenenergien gegenüber. Die Kristallmodifikation kann über die charakteristischen Peaks ermittelt werden und erscheint dabei für beide Streckenenergien vergleichbar. Innerhalb der Schmelzzone tritt dabei vorrangig die α-Modifikation auf, während die Anwesenheit der γ-Phase noch detektierbar ist, allerdings nur über einen sehr geringen Anteil innerhalb der Schmelzzone verfügt. Das unterscheidet sich deutlich von den Ergebnissen der Punktverbindungen, die aufgrund der hohen Abkühlgeschwindigkeit eine starke Ausprägung der γ-Modifikation innerhalb der Schmelzzone aufwiesen (siehe 5.1.15). Demgegenüber ist die Intensität der Peaks bei einer Streckenenergie von 400 $kJ \cdot m^{-1}$ im Vergleich zu 200 $kJ \cdot m^{-1}$ erhöht, was auf einen gesteigerten Kristallisationsgrad hinweist. Die durchgeführten Temperaturmessungen (siehe Abbildung 5-59) legen nahe, dass der Effekt einerseits durch eine langsamere Erstarrung und damit verstärkte Primärkristallisation bedingt sein kann. Andererseits kann es auch zur verstärkten Sekundärkristallisation aufgrund der Wärmebehandlung in der Abkühlung bis zur Unterschreitung der Glasübergangstemperatur kommen. Der ermittelte Härteanstieg ist somit nicht durch eine Veränderung der Kristallmodifikation zu erklären, sondern bedarf einer näheren Betrachtung des Kristallisationsgrades bzw. der Primär- und Sekundärkristallisation.

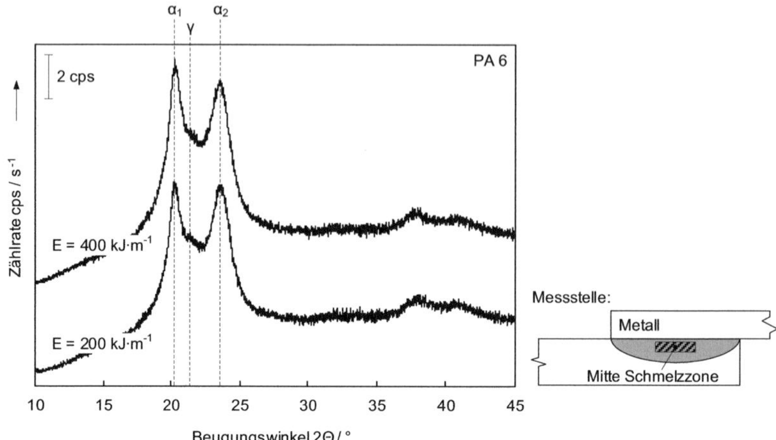

Abbildung 5-61 Charakterisierung der Kristallmodifikationen in der Schmelzzone mittels XRD-Messung (PA 6, EN AW 6082)

Eine weitergehende Charakterisierung erfolgte dabei auf Basis von DSC-Analysen and Dünnschnitten, die der Schmelzzone entnommen wurden. Für die Streckenenergien von 200 kJ·m^{-1} und 400 kJ·m^{-1} wurde dabei ein Kristallisationsgrad von 27,5 % bzw. 28,5 % im Mittel festgestellt. Aufgrund des geringen Unterschiedes im Mittelwert sowie des zugehörigen Streubandes von bis zu ± 1 % ist allerdings kein eindeutiger Einfluss der Streckenenergie auf den Kristallisationsgrad festzustellen. Demgegenüber liefert ein Vergleich der DSC-Kurven zwischen den Streckenenergien weitergehende Erkenntnisse (siehe Abbildung 5-62). Die DSC-Kurven weisen zwei Peaks auf, der Hauptpeak liegt bei ca. 220 °C, der erste Peak bei ca. 207...209 °C. Im Hauptpeak kommt es durch die Erhöhung der Streckenenergie von 200 kJ·m^{-1} auf 400 kJ·m^{-1}zu einer leichten Verschiebung der Peaktemperaturen um ca. + 0,5 K, was gegenüber den Punktverbindungen eine leichte Vergrößerung der Kristalllamellen bzw. der Überstrukturen widerspiegeln kann (siehe 5.1.15) und sich in der Betrachtung der Morphologie ebenfalls angedeutet hat (siehe 5.2.2). Das Auftreten des ersten Peaks kann einerseits auf die Anwesenheit der γ-Modifikation hindeuten, andererseits aber auch durch Sekundärkristallisation beeinflusst werden (siehe 2.2.1). Ein Vergleich der Streckenenergien zeigt für 400 kJ·m^{-1}, dass der erste Peak deutlicher ausgeprägt ist, d. h. der Anstieg wesentlich steiler erfolgt, und sich gleichzeitig die Peaktemperatur von ca. 209,3 °C zu 207,0 °C verschiebt. Da die XRD-Analysen keine deutliche Änderung im Anteil der γ-Modifikation aufweisen, wird die Veränderung des Peaks deshalb auf die Sekundärkristallisation zurückgeführt. Dies konnte anhand von Referenzversuchen verifiziert werden, bei dem nach dem Fügen mit einer Streckenenergie von 200 kJ·m^{-1} eine Wärmebehandlung im Ofen angeschlossen wurde (Temperatur: 160 °C, Zeit:

20 Minuten). Das Ergebnis verdeutlicht, dass die Ausprägung des Peaks durch die Wärmebehandlung, entsprechend den Ergebnissen der Streckenenergie von 400 kJ·m^{-1}, eingestellt werden kann. Die Wärmebehandlung während der Abkühlungphase nimmt damit wesentlich Einfluss auf die Eigenschaften und die Morphologie des Kunststoffes.

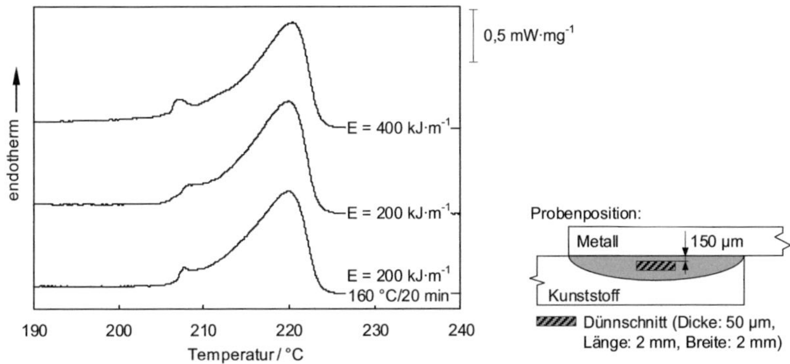

Abbildung 5-62 DSC-Analyse der Schmelzzone für Streckenenergien von 400 kJ·m^{-1}, 200 kJ·m^{-1} sowie 200 kJm^{-1} nach Auslagerung bei 160 °C für 20 Minuten (PA 6, EN AW 6082)

Die Untersuchungen weisen einen Einfluss der Streckenenergie auf die Eigenschaften der Schmelzzone nach. Darauf aufbauend kann deren Auswirkung auf die mechanischen Eigenschaften der Hybridverbunde näher betrachtet werden.

5.2.4 Mechanisches Verhalten in der Kurzzeitprüfung

Aus Sicht der Anwendung wird ein kohäsives Versagen eines Fügepartners angestrebt, damit der Verbund idealerweise durch die Grundwerkstoffeigenschaften der Fügepartner bestimmt ist. Das kohäsive Versagen des unverstärkten Kunststoffes kann dabei durch die Einstellung einer hinreichenden Oberflächenbehandlung und Anbindungsfläche erreicht werden (siehe 2.1.7), was für den dargestellten Fügeprozess erfüllt ist. Ein weitergehender Einfluss der Prozessführung auf die mechanischen Eigenschaften wird anhand der Streckenenergie untersucht, deren Variation sich auf die Ausbildung der Schmelzzone und ihrer Eigenschaften auswirkt (siehe 5.2.1 bis 5.2.3). Das mechanische Verhalten in der Kurzzeitprüfung wird dabei anhand von Scherzugversuchen für den Verbund EN AW 6082-PA 6 nachvollzogen, dessen Eigenschaften in Abhängigkeit der Prozessführung eingangs charakterisiert wurden. Auf die Angabe einer Festigkeit wird aufgrund des kohäsiven Versagens im Kunststoff bewusst verzichtet.

Die erreichbaren Scherzugkräfte sowie Traversenwege werden in Abbildung 5-63 in Abhängigkeit der minimal und maximal betrachteten Streckenenergie gegenübergestellt. Bei 200 kJ·m^{-1} wird eine Scherzugkraft von 7944 N ± 92 N gegenüber 6333 N ± 1060 N bei 400kJ·m^{-1} erreicht. Das Fügen unter niedrigerer Streckenenergie führt dabei zu höheren Kräften bei deutlich reduzierten Standardabweichungen. Die höheren Kräfte können anteilig auf den tragfähigen Querschnitt des Kunststoffes zurückgeführt werden, da der metallische Fügepartner während des Fügeprozesses mit steigender Streckenenergie weiter in den Kunststoff eindringt (siehe 5.2.1). Der Vergleich der Streckenenergien von 200 kJ·m^{-1} und 400 kJ·m^{-1} zeigte eine Reduzierung des Kunststoffquerschnittes um ca. 5 % (siehe 5.2.1), weshalb die Festigkeitsreduktion um ca. 20 % nicht nur auf diesen Aspekt zurückgeführt werden kann. Unter Berücksichtigung der erreichten Traversenwege, die ein Indiz für die Duktilität des Verbundes darstellen, wird ebenfalls eine deutliche Verringerung von ca. 18,6 mm auf ca. 2,9 mm festgestellt.

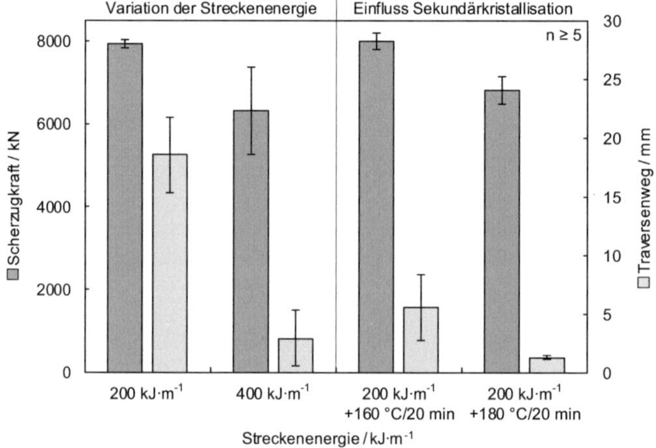

Abbildung 5-63 Kurzzeitprüfung der PA 6-EN AW 6082-Verbunde für unterschiedliche Streckenenergien und Auslagerungszustände

Um einen möglichen Einfluss der unter 5.2.3 nachgewiesenen Sekundärkristallisation auf die mechanischen Eigenschaften nachvollziehen zu können, wurden weiterführende Untersuchungen für Scherzugproben der Streckenenergie 200 kJ·m^{-1} durchgeführt. Diese wurden unter erhöhten Temperaturen ausgelagert (160 °C bzw. 180 °C für jeweils 20 Minuten). Die referenzierenden Untersuchungen an ausgelagerten Proben bilden die werkstofflichen Vorgänge innerhalb des Fügeprozesses damit nicht vollständig übereinstimmend ab, da andere Zeit-Temperatur-Regime während des

Abkühlvorganges herrschen, erlauben allerdings die grundsätzliche Nachvollziehbarkeit des Einflusses der Sekundärkristallisation. Diese wird mit steigenden Temperaturen beschleunigt, d. h. weitere amorphe Bereiche können nachkristallisieren. Das Auftreten einer erneuten Phasenumwandlung wird aufgrund der überwiegend vorliegenden und stabilen α-Modifikation vernachlässigt (siehe 2.2.1 und 5.2.3).

Die erreichbaren Scherzugkräfte sowie die großen Traversenwege werden dabei maßgeblich durch die Sekundärkristallisation beeinflusst (siehe Abbildung 5-63). Für die Auslagerung bei 160 °C tritt bereits eine deutliche Reduktion des Traversenwegs von ca. 18,6 mm auf ca. 5,5 mm auf, während die mittlere Scherzugkraft noch ein konstantes Niveau mit leicht gestiegener Standardabweichung aufweist. Für die Auslagerung bei 180 °C fällt die erreichbare Scherzugkraft auf ca. 6826 N ± 335 N ab und der Traversenweg fällt gleichzeitig auf 1,26 mm ± 0,2 mm ab. Dabei liegen der Traversenweg sowie die Scherzugkraft in einem vergleichbaren Bereich zur Streckenenergie von 400 $kJ \cdot m^{-1}$. Diese Ergebnisse legen an dieser Stelle nahe, dass der Einfluss der veränderten Überstrukturgrößen sowie die Kerbwirkung im Randbereich des Überlapps zwischen den Streckenenergien nur von untergeordneter Bedeutung für die mechanischen Eigenschaften sind. Demgegenüber wird die Beweglichkeit der amorphen Bereiche durch die Sekundärkristallisation so stark eingeschränkt, dass der Traversenweg deutlich reduziert wird.

Charakteristische Kraft-Weg-Verläufe aus der Scherzugprüfung verdeutlichen diesen Einfluss anhand unterschiedlicher Streckenenergien und Auslagerungszuständen (siehe Abbildung 5-64). Der Anstieg der dargestellten Kurven ist bis zu einer Kraft von ca. 6 kN und einem erreichten Traversenweg von ca. 1,2 mm vergleichbar (Detailausschnitt Z). Bei der Streckenenergie von 400 $kJ \cdot m^{-1}$ (1) wird in diesem Moment die Bruchspannung erreicht und es kommt zu einem schlagartigen Versagen des Verbundes. Für die geringste Streckenenergie von 200 $kJ \cdot m^{-1}$ (2) steigt die Scherzugkraft weiter an, bis bei ca. 8 kN die Streckspannung erreicht ist und ein Einschnüren der Probe einsetzt. Dabei nimmt die Scherzugkraft bis zum Bruch der Probe ab, wobei sich der Querschnitt des Kunststoffes währenddessen deutlich verringert und dementsprechend hohe Spannungen innerhalb des eingeschnürten Bereiches vorliegen. Der Gesamtverbund weist dabei eine deutlich höhere Duktilität gegenüber der maximal betrachteten Streckenenergie auf.

Wie bereits erläutert wird dieses Verhalten vorrangig auf die Sekundärkristallisation zurückgeführt, was anhand von ausgelagerten Proben auch in den Kraft-Weg-Verläufen nachvollzogen werden kann. Die mit einer Streckenenergie von 200 $kJ \cdot m^{-1}$ hergestellten Proben wurden bei jeweils 160 °C (3) bzw. 180 °C (4) für 20 Minuten ausgelagert. Durch diese Wärmebehandlung kann das Versagensverhalten maßgeblich beeinflusst werden und es kommt von einer Verschiebung des duktilen Bruchs (2) hin zu einem Sprödbruch (4), bei ansonsten geometrisch unverändert ausgebildeter Fügezone.

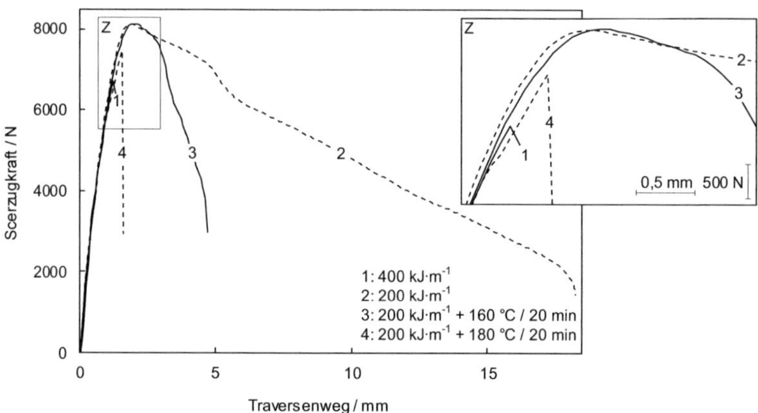

Abbildung 5-64 Repräsentative Kraft-Weg-Verläufe in Abhängigkeit von Streckenenergie und Auslagerungszustand (PA 6, EN AW 6082)

In allen betrachteten Fällen bleibt das Versagensverhalten des Verbundes kohäsiv und der Versagensort liegt im thermoplastischen Kunststoff. In Abbildung 5-65 ist das Bruchbild durch materialographische Schliffbilder sowie Aufnahmen der Bruchfläche anhand ausgewählter Proben dargestellt. Für 200 $kJ \cdot m^{-1}$ (a) tritt die Einschnürung am Übergang Überlapp-Grundwerkstoff im Thermoplasten auf, bedingt durch die lokale Spannungsspitze (siehe 2.1.7). Die Deformation ist bis zum Schmelzeaustrieb zu erkennen, wobei die Eigenschaften des Grundwerkstoffes entscheidend für das Versagensverhalten und damit die hohe Duktilität des Gesamtverbundes sind. Die Bruchfläche verfügt über Bereiche großer Dehnung sowie erkennbar auftretenden Weißbruch. Für hohe Streckenenergien versagt der Verbund deutlich weniger duktil, mitunter wird eine vollständig spröde Bruchfläche (b) gebildet. Die spröde Bruchfläche ist dabei nicht immer so prägnant ausgeprägt wie im dargestellten Beispiel (b), wird durch eine steigende Nachkristallisation allerdings begünstigt. Das spröde Verhalten tritt dementsprechend für ausgelagerte Proben häufiger (160 °C/20 min) bzw. ausschließlich (180 °C/20 min) auf. Mit Bildung des Anrisses kommt es dabei immer zu einem schlagartigen Versagen im Scherzugversuch.

Der Entstehungsort des Anrisses kann aufgrund der Spannungsverteilung auf den Übergang Überlappstoß-Grundwerkstoff zurückgeführt werden. Innerhalb des Kunststoffes ist der genaue Entstehungsort offen, bspw. ob dieser innerhalb der Schmelz-

oder der Wärmeeinflusszone gebildet wird. Aufgrund des Einflusses der Wärmebehandlung wird die Rissentstehung im Bereich der größten Sekundärkristallisation angenommen, d. h. innerhalb der Schmelzzone. Jenseits dieser Fragestellung ist aus ingenieurtechnischer Sicht festzuhalten, dass das Versagensverhalten durch die Prozessführung gezielt beeinflusst bzw. eingestellt werden kann.

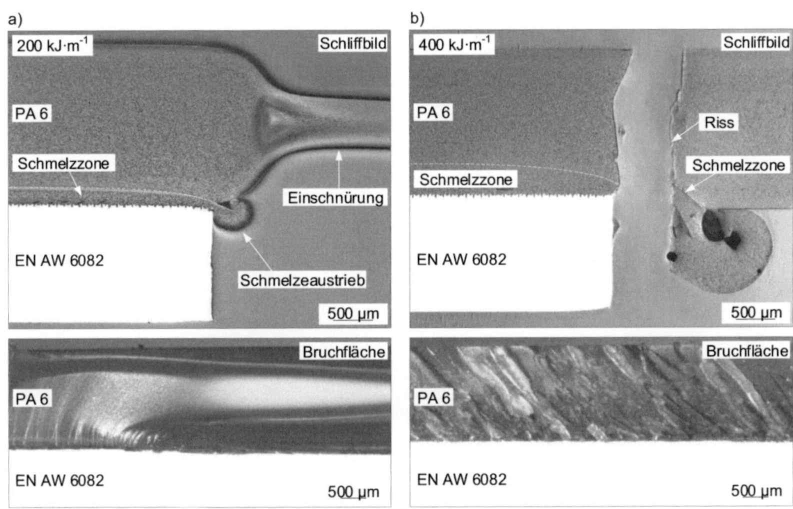

Abbildung 5-65 Vergleich des Versagensverhaltens anhand materialographischer Schliffbilder und Bruchflächen für a) 200 kJ·m^{-1} und b) 400 kJ·m^{-1} (P_L = 1000 W)

5.2.5 Mechanisches Verhalten in der Ermüdungsprüfung

Neben dem Einfluss der Streckenenergie auf die Eigenschaften innerhalb der Kurzzeitprüfung soll das mechanische Verhalten in der Ermüdungsprüfung untersucht werden. Ausgehend von einem vergleichbaren Lastprofil wurde das Ermüdungsverhalten in Scherzugkonfiguration für schwellende Zugbeanspruchung ermittelt (R = 0,1, siehe 4.3.2). Für eine Streckenenergie von 200 kJ·m^{-1} wurden ausschließlich Durchläufer mit 10 Millionen Schwingspielen erzielt, wohingegen für die Streckenenergie 400 kJ·m^{-1} nur eine durchschnittliche Schwingspielzahl von 1,13 Millionen erreicht wird und gleichzeitig einer sehr hohen Streuung unterliegt (minimale Schwingspielzahl: 196.000, max. erreichte Schwingspielzahl: 2,36 Millionen, n = 3). Das Versagensbild entspricht in beiden Fällen einem kohäsiven Bruch des thermoplastischen Fügepartners. Dieses Verhalten verdeutlicht den Einfluss der Streckenenergie auf das mechanische Verbundverhalten auch jenseits der Kurzzeitprüfung.

Die Auswertung des Eigenfrequenzverlaufes über die Schwingspielzahl erlaubt dabei eine weitergehende Betrachtung und einen Rückschluss auf den Schädigungsverlauf der Proben. Der Frequenzabfall ermöglicht dabei auch die Detektion des Anrisses. Abbildung 5-66a stellt diesen Eigenfrequenzverlauf für die beiden Streckenenergien 200 kJ·m^{-1} und 400 kJ·m^{-1} gegenüber.

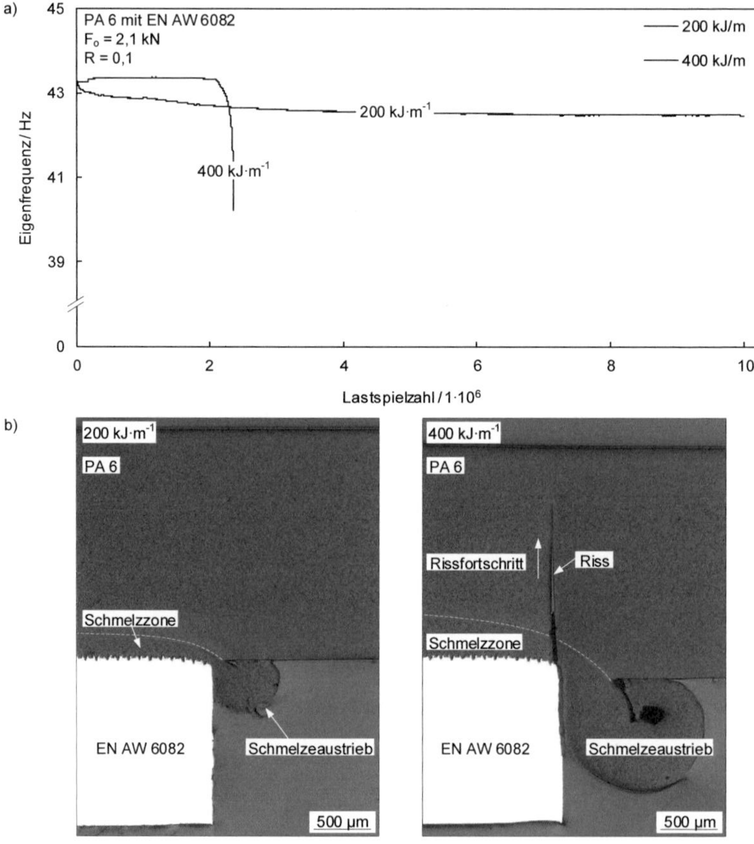

Abbildung 5-66 a) Eigenfrequenzverlauf am Beispiel von zwei Streckenenergien und zugehörige b) materialographische Untersuchungen der Risseinleitung und des Rissfortschritts nach Versuchsende

Die Eigenfrequenz zu Prüfungsbeginn liegt bei ca. 43,3 Hz und ist für beide betrachteten Streckenenergien vergleichbar. Während der Prüfung tritt für eine Streckenenergie von 400 $kJ{\cdot}m^{-1}$ ein nahezu konstanter Verlauf der Frequenz über die Lastspielzahl auf, bis es bei ca. 2,3 Millionen Schwingspielen zur Bildung eines Anrisses und dem damit verbundenen Frequenzabfall kommt.

Demgegenüber fällt die Eigenfrequenz mit steigender Lastspielzahl bei 200 $kJ{\cdot}m^{-1}$ fortschreitend ab, wobei von einem werkstoffseitigen Effekt auszugehen ist. Das Verhalten ist auf die größere Beweglichkeit der amorphen Kettensegmente innerhalb des Kunststoffes bei einer Streckenenergie von 200 $kJ{\cdot}m^{-1}$ gegenüber 400 $kJ{\cdot}m^{-1}$ zurückzuführen. Im gesamten Prüfverlauf über 10 Millionen Lastspiele fällt die Eigenfrequenz dabei um ca. 0,8 Hz ab. Eine Schädigung des Materials ist in der Sichtprüfung allerdings nicht erkennbar, auch in der materialographischen Analyse sind keine Anrisse zu detektieren (Abbildung 5-66b). Eine makroskopische Schädigung des Verbundes kann an dieser Stelle ausgeschlossen werden, weitergehende Betrachtungen mittels Rasterelektronenmikroskopie können an dieser Stelle tiefergehende Informationen zu einer möglichen Vorschädigung in Abhängigkeit der Lastspielzahl liefern.

Anderseits zeigt die maximale Streckenenergie von 400 $kJ{\cdot}m^{-1}$ einen deutlich erkennbaren Riss. Der Riss tritt dabei, wie in der Kurzzeitprüfung, im Bereich der maximalen Spannung am Überlappstoß auf (siehe 2.1.7). Der Rissfortschritt ist in Richtung des Grundwerkstoffes zu erkennen, die Risseinleitung aber nicht präzise festzustellen, bspw. ob der Anriss in der Wärmeeinflusszone oder der Schmelzzone entsteht. Weiterführende Untersuchungen zur Risseinleitung und ihrer Wechselwirkung mit der Sekundärkristallisation sind an dieser Stelle erforderlich, um den Einfluss der Streckenenergie auf die mechanischen Eigenschaften abschließend zu beschreiben. Beispielsweise können Anrisse an den Sphärolithgrenzen durch die Sekundärkristallisation unterstützt werden (vergleiche [Ehr11, Men11]).

Aus ingenieurtechnischer Sicht ist an dieser Stelle festzuhalten, dass die aus der Streckenenergie resultierende Belastung einen maßgeblichen Einfluss auf den thermoplastischen Kunststoff und das damit verbundene Ermüdungsverhalten des Hybridverbundes nehmen kann, selbst wenn jeweils ein kohäsives Versagen des Verbundes vorliegt.

5.2.6 Einfluss der Fügezone auf das kohäsive Versagensverhalten

Die Prozessführung ermöglicht eine Einstellung der Eigenschaften der Fügezone anhand unterschiedlicher Streckenenergien und damit die Beeinflussung des mechanischen Verbundverhaltens. Für eine Überlappbreite von 16 mm konnte das kohäsive Versagensverhalten bei konstanter Anbindungsbreite durch die Reduzierung der

Streckenenergie hinsichtlich der Duktilität des Verbundes in der Kurzzeitprüfung bzw. das Ermüdungsverhalten positiv beeinflusst werden.

Auf Basis von DSC- und XRD-Analysen wurde die Sekundärkristallisation des Kunststoffes als entscheidender Faktor ermittelt und anhand von Auslagerungsversuchen referenziert. Demgegenüber konnte ein untergeordneter Einfluss der Größe der Füge- bzw. Schmelzzone, der Kerbwirkung durch den Schmelzeaustrieb, des tragenden Kunststoffquerschnitts sowie der Größe bzw. Form der Überstrukturen zwischen den betrachteten Streckenenergien festgestellt werden.

Daraus lässt sich folgern, dass die Adressierung von geringen Streckenenergien zu vorteilhaften Verbundeigenschaften führt und hohe Fügegeschwindigkeiten, neben wirtschaftlichen, auch technologische Vorteile für die Anwendung der Hybridverbunde bieten können.

5.3 Ergebnistransfer auf ein Demonstratorbauteil

Die Ergebnisse der Arbeit werden weiterführend an einem Demonstratorbauteil aus der Hausgerätetechnik im Wärmeleitungsfügen mittels Konturverfahren referenziert. Als Bauteil wurde eine Wassertasche bestehend aus einer PP-Komponente (230 x 325 x 2 mm^3) und einer Komponente aus rostfreiem Stahl (370 x 265 x 0,4 mm^3) gewählt, wie sie in der Hausgerätetechnik zum Einsatz kommen kann. Wie im Allgemeinen bekannt, unterliegen derartige Wassertaschen in der Anwendung Temperaturen bis zu 80 °C und einem relativen Innendruck von mehreren hundert Millibar. Die Bauteile müssen unter diesen thermo-mechanischen Beanspruchungen Dichtheit aufweisen, weshalb eine fehlstellenarme Fügezone von großer Bedeutung für die Anwendung des Verfahrens sein kann.

Abbildung 5-67 zeigt das Demonstratorbauteil mit einer Fügenaht-Gesamtlänge von ca. 1050 mm sowie Ausschnitte aus der Fügezone an unterschiedlichen Positionen. Durch eine angepasste Prozessführung unter Anwendung von Streckenenergien bis maximal 20 $kJ \cdot m^{-1}$ ist an allen Positionen, einschließlich Radien oder kurzen Nahtabschnitten (Steg), eine gleichmäßige Füge- bzw. Schmelzzone einstellbar.

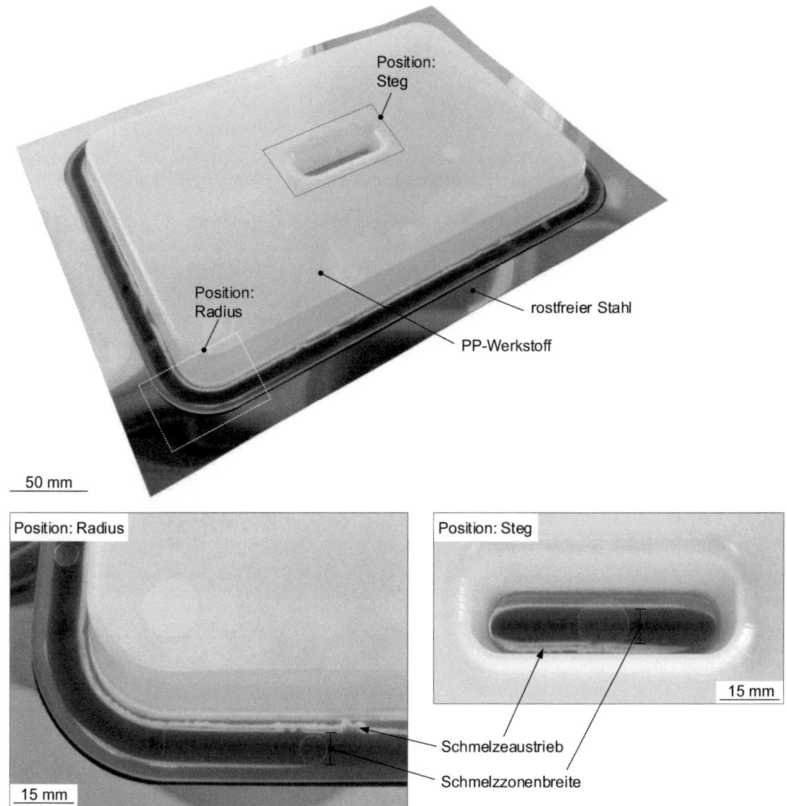

Abbildung 5-67 Demonstratorbauteil in Anlehnung an eine Wassertasche in der Hausgerätetechnik

Eine Sichtprüfung der Fügezone zeigt keine Nahtunregelmäßigkeiten bspw. durch Blasenbildung. Im Bereich der Radien sind vereinzelte Nahtunregelmäßigkeiten bis 50 µm Durchmesser im materialographischen Schliffbild feststellbar, bedingt durch die höhere thermische Belastung dieser Positionen (Abbildung 5-68). Darüber hinaus sind sämtliche Oberflächenstrukturen des rostfreien Stahls im Bereich der Fügezone vollständig mit Kunststoff gefüllt, was eine Dichtheit des Bauteils ermöglichen kann. Eine Berstprüfung zeigte ein Versagen im Grundwerkstoff im Bereich des Steges bzw. einen Mischbruch an der Grenzfläche der umlaufenden Fügenaht und dem Grundwerkstoff. Das Demonstratorbauteil wies unter Druckbeaufschlagung in einem Zeitraum von sieben Tagen keine Undichtheit auf. Weitere qualifizierende Bauteilprüfungen (u. a. Temperatur- und Druckwechseltest, Korrosionsprüfung) können die Einsatzfähigkeit der Technologie für die Hausgerätetechnik abschließend nachweisen.

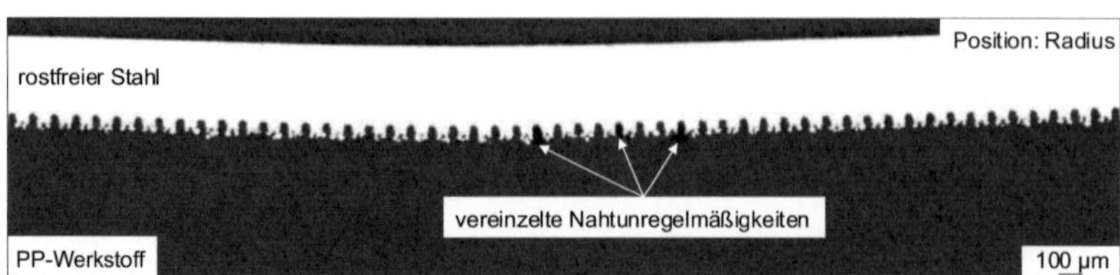

Abbildung 5-68 Materialographisches Schliffbild aus der Fügezone (Position: Radius)

Das Demonstratorbauteil verdeutlicht damit das sehr große Potenzial des laserbasierten, thermischen Fügens von Kunststoffen mit Metallen im Überlappstoß für die industrielle Anwendung.

6 Zusammenfassung und Ausblick

Im Rahmen der Arbeit wurde die Fügezone zwischen teilkristallinen Kunststoffen und Metallen im laserbasierten Fügen von Hybridverbunden allgemeingültig beschrieben und ihr Einfluss auf die mechanischen Verbundeigenschaften dargestellt. Zur Abbildung eines breiten Anwendungsspektrums wurden die Untersuchungen anhand von Aluminium (EN AW 6082) und Stahl (1.4301) auf Seiten der metallischen Fügepartner sowie PA 6, PA 6.6 und PP auf Seiten der teilkristallinen Kunststoffe durchgeführt.

Die Charakterisierung und Beschreibung der Fügezone erfolgte eingangs an Punktverbindungen am vollständigen Überlapp. Diese modellhafte Fügegeometrie wurde gewählt, um den Einfluss eines Wärmestaus auf das Fügeergebnis zu begrenzen. Die Fügezone wurde dabei anhand von charakteristischen Isothermen in Metall und Kunststoff verallgemeinert und auf Basis von experimentellen Untersuchungen sowie eines thermischen Simulationsmodells beschrieben. Da der Verbund zwischen Kunststoff und Metall maßgeblich über die Kunststoffschmelze an der Grenzfläche hergestellt wird, stand die Schmelzzone im Mittelpunkt der weiteren Betrachtungen. Durch die Verknüpfung von experimentellen und numerischen Untersuchungen konnte nachgewiesen werden, dass die Temperaturverteilung innerhalb der Schmelzzone einen vorrangigen Einfluss auf die vollständige Füllung der Oberflächenstrukturen zur Herstellung des Formschlusses ausübt. Dabei sind die Füge- bzw. Benetzungszeit sowie die chemische Struktur der Werkstoffe diesem Effekt untergeordnet. Weiterführende Betrachtungen haben verdeutlicht, dass die Größe bzw. Entstehung der Schmelzzone eine ausgeprägte Sensitivität gegenüber der Materialstärke des metallischen Fügepartners, der Laserstrahlleistung sowie dem Schmelzintervall des Kunststoffes aufweist. Aus der Simulation ging dabei auch hervor, dass die Schmelzzone der Temperaturverteilung im Kunststoff folgt, weshalb vollständig sowie partiell geschmolzenes Material vorliegen und ein Einfluss der Volumenzunahme im Phasenübergang fest-flüssig von Bedeutung für die Verbundherstellung sein kann.

Darauf aufbauend erfolgten weiterführende Untersuchungen mittels eines neuartigen Halbschnittversuchsstandes, um während des Fügevorgangs Informationen auf Grundlage von Hochgeschwindigkeitsaufnahmen direkt aus der Schmelzzone zu gewinnen. Dabei standen die Erfassung und Beschreibung der Schmelz- und Erstarrungsvorgänge, die Mechanismen zur zersetzungs- bzw. wasserbedingten Blasenbildung sowie die Strömungen innerhalb der Schmelzzone im Vordergrund. Die Untersuchungen bestätigten dabei das Vorliegen eines partiell geschmolzenen Bereiches innerhalb der Schmelzzone. Weiter ist festzuhalten, dass zersetzungsbedingte Blasen oberhalb einer werkstoffabhängigen Zersetzungstemperatur auftreten. Die Füllung der Oberflächenstrukturen im Fügeprozess wird aufgrund der Blasenbildung an der Grenzfläche aber nicht unterstützt. Demgegenüber konnte gezeigt werden, dass die Volumenzunahme des Kunststoffes durch den Phasenübergang fest-flüssig einen maßgeblichen Einfluss auf die Druckbedingungen zwischen beiden Werkstoffen ausübt.

Aufbauend auf diesen Betrachtungen erfolgte eine werkstoffliche Charakterisierung der Fügezone. Dabei wurden verschiedene Bereiche innerhalb des metallischen Fügepartners (Wärmeeinflusszone) sowie des Kunststoffes (vollständig und partiell geschmolzene Zone, Wärmeeinflusszone) identifiziert und hinsichtlich ihrer Eigenschaften gegenüber den Grundwerkstoffen beschrieben. Auf Seiten des Kunststoffes wurde dabei keine maßgebliche Veränderung des Kristallisationsgrades zwischen Schmelzzone und Grundwerkstoff festgestellt, allerdings konnte am Beispiel von PA 6 eine Beeinflussung der Kristallmodifikation mittels Röntgendiffraktometrie nachgewiesen werden.

Die an Punktverbindungen gewonnen Erkenntnisse wurden nachfolgend auf anwendungsrelevante Überlappverbindungen (Überlappbreite: 16 mm) übertragen. Ausgangspunkt war die Untersuchung der Füge- bzw. Schmelzzone in Abhängigkeit der Materialstärke des Kunststoffes sowie der Streckenenergie. Das Vorliegen verschiedener Bereiche innerhalb der Fügezone konnte gleichermaßen zu den Untersuchungen an Punktverbindungen bestätigt werden. Demgegenüber zeigte sich keine Veränderung der Kristallmodifikation innerhalb der Schmelzzone in Abhängigkeit der Streckenenergie, was auf verlangsamte Abkühlbedingungen gegenüber Punktverbindungen zurückgeführt wurde.

Ausgehend von diesen Erkenntnissen wurde der Einfluss der Streckenenergie auf die mechanischen Eigenschaften eines Verbundes aus PA 6 mit EN AW 6082 in Hinblick auf das kohäsive Versagensverhalten untersucht. Die Verwendung einer steigenden Streckenenergie im Fügeprozess ging dabei mit einer Reduktion der Duktilität des Verbundes in der Kurzzeitprüfung sowie mit einer nachteiligen Beeinflussung des Ermüdungsverhaltens einher. Als maßgeblicher Effekt wurde die Sekundärkristallisation des Kunststoffes identifiziert, die auf eine Wärmebehandlung der Schmelzzone im Fügeprozess zurückgeführt und anhand von Auslagerungsversuchen an Vergleichsproben verifiziert werden konnte. Damit wurde die Auswirkung der Prozessführung auf die Verbundeigenschaften anhand der Streckenenergie erfasst und durch die Beeinflussung des kohäsiven Versagens im Kunststoff nachgewiesen. Das Adressieren von geringen Streckenenergien ist damit von technologischen sowie wirtschaftlichen Vorteilen für die Anwendung des Verbundes.

Abschließend wurden die Erkenntnisse der Arbeit an einem Demonstratorbauteil aus der Hausgerätetechnik referenziert. Mit einer Fügenahtlänge von ca. 1050 mm konnten die gewünschten Bauteileigenschaften hinsichtlich Dichtheit und Versagensbild unter Anwendung von Streckenenergien bis maximal 20 $kJ \cdot m^{-1}$ erreicht werden.

Ausgehend von dieser Arbeit ergeben sich Fragestellungen für nachfolgende Untersuchungen, um das Verständnis des Verbundverhaltens in Hinblick auf die industrielle Anwendung weiterzuentwickeln:

- Die Sekundärkristallisation ist als maßgeblicher Einflussfaktor in Bezug auf die mechanischen Eigenschaften von Hybridverbunden aus PA 6 mit EN AW 6082 ermittelt worden. Diese Erkenntnis sollte anhand weiterer Kunststoffe verifiziert sowie der Einfluss der Sekundärkristallisation quantitativ bestimmt werden.
- Die Wechselwirkung aus Fügeprozess, Werkstoffeigenschaften und dem Schädigungsmechanismus sollte weitergehend erforscht werden, um den Ort der Risseinleitung sowie die Richtung und die Geschwindigkeit des Rissfortschrittes nachzuvollziehen und gegebenenfalls gezielt durch die Prozessführung bzw. die Werkstoffeigenschaften beeinflussen zu können.
- Die Verwendung von faserverstärkten Kunststoffen auf Seiten des thermoplastischen Fügepartners kann das kohäsive Versagensverhalten in den metallischen Fügepartner hinein verschieben. In diesem Fall gilt es, weitere Einflussgrößen der Fügezone, bspw. die Kerbwirkung durch die Oberflächenstrukturierung oder die Wärmeeinflusszone im Metall, hinsichtlich ihrer Versagensrelevanz zu beurteilen.
- Darüber hinaus sollten weiterführende Untersuchungen zur Beständigkeit des Verbundes gegenüber Medien, Temperatur und kombinierten Beanspruchungskollektiven vorgenommen und in Relation mit den Werkstoffeigenschaften betrachtet werden, um das Verständnis der Wechselwirkung zwischen Herstellungsprozess und Verbundeigenschaften zu erweitern.

Literaturverzeichnis

Abo10 Aboulkas, A.; El harfi, K.; El Bouadili, A.: Thermal degradation behaviors of polyethylene and polypropylene. Part I: Pyrolysis kinetics and mechanisms, Energy Conversion and Management 51, S. 1363-1369, 2010

Ach09 Achereiner, F.: Verbesserung von Adhäsionseigenschaften verschiedener Polymerwerkstoffe durch Gasphasenflourierung, Universität Erlangen-Nürnberg, Diss., 2009

Ada13 Adams, D. P.; Hodges, V. C.; Hirschfeld, D. A.; Rodriguez, M. A.; McDonald, J. P.; Kotula, P. G.: Nanosecond pulsed laser irradiation of stainless steel 304L: Oxide growth and effects on underlying metal, Surface and Coatings Technology 222, S. 1-8, 2013

Age01 Ageorges, C.; Ye, L.: Resistance Welding of Metal/Thermoplastic Composite Joints, Journal of Thermoplastic Composite Materials 14, Nr. 6, S. 449-475, 2001

Ale98 Alewelt, W.; Bottenbruch, L.; Becker, G. W.: Technische Thermoplaste: Polyamide. Kunststoff Handbuch, Hanser Fachbuch, 1998

All90 Allie, C.; Valentin, D.: Effects of Accelerated Ageing on Transition Temperatures and Mechanical Properties of a Glass Fibre Reinforced Thermoplastic, Developments in the Science and Technology of Composite Materials. Fourth European Conference on Composite Materials, Stuttgart, S. 1025-1030, 1990

Ama08 Amancio-Filho, S. T.; dos Santos, J. F.: Entwicklung des Reibnietens als neues Fügeverfahren für Kunststoff und Leichtbaulegierungen, Materialwissenschaft und Werkstofftechnik, 39, Nr. 11, S. 799-805, 2008

Ama10 Amanat, N.; Chaminade, C.; Grace, J.; McKenzie, D. R.; James, N. L.: Transmission laser welding of amorphous and semi-crystalline poly-ether–ether–ketone for applications in the medical device industry, Materials and Design 31, S. 4823-4830, 2010

Ama11 Amancio-Filho, S. T.; Bueno, C.; dos Santos, J. F.; Huber, N.; Hage Jr., E.: On the feasibility of friction spot joining in magnesium/fiber-reinforced polymer composite hybrid structures, Materials Science and Engineering A 528, S. 3841-3848, 2011

Ame13 Amend, P.; Pfindel, S.; Schmidt, M.: Thermal joining of thermoplastic metal hybrids by means of mono- and polychromatic radiation, Physics Procedia 41, S. 98-105, 2013

Ame14 Amend, P.; Mohr, C.; Roth, S.: Experimental Investigations of Thermal Joining of Polyamide Aluminium Hybrids Using a Combination of Mono- and Polychromatic Radiation, Physics Procedia 56, S. 824-834, 2014

Ame15 Amend, P.; Kapfenberger, C.; Kölbl, S.; Kohl, B.; Roth, S.; Schmidt, M.: Experimental and simulative investigations on laser-based joining of thermoplastic metal hybrids, Proceedings of LAMP 2015 - the 7th International Congress on Laser Advanced Materials Processing, 2015

Ame15a Amend, P.; Hentschel, O.; Machui, J.; Scheitler, C.; Roth, S.; Schmidt, M.: Effect of surface structures on laser-based joining of thermoplastic metal hybrids, Proceedings of LAMP 2015 - the 7th International Congress on Laser Advanced Materials Processing, 2015

Ame16 Amend, P.; Häfner, T.; Gränitz, M.; Roth, S.; Schmidt, M.: Effect of ultrashort pulse laser structuring of stainless steel on laser-based heat conduction joining of polyamide steel hybrids, Physics Procedia 83, S. 1130-1136, 2016

Ame16a Amend, P.; Mallmann, G.; Roth, S.; Schmitt, R.; Schmidt, M.: Process-structure-property relationship of laser-joined thermoplastic metal hybrids, Journal of Laser Applications 28, S. 022403-1-022403-6, 2016

Ara14 Arai, S.; Kawahito, Y.; Katayama, S.: Effect of surface modification on laser direct joining of cyclic olefin polymer and steel, Materials and Design 59, S. 448-453, 2014

Aro18 Arouche, M. M.; Budhe, S.; Alves, L. A.; Teixeira de Freitas, S.; Banea, M. D.; de Barros, S.: Effect of moisture on the adhesion of CFRP-to-steel bonded joints using peel tests, Journal of the Brazilian Society of Mechanical Sciences and Engineering 40, 2018

Aut17 Autodesk (Hrsg.): Software Moldflow, Materialdatenbibliothek, 2017

Bah12 Al-Bahkali, E. A.; Es-saheb, M. H.; Herwan, J.: Stresses Distribution in Spot, Bonded, and Weld-Bonded Joints during the Process of Axial Load, Engineering and Technology 67, S. 347-352, 2012

Bal07 Balle, F.; Wagner, G.; Eifler, D.: Ultrasonic spot welding of aluminum sheet/carbon fiber reinforced polymer-joints, Materialwissenschaft und Werkstofftechnik 38, Nr. 11, S. 934-938, 2007

Bal08 Balkan, O.; Demirer, H.; Yildirim, H.: Morphological and mechanical properites of hot gas welded PE, PP and PVC sheets, Journal of Achievements in Materials and Manufacturing Engineering 31, Nr. 1, S. 60-70, 2008

Bal08a Balkan, O.; Demirer, H.; Ezdemir, A.; Yildirim, H.: Effects of Welding Procedures on Mechanical and Morphological Properties of Hot Gas Butt Welded PE, PP, and PVC Sheets, Polymer Engineering and Science 48, S. 732-746, 2008

Bal09 Balle, F.: Ultraschallschweißen von Metall / C-Faser-Kunststoff (CFK)-Verbunden, Technische Universität Kaiserslautern, Lehrstuhl für Werkstoffkunde, Werkstoffkundliche Berichte 22/2009, Diss., 2009

Bal11 Balle, F.; Huxhold, S.; Wagner, G.; Eifler, D.: Damage Monitoring of Ultrasonically Welded Aluminum/CFRP-Joints by Electrical Resistance Measurements, Procedia Engineering 10, S. 433-438, 2011

Bal12 Balle, F.; Eifler, D.: Monotonic and Cyclic Deformation Behavior of Ultrasonically Welded Hybrid Joints between Light Metals and Carbon Fiber Reinforced Polymers (CFRP), Fatigue Behaviour of Fiber Reinforced Polymers: Experiments and Simulations, DEStech Publications, S. 111-122, 2012

Bal13 Balle, F.; Emrich, S.; Wagner, G.; Eifler, D.; Brodyanski, A.; Kopnarski, M.: Improvement of Ultrasonically Welded Aluminum/Carbon Fiber Reinforced Polymer-Joints by Surface Technology and High Resolution Analysis, Advanced Engineering Materials 15, Nr. 9, S. 814-819, 2013

Bal13a Balle, F.; Huxhold, S.; Emrich, S.; Wagner, G.; Kopnarski, M.; Eifler, D.: Influence of Heat Treatments on the Mechanical Properties of ultrasonic welded AA 2024/CF-PA66-Joints, Advanced Engineering Materials 15, Nr. 9, S. 837-845, 2013

Bal85 Baltá-Calleja, F. J.; Kilian, H.-G.: A novel concept in describing elastic and plastic properties of semicrystalline polymers: polyethylene, Colloid & Polymer Science 263, S. 697-707, 1985

BAS03 BASF (Hrsg.): Effects of Moisture Conditioning Methods on Mechanical Properties of Injection Molded Nylon 6, 2003

BAS13 BASF (Hrsg.): Konditionieren von Fertigteilen aus Ultraamid® - Technische Information, 2013

BAS13a BASF (Hrsg.): Technisches Datenblatt: Ultramid® (PA), 2013

Bau12 Bauernhuber, A.; Markovits, T.: Laser assisted joining of metal pins and thin plastic sheets, Physics Procedia 39, S. 108-116, 2012

Bau14 Bauernhuber, A.; Markovits, T.: Investigating thermal interactions in the case of laser assisted joining of PMMA plastic and steel, Physics Procedia 56, S. 811-817, 2014

Bau16 Bauernuber, A.; Markovits, T.; Takacs, J.: Investigating the pulse mode laser joining of overlapped plastic and metal sheets, Physics Procedia 83, S. 1094-1101, 2016

Bec96 Beck, M.: Modellierung des Lasertiefschweißens, Universität Stuttgart, Diss., Vieweg+Teubner Verlag, 1996

Beh16 Behrens, B.-A. (Hrsg.): Hybride Werkstoffsysteme, URL: http://www.i-fum.uni-hannover.de/dasifum_hybridewerkstoffsysteme.html, abgerufen am 05.08.2016, 2016

Bei10 Beilharz, F.: Einfluss der Herstellungsbedingungen von PP-Halbzeugen auf die Thermoformeigenschaften, Universität Stuttgart, Diss., 2010

Ber03 Bergmann, J. P.: Beitrag zum Laserstrahlschweißen von Titanwerkstoffen Untersuchungen zum Einfluss einer innovativen Schutzgasabdeckung und zur Schweißbarkeit von fahrzeugbautypischen Fügegeometrien, Universität Bayreuth, Diss., 2003, 2003

Ber11 Bergmann, J. P.; Petzoldt, F.; Nagel, F.: Fügen und Oberfläche - der Zusammenhang am Beispiel des Diffusionsschweißens und des Laserstrahlfügens von Mischverbindungen, Tagungsband zum 14. Werkstofftechnischen Kolloquium in Chemnitz, Schriftenreihe Werkstoffe und werkstofftechnische Anwendungen 43, Technische Universität Chemnitz, S. 140-145, 2011

Ber12 Bergmann, J. P.; Stambke, M.: Potential of laser-manufactured polymer-metal hybrid joints, Physics Procedia 39, S. 84-91, 2012

Ber13 Bergmann, J. P.; Stambke, M.; Schricker, K.: Prozessbezogenes Benetzungsverhalten beim laserbasierten Fügen von hybriden Metall-Kunststoff-Verbunden, 9. ThGOT Thementage Grenz- und Oberflächentechnik, S. 70-74, 2013

Bes75 Bessel, T. J.; Hull, D.; Shortall, J. B.: The effect of polymerization conditions and crystallinity on the mechanical properties and fracture of spherulitic nylon 6, Journal of Materials Science 10, S. 1127-1136, 1975

Bey02 Beyler, C. L.; Hirschler, M. M.: Thermal Decomposition of Polymers, SFPE Handbook of Fire Protection Engineering 2, S. 110-131, 2002

Bie16 Bielenin, M.; Szallies, K.; Bergmann, J. P.; Neudel, C.: Single Side Resistance Spot Welding of Polymer-Metal-Hybrid Structures, Proceedings of Euro Hybrid Materials and Structures 2016, Kaiserslautern, S. 236-240, 2016

Bie16a Bielenin, M.; Szallies, K.; Bergmann, J. P.; Neudel, C.: Einseitiges Widerstandsfügeverfahren für metallische Mischverbindungen sowie Hybridverbindungen aus thermoplastischen Kunststoffen und Metallen, DVS-Berichte Band 326, Widerstandsschweißen, DVS Media GmbH, S. 7-15, 2016

Bik68 Bikermann, J. J.: The Science of Adhesive Joints, Academic Press New York and London, Second Edition, 1968

Bis93 Bischof, C.: ND-Plasmatechnik im Umfeld der Haftungsproblematik bei Metall-Polymer-Verbunden, Materialwissenschaft und Werkstofftechnik 24, Nr. 2, S. 33-41, 1993

BKV16 BKV GmbH (Hrsg.); Plastics Europe (Hrsg.); IK Industrievereinigung Kunststoffverpackungen e.V. (Hrsg.); VDMA Verband Deutscher Maschinen- und Anlagenbau e.V. Fachverband Kunststoff- und Gummimaschinen (Hrsg.); bvse-Bundesverband Sekundärrohstoffe und Entsorgung e.V. (Hrsg.): Produktion, Verarbeitung und Verwertung von Kunststoffen in Deutschland 2015 (Kurzfassung), URL: http://www.bkv-gmbh.de/fileadmin/documents/Studien/Consultic_2015__23.09.2016__Kurzfassung.pdf, 2016

Bos09 Bos, M.: Deformations- und Dehnungsanalyse von geschweißten Metall/Faser-Kunststoff-Verbunden mit optischen und thermischen Messverfahren, Universität Kaiserslautern, Diss., 2009

Bri42 Brill, R.: Über das Verhalten von Polyamiden beim Erhitzen, Journal für praktische Chemie 161, S. 49-64, 1942

Bro99 Brooks, N. W.; Ghazali, M.; Duckett, R. A.; Unwin, A. P.; Ward, I. M.: Effects of morphology on the yield stress of polyethylene, Polymer 40, S. 821-825, 1999

Car59 Carslaw, H. S.; Jaeger, J. C.: Conduction of Heat in Solids, Oxford University Press, 2. Auflage, 1959

Cen12 Cenigaonaindia, A.; Liébana, F.; Lamikiz, A.; Echegoyen, Z.: Novel strategies for laser joining of polyamide and AISI 304, Physics Procedia 39, S. 92-99, 2012

Cha16 Chan, C.-W.; Smith, G. C.: Fibre laser joining of highly dissimilar materials: Commercially pure Ti and PET hybrid joint for medical device applications, Materials and Design 103, S. 278-292, 2016

Cha97 Chan, J. H.; Balke, S. T.: The thermal degradation kinetics of polypropylene: Part II. Time-temperature superposition, Polymer Degradation and Stability 57, S. 127-134, 1997

Che14 Cheon, J.; Na, S.-J.: Relation of joint strength and polymer molecular structure in laser assisted metal and polymer joining, Science and Technology of Welding and Joining 19, Nr. 8, S. 631-637, 2014

Che16 Chen, Y. J.; Yue, T. M.; Guo, Z. N.: A new laser joining technology for direct-bonding of metals and plastics, Materials and Design 110, S. 775-781, 2016

Cli77 Cline, H. E.; Anthony, T. R.: Heat treating and melting material with a scanning laser or electron beam, Journal of Applied Physics 48, Nr. 9, S. 3895-3900, 1977

Col07 Collet, C.: Temperaturführung beim Induktionsschweißen von Metall/Faser-Kunststoff-Verbunden, IVW Technical Report 07-006, 2007

Com15 Comsol Multiphysics (Hrsg.): Dokumentation "Heat Transfer Module", Version 5.2a, 2015

Com15a Comsol Multiphysics (Hrsg.): Software Comsol Multiphysics, Materialdatenbibliothek, 2015

Cui14 Cui, C. Y.; Cui, X. G.; Ren, X. D.; Qi, M. J.; Hu, J. D.; Wang, Y. M.: Surface oxidation phenomenon and mechanism of AISI 304 stainlesssteel induced by Nd:YAG pulsed laser, Applied Surface Science 305, S. 817-824, 2014

Das96 Dasgupta, S.; Hammond, W. B.; Goddard, W. A.: Crystal Structures and Properties of Nylon Polymers from Theory, Journal of the American Chemical Society 118, S. 12291-12301, 1996

Dau95 Dausinger, F.: Strahlwerkzeug Laser: Energieeinkopplung und Prozeßeffektivität, Laser in der Materialbearbeitung: Forschungsberichte des IFSW, 1995

Dav62 Davis, T. E.; Tobias, R. L.; Peterli, E. B.: Thermal Degradation of Polypropylene, Journal of Polymer Science 56, S. 485-499, 1962

Deu15 Deutsche Edelstahlwerke (Hrsg.): Werkstoffdatenblatt X5CrNi18-10 1.4301, 2015

Did13 Didi, M.; Emrich, S.; Mitschang, P.; Kopnarksi, M.: Characterization of Long-Term Durability of Induction Welded Aluminum/Carbon Fiber Reinforced Polymer-Joints, Advanced Engineering Materials 15, Nr. 9, S. 821-829, 2013

Die77 Dietz, W.: Die Wärme- und Temperaturleitfähigkeit von Kunststoffen, Colloid & Polymer Science 255, S. 755-772, 1977

DIN05 Deutsches Institut für Normung e. V. (Hrsg.): DIN 51006: Thermische Analyse (TA) - Thermogravimetrie (TG) - Grundlagen, Beuth Verlag GmbH, 2005

DIN06 Deutsches Institut für Normung e. V. (Hrsg.): DIN 6507-1: Metallische Werkstoffe - Härteprüfung nach Vickers - Teil 1: Prüfverfahren (ISO 6507-1:2005), Beuth Verlag GmbH, 2006

DIN07 Deutsches Institut für Normung e. V. (Hrsg.): DIN EN ISO 6520-1: Schweißen und verwandte Prozesse - Einteilung von geometrischen Unregelmäßigkeiten an metallischen Werkstoffen - Teil 1: Schmelzschweißen, Beuth Verlag GmbH, 2007

DIN08 Deutsches Institut für Normung e. V. (Hrsg.): DIN 1910-100: Schweißen und verwandte Prozesse - Begriffe - Teil 100: Metallschweißprozesse mit Ergänzungen zu DIN EN 14610:2005, Beuth Verlag GmbH, 2008

DIN10 Deutsches Institut für Normung e. V. (Hrsg.): DIN EN ISO 11357-1: Kunststoffe - Dynamische Differenz-Thermoanalyse (DSC) - Teil 1 - Allgemeine Grundlagen, Beuth Verlag GmbH, 2010

DIN12 Deutsches Institut für Normung e. V. (Hrsg.): DIN 50035: Begriffe auf dem Gebiet der Alterung von Materialien - Polymere Werkstoffe, Beuth Verlag GmbH, 2012

DIN13 Deutsches Institut für Normung e. V. (Hrsg.): DIN EN 573-3: Aluminium und Aluminiumlegierungen - Chemische Zusammensetzung und Form von Halbzeug - Teil 3: Chemische Zusammensetzung und Erzeugnisformen, Beuth Verlag GmbH, 2013

DIN14 Deutsches Institut für Normung e. V. (Hrsg.): DIN EN 10088-3: Nichtrostende Stähle - Teil 3: Technische Lieferbedingungen für Halbzeug, Stäbe, Walzdraht, gezogenen Draht, Profile und Blankstahlerzeugnisse aus korrosionsbeständigen Stählen für allgemeine Verwendung, Beuth Verlag GmbH, 2014

DIN77 Deutsches Institut für Normung e. V. (Hrsg.): DIN 1910-3: Schweißen - Schweißen von Kunststoffen - Verfahren, Beuth Verlag GmbH, 1977

DIN79 Deutsches Institut für Normung e. V. (Hrsg.): DIN 1910-11: Schweißen - Werkstoffbedingte Begriffe für Metallschweißen, Beuth Verlag GmbH, 1979

DIN95 Deutsches Institut für Normung e. V. (Hrsg.): DIN EN ISO 10365: Klebstoffe - Bezeichnung der wichtigsten Bruchbilder, Beuth Verlag GmbH, 1995

Dom71 Domke, K.: Beurteilung der Güte von Schweißnähten an Verpackungsfolien, Universität Stuttgart (TH), Diss., 1971

Dro14 Dröder, K.; Brand, M.; Gerdes, A.; Grosse, T.; Grefe, H.; Lippky, K.; Fischer, F.; Dilger, K.: An Innovative Approach for Joining of Hybrid CFRP-Metal Parts by Mechanical Undercuts, Proceedings of Euro Hybrid Materials and Structures 2014, Stade, S. 54-60, 2014

Dru15 Drummer, D.; Meister, S.; Wildner, W.: Prozess- und eigenschaftsbeeinflussung dünnwandiger Spritzgießteile mittels dynamisch temperierten Rapid Tooling Spritzgießwerkzeugen, Zeitschrift Kunststofftechnik 12, S. 1-30, 2015

DVS06 Deutscher Verband für Schweißen und verwandte Verfahren e. V. (Hrsg.): DVS Richtlinie 2202-1: Fehler an Schweißverbindungen aus thermoplastischen Kunststoffen. Merkmale, Beschreibung, Bewertung, DVS-Verlag Düsseldorf, 2006

DVS14 Deutscher Verband für Schweißen und verwandte Verfahren e. V. (Hrsg.): DVS Richtlinie 2243: Laserstrahlschweißen thermoplastischer Kunststoffe, DVS Media GmbH, 2014

Ege85 Egen, U.: Gefügestruktur in Heizelementschweißnähten an Polypropylen-Rohren, Schweißtechnische Forschungsberichte 4, Deutscher Verlag für Schweißtechnik (DVS) GmbH Düsseldorf, Diss., Universität Kassel, 1985

Ehr04 Ehrenstein, G. W.; Riedel, G.; Trawiel P.: Praxis der Thermischen Analyse von Kunststoffen, Carl Hanser Verlag München Wien, 2004

Ehr07 Ehrenstein, G. W.; Pongratz, S.: Beständigkeit von Kunststoffen. Band 1., Carl Hanser Verlag München, 2007

Ehr11 Ehrenstein, G. W.: Polymer Werkstoffe: Struktur - Eigenschaften - Anwendung, Carl Hanser Verlag München, 2011

End02 Endemann, U.; Glaser, S.; Völker, M.: Kunststoff und Metall im festen Verbund, Kunststoffe, Nr. 11, S. 110-113, 2002

Eng13 Engelmann, C.; Rösner, A.; Olowinsky, A.; Mamuschkin, V.: Mikrostrukturen zum lasergestützten Fügen von Kunststoff und Metall, DVS-Berichte Band 296, DVS Media GmbH, S. 179-182, 2013

Eng16 Engelmann, C.; Eckstaedt, J.; Olowinsky, A.; Aden, M.; Mamuschkin, V.: Experimental and simulative investigations of laser assisted plastic-metal-joints considering different load directions, Physics Procedia 83, S. 118-1129, 2016

Est15 Esteves, J. V.; Goushegir, S. M.; dos Santos, J. F.; Canto, L. B.; Hage Jr., E.; Amancio-Filho, S. T.: Friction spot joining of aluminum AA6181-T4 and carbon
fiber-reinforced poly(phenylene sulfide): Effects of process parameters on the microstructure and mechanical strength, Materials and Design 66, S. 437-445, 2015

Far11 Farazila, Y.; Miyashita, Y.; Hua, W.; Mutoh, Y.; Otsuka, Y.: YAG Laser Spot Welding of PET and Metallic Materials, Journal of Laser Micro/Nano-engineering 6, Nr. 1, S. 69-74, 2011

Far12 Farazila, Y.; Miyashita, Y.; Mutoh, Y.; Mohd, H. A. S.: Effect of anodizing on pulsed Nd:YAG laser joining of polyethylene terephthalate (PET) and aluminium alloy (A5052), Materials and Design 37, S. 410-415, 2012

Fer04 Ferreiro, V.; Depecker, C.; Laureyns, J.; Coulon, G.: Structures and morphologies of cast and plastically strained polyamide 6 films as evidenced by confocal Raman microspectroscopy and atomic force microscopy, Polymer 45, S. 6013-6026, 2004

Fis01 Fischer, S.: Blasenbildung von in Flüssigkeiten gelösten Gasen, Technische Universität München, Diss., 2001

Flo11 Flock, D.: Wärmeleitungsfügen hybrider Kunststoff-Metall-Verbindungen, Rheinisch-Westfälische Technische Hochschule Aachen, Diss., 2011

Fra12 di Franco, G.; Fratini, L.; Pasta, A.: Influence of the distance between rivets in self-piercing riveting bonded joints made of carbon fiber panels and AA2024 blanks, Materials and Design 35, S. 342-349, 2012

Fre99 Frewin, M. R.; Scott, D. A.: Finite Element Model of Pulsed Laser Welding, Welding Research Supplement, Januar 1999, S. 15-22, 1999

Fri13 Friedrich, S.; Georgi, W.; Gehde, M.; Mayr, P.: Hybride Fügetechnologien - Eine neue Methode zur Herstellung von Metall-Kunststoff-Mischverbindungen, DVS-Berichte Band 296, DVS Media GmbH, S. 188-193, 2013

Gal15 Galchun, A.; Korab, N.; Kondratenko, V.; Demchenko, V.; Shadrin, A.; Anistratenko, V.; Iurzhenko, M.: Nanostructurization and thermal properties of polyethylenes' welds, Nanoscale Research Letters 10, S. 1-6, 2015

Geh93 Gehde, M.: Zum Extrusionsschweißen von Polypropylen, Universität Erlangen-Nürnberg, Diss., 1993

Gei95 Geiger, M.; Hoffmann, P.; Schulz, M.: Laserschweißgerechte Konstruktion und Fertigung räumlicher Karroseriebauteile, Forschungsvereinigung Automobiltechnik Schriftenreihe 118, 1995

Geo04 Georgiev, G. L.; Baird, R. J.; Newaz, G.; Auner, G.; Witte, R.; Herfurth, H.: An XPS study of laser-fabricated polyimide/titanium interfaces, Applied Surface Science 236, S. 71-76, 2004

Geo09 Georgiev, G. L.; Sultana, T.; Baird, R. J.; Auner, G.; Newaz, G.; Patwa, R.; Herfurth, H.: Laser bonding and characterization of Kapton FN/Ti and Teflon FEP/Ti systems, Journal of Materials Science 44, S. 882-888, 2009

Geo14 Georgi, W.: Beitrag zum mechanischen Fügen von Metall-Kunststoff-Mischverbindungen, Technische Universität Chemnitz, Diss., 2014

Gho09 Ghorbel, E.; Casalino, G.; Abed, S.: Laser diode transmission welding of polypropylene: Geometrical and microstructure characterisation of weld, Materials and Design 30, S. 2745-2751, 2009

Gle13 Gleich Aluminiumwerk GmbH & Co. KG (Hrsg.): Technisches Datenblatt: Al Walzplatten, EN AW 6082, 2013

Gog77 Gogolewski, S.; Pennings, A. J.: Crystallization of polyamides under elevated pressure: 3. The morphology and structure of pressure-crystallized nylon-6 (polycapramide), Polymer 18, S. 647-653, 1977

Goo17 Goodfellow GmbH (Hrsg.): Materialinformationen: Rostfreier Stahl - Werkstoff Nr. 1.4301 (Fe/Cr18/Ni10), URL: http://www.goodfellow.com/G/Rostfreier-Stahl-Werkstoff-Nr-14301.html, abgerufen am 11.01.2017, 2017

Gou14 Goushegir, S. M.; dos Santos, J. F.; Amancio-Filho, S. T.: Friction Spot Joining of aluminum AA2024/carbon-fiber reinforced poly(phenylene sulfide) composite single lap joints: Microstructure and mechanical performance, Materials and Design 54, S. 196-206, 2014

Gou15 Goushegir, S. M.: Friction Spot Joining of Metal-Composite Hybrid Structures, Helmholtz-Zentrum Geesthacht, Zentrum für Material- und Küstenforschung, HZG REPORT 2015-5, Diss., 2015

Gra16 Graser, M.; Fröck, H.; Lechner, M.; Reich, M.; Kessler, O.; Merklein, M.: Influence of short-term heat treatment on the microstructure and mechanical properties of EN AW-6060 T4 extrusion profiles—Part B, Production Engineering 10, S. 391-398, 2016

Gre98 Grellmann, G. (Hrsg.); Seidler, S. (Hrsg.): Deformation und Bruchverhalten von Kunststoffen, Springer-Verlag Berlin Heidelberg, ISBN 978-3-642-63718-6, 1998

Gri64 Grigull, U.: Temperaturausgleich in einfachen Körpern: Ebene Platte, Zylinder, Kugel, halbunendlicher Körper, Springer-Verlag Berlin Göttingen Heidelberg, 1964

Gro14 Grote, K.-H. (Hrsg.); Feldhusen, J. (Hrsg.): Dubbel: Taschenbuch für den Maschinenbau, Springer Verlag Berlin Heidelberg, 24. aktualisierte und erweiterte Auflage, 2014

Gue14 Gültner, M.; Markstein, S.; Hamnova, I.; Tichy, M.; Keptra, I.; Hlavacek, V.; Meszaros, M.: Entwicklung von Metall-Textil-Verbunden mit verbessertem Adhäsionsverhalten, Sächsisches Textilforschungsinstitut e.V. (STFI) an der Technischen Universität Chemnitz, 2014

Hab09 Habenicht, G.: Kleben: Grundlagen, Technologien, Anwendungen, Springer-Verlag Berlin Heidelberg, 6. aktualisierte Auflage, 2009

Hae05 Häuselmann Metall GmbH (Hrsg.): Technisches Datenblatt: EN AW-6082 (AlMgSi1), 2005

Hay65 Hay, I. L.; Keller, A.: Polymer Deformation in Terms of Spherulites, Kolloid-Zeitschrift und Zeitschrift für Polymere 204, Nr. 1/2, S. 43-74, 1965

Hec14 Heckert, A.; Zaeh, M. F.: Laser Surface Pre-treatment of Aluminium for Hybrid Joints with Glass Fibre Reinforced Thermoplastics, Physics Procedia 56, S. 1171-1181, 2014

Hec15 Heckert, A.; Zaeh, M. F.: Laser Surface Pre-treatment of Aluminium for Hybrid Joints with Glass Fibre Reinforced Thermoplastics, Journal of Laser Applications 27, Nr. S2, 2015

Hec16 Heckert, A.; Singer, C.; Zaeh, M. F.; Daub, R.; Zeilinger, T.: Gas-tight thermally joined metal-thermoplastic connections by pulsed laser surface pretreatment, Physics Procedia 83, S. 1083-1093, 2016

Hep02 Hepperle; J.: Schädigungsmechanismen bei Polymeren, Polymeraufbereitung 2002: technischer Fortschritt zur steigerung von Leistung und Produktqualität, VDI-Verlag Düsseldorf, S. 17-52, 2002

Hin03 Hinrichsen, J.: Morphologie und Bruchverhalten medienbeaufschlagter Überlappschweißnähte aus Polyethylen hoher Dichte, Technische Universität Carolo-Wilhelmina, Braunschweig, Diss., 2003

Hin11 Hino, M.; Mitooka, Y.; Murakami, K.; Urakami, K.; Nagase, H.; Kanadani, T.: Effect of Aluminum Surface State on Laser Joining between 1050 Aluminum Sheet and Polypropylene Resin Sheet Using Insert Materials, Materials Transactions 52, Nr. 5, S. 1041-1047, 2011

Hol10 Holtkamp, J.; Roesner, A.; Gillner, A.: Advances in hybrid laser joining, International Journal of Advanced Manufacturing Technology 47, Nr. 9, S. 923-930, 2010

Hop14 Hopmann, C.; Aaken, A. van: Ultrasonic welding of polyamide - influence of moisture on the process relevant material properties, Welding in the World 58, S. 787-793, 2014

Hop16 Hopmann, C.; Kreimeier, S.; Keseberg, J.; Wenzlau, C.: Joining of Metal-Plastics-Hybrid Structures Using Laser Radiation by Considering the Surface Structure of the Metal, Journal of Polymers 2016, DOI: 10.1155/2016/4734913, 2016

Hua14 Huang, C.; Wang, X.; Wu, Y.; Meng, D.; Liu H.: Experimental Study of Laser Direct Joining of Metal and Carbon Fiber Reinforced Nylon, Key Engineering Materials 620, S. 42-48, 2014

Hue14 Hügel, H.; Graf, T.: Laser in der Fertigung. Strahlquellen, Systeme, Fertigungsverfahren, Springer Fachmedien Wiesbaden, 3. Auflage, 2014

Hum09 Humbert, S.; Lame, O.; Vigier, G.: Polyethylene yielding behaviour: What is behind the correlation between yield stress and crystallinity?, Polymer 50, S. 3755-3761, 2009

Ill72 Illers, K. H.; Haberkorn, H.; Simak, P.: Untersuchungen über die γ-Struktur in unverstrecktem und verstrecktem 6-Polyamid, Die Makromolekulare Chemie 158, S. 285-311, 1972

Ito75 Itoh, T.; Miyaji, H.; Asai, K.: Thermal Properties of α- and γ-Form of Nylon 6, Japanese Journal of Applied Physics 14, Nr. 2, S. 206-215, 1975

Ito98 Ito, M.; Mizuochi, K.; Kanamoto, T.: Effects of crystalline forms on the deformation behaviour of nylon-6, Polymer 39, Nr. 19, S. 4593-4598, 1998

Jab15 Jabbari-Farouji, S.; Rottler, J.; Lame, O.; Makke, A.; Perez, M.; Barrat, J.-L.: Plastic Deformation Mechanisms of Semicrystalline and Amorphous Polymers, ACS Macro Letters, 2015

Jia17 Jiao, J.; Wang, Q.; Zan, S.; Zhang, W.: Numerical and experimental investigation on joining CFRTP and stainless steel using fiber lasers, Journal of Materials Processing Technology 240, S. 362-369, 2017

Joh04 Johannaber, F.; Michaeli, W.: Handbuch Spritzgießen, 2. Auflage, Carl Hanser Verlag München, 2004

Jun11 Jung, K.-W.; Kawahito, Y.; Katayama, S.: Laser direct joining of carbon fiber reinforced plastic to stainless steel, Science and Technology of Welding and Joining 16, Nr. 8, S. 676-680, 2011

Jun13 Jung, K.-W.; Kawahito, Y.; Takahashi, M.; Katayama, S.: Laser direct joining of carbon fiber reinforced plastic to aluminium alloy, Journal of Laser Applications 25, Nr. 3, S. 032003-1-032003-6, 2013

Jun13a Jung, K.-W.; Kawahito, Y.; Takahashi, M.; Katayama, S.: Laser direct joining of carbon fiber reinforced plastic to zinc-coated steel, Materials and Design 47, S. 179-188, 2013

Jun16 Jung, D.-J.; Cheon, J.; Na, S.-J.: Effect of surface pre-oxidation on laser assisted joining of acrylonitrile butadiene styrene (ABS) and zinc-coated steel, Materials and Design 99, S. 1-9, 2016

Kah09 Al-Khairy, R. T.; AL-Ofey, Z. M.: Analytical Solution of the Hyperbolic Heat Conduction Equation for Moving Semi-Infinite Medium under the Effect of Time-Dependent Laser Heat Source, Journal of Applied Mathematics 2009, 2009

Kai16 Kaiser, W.: Kunststoffchemie für Ingenieure: Von der Synthese bis zur Anwendung, Carl Hanser Verlag München, 4. neu bearbeitete und erweiterte Auflage, 2016

Kam14 Kammer, C.: Aluminium Taschenbuch 3: Weiterverarbeitung und Anwendung, Beuth Verlag GmbH Berlin, 17. vollständig überarbeitete Auflage, 2014

Kat07 Katayama, S.; Kawahito, Y.; Niwa, Y.; Kubota, S.: Laser-Assisted Metal and Plastic Joining, Proceedings of the LANE 2007: Laser Assisted Net Shape Engineering 5, S. 41-51, 2007

Kat08 Katayama, S.; Kawahito, Y.: Laser direct joining of metal and plastic, Scripta Materialia 59, S. 1247-1250, 2008

Kat10 Katayama, S.; Jung, K.-W.; Kawahito, Y.: High Power Laser Cutting of CFRP, and Laser Direct Joining of CFRP to Metal, ICALEO 2010 Congress Proceedings, Paper #901, S. 333-338, 2010

Kat12 Katayama, S.; Kawahito, Y.; Mizutani, M.: Latest progress in performance and understanding of laser welding, Physics Procedia 39, S. 8-16, 2012

Kaw10 Kawahito, Y.; Katayama, S.: Characteristics of LAMP joining structures for several materials, Proceedings of 29th International Congress on Applications of Laser & Electro-Optics, S. 1469-1473, 2010

Kaw10a Kawahito, Y.; Katayama, S.: Innovation of laser direct joining between metal and plastic, Transactions of JWRI 39, S. 50-52, 2010

Kaz05 Kazmierczak, T.; Galeski, A.; Argon, A. S.: Plastic deformation of polyethylene crystals as a function of crystal thickness and compression rate, Polymer 46, S. 8926-8936, 2005

Ken94 Kennedy, M. A.; Peacock, A. J.; Mandelkern, L.: Tensile Properties of Crystalline Polymers: Linear Polyethylene, Macromolecules 27, S. 5297-5310, 1994

Kha90 Khanna, Y. P.: A Barometer of Crystallization Rates of Polymeric Materials, Polymer Engineering and Science 30, Nr. 24, S. 1615-1619, 1990

KHP14 KHP Kunststofftechnik e. K. (Hrsg.): Technisches Datenblatt: Werkstoffdatenblatt PP, 2014

Kis12 Kiss, Z.; Czigány, T.: Microscopic analysis of the morphology of seams in friction stir welded polypropylene, eXPRESS Polymer Letter 6, Nr. 1, S. 54-62, 2012

Kle14 Klein, M.; Hülsbusch, D.; Walther, F.; Bartsch, M.; Hausmann, J.; Frantz, M.; Lauter, C.; Tröster, T.: Charakterization of the Corrosion Influence on the Fatigue Behavior of Intrinsic CFRP-Steel-Hybrids, Proceedings of Euro Hybrid Materials and Structures 2014, Stade, S. 101-108, 2014

Koe04 Koebe, M.: Numerische Simulation aufsteigender Blasen mit und ohne Stoffaustausch mittels Volume of Fluid (VOF) Methode, Universität Paderborn, Diss., 2004

Koh18 Kohl, M.-L.; Schricker, K.; Bergmann, J. P.; Lohse, M.; Hertel, M.; Füssel, U.: Surface preparation of steels based on tungsten inert gas arc processing for laser-based joining of metal-plastic components, Proceedings of Hybrid Materials and Structures 2018, Bremen, S. 188-194, 2018

Kon10 Konchakova, N.; Balle, F.; Barth, F. J.; Mueller, R.; Eifler, D.; Steinmann, P.: Finite element analysis of an inelastic interface in ultrasonic welded metal/fibre-reinforced polymer joints, Computational Materials Science 50, S. 184-190, 2010

Kon13 Konchakova, N.; Müller, R.; Steinmann, P.; Balle, F.; Eifler, D.; Barth, F.-J.: Simulation of Adhesive Joints by Visoelastic Interface Material Model, Advanced Engineering Materials 15, Nr. 9, S. 861-867, 2013

Kon13a Konchakova, N.; Balle, F.; Müller, R.; Steinmann, P.; Eifler, D.; Barth, F. J.: Numerical Analysis of the Mechanical Behavior of Lightweight Metal-CFRP Joints, Advanced Engineering Materials 15, Nr. 9, S. 846-852, 2013

Kra03 Krause, F.; Joachimi, D.; Bayer Chemicals AG: Verfahren zum Verbinden von Formteilen aus Kunststoff und Metall, Europäisches Patentamt, EP 1 508 398 A1, 2003

Kre09 Krevelen, D. W. van; Nijenhuis, K. T.: Properties of Polymers: Their Correlation with Chemical Structure; their Numerical Estimation and Prediction from Additive Group Contributions, Elsevier Amsterdam; Fourth, completely revised edition, 2009

Kur11 Kurr, F.: Praxishandbuch der Qualitäts- und Schadensanalyse für Kunststoffe, Carl Hanser Verlag München, 2011

Kur13 Kurakake, Y.; Farazila, Y.; Miyashita, Y.; Otsuka, Y.; Mutoh, Y.: Effect of Molten Pool Shape on Tensile Shear Strength of Dissimilar Materials Laser Spot Joint between Plastic and Metal, Journal of Laser Micro/Nanoengineering 8, Nr. 2, S. 161-164, 2013

Kyo72 Kyotani, M.; Mitsuhashi, S.: Studies on Crystalline Forms of Nylon 6. II. Crystallization from the Melt, Journal of Polymer Science: Part A-2 10, S. 1497-1508, 1972

Lam14 Lamberti, C.; Solchenbach, T.; Plapper, P.; Possart, W.: Laser Assisted Joining of Hybrid Polyamide-Aluminum Structures, Physics Procedia 56, S. 845-853, 2014

Lam17 Lambiase, F.; Genna, S.: Laser-assisted direct joining of AISI304 stainless steel with polycarbonate sheets: Thermal analysis, mechanical characterization, and bonds morphology, Optics and Laser Technology 88, S. 206-214, 2017

Lau79 Laun, H. M.: Das viskoelastische Verhalten von Polyamid-6-Schmelzen, Rheologica Acta 18, S. 478-491, 1979

Li06 Li, J.; Tong, L.; Fang, Z.; Gu, A.; Xu, Z.: Thermal degradation behavior of multi-walled carbon nanotubes/polyamide 6 composites, Polymer Degradation and Stability 91, S. 2046-2052, 2006

Lit12 Littek, S.; Schneider, M.; Huber, K.; Schöppner, V.: Messung zum Materialabbau von Polypropylen, Kunststofftechnik 8, S. 416-438, 2012

Liu14 Liu, F. C.; Liao, J.; Nakata, K.: Joining of metal to plastic using friction lap welding, Materials and Design 54, S. 236-244, 2014

Lot98 Lotz, B.: α and β phases of isotactic polypropylene: a case of growth kinetics 'phase reentrency' in polymer crystallization, Polymer 39, Nr. 19, S. 4561-4567, 1998

Lur08 Lurz, A.; Kühnert, I.; Schmachtenberg, E.: Einflüsse auf die Eigenschaften kleiner und dünnwandiger Spritzgussteile - Teil 2: Bedeutung der Wärmeleitfähigkeit des Werkzeugwerkstoffs, Zeitschrift Kunststofftechnik 4, S. 2-18, 2008

Mag62 Magill, J. H.: Crystallization Kinetics Study of Nylon 6, Polymer 3, S. 655-664, 1962

Mag62a Magill, J. H.: Melting behaviour and spherulitic crystallization of polycaproamide (nylon 6), Polymer 3, S. 43-51, 1962

Mai98 Maier, C.; Calafut, T.: Polypropylene. The Definite User's Guide and Databook, Plastics Design Library, 1998

Mar12 Marek, R.; Nitsche, K.: Praxis der Wärmeübertragung, Fachbuchverlag Leipzig im Carl Hanser Verlag, 3. aktualisierte Auflage, 2012

Mar12a Markovits, T.; Bauernhuber, A.; Géczy, M.: Investigating the shape locking phenomenon in case of LAMP joining technology, Physics Procedia 39, S. 100-107, 2012

Mar16 Markovits, T.; Bauernhuber, A.; Takacs, J.: Examination the torsion properties of pin-to-plate LAMP joint, Physics Procedia 83, S. 1102-1109, 2016

Mat96 Matsunawa, A.; Mizutani, M.; Katayama, S.: Mathematical Modelling of Fusion and Solidification in Laser Welding and Evaluation of Hot Cracking Susceptibility, Transactions of JWRI 25, S. 161-169, 1996

Maz13 El-Mazry, C.; Ben Hassine, M.; Correc, O.; Colin, X.: Thermal oxidation kinetics of additive free polyamide 6-6, Polymer Degradation and Stability 98, S. 22-36, 2013

Men11 Menges, G.; Haberstroh, E.; Michaeli, W.; Schmachtenberg, E.: Menges Werkstoffkunde Kunststoffe, Carl Hanser Verlag München, 6. Auflage, 2011

Mes15 Meschut, G.; Augenthaler, F.; Sartisson, V.: Effiziente Fügetechniken für hybride Leichtbaustrukturen, 15. Werkstoff-Forum, Hannover Messe, 2015

Mia05 Mian, A.; Newaz, G.; Vendra, L.; Rahman, N.; Georgiev, D. G.; Auner, G.; Witte, R.; Herfurth, H.: Laser bonded microjoints between titanium and polyimide for applications in medical implants, Journal of Materials Science: Materials in Medicine 16, S. 229-237, 2005

Mic01 Michaeli, W.; Gutberlet, D.; Glißmann, M.: Characterisation of the spherulite structure of polypropylene using light-microscope methods, Polymer Testing 20, S. 459-467, 2001

Mic92 Michler, G. H.: Kunststoff-Mikromechanik. Morphologie, Deformations- und Bruchmechanismen, Carl Hanser Verlag München Wien, 1992

Mic99 Michel, P.: Schweißverfahren in der Kunststoffverarbeitung. Grundlagen und Aspekte zur Serienfertigung, DVS-Berichte Band 203, DVS-Verlag GmbH Düsseldorf, Habilitationsschrift, Universität - GH Paderborn, 1999

Mit08 Mitschang, P.; Velthuis, R.: Process Parameters for Induction Welding of Metal/Composite Joints, Proceedings ECCM-13, Stockholm, Schweden, 2008

Mit09 Mitschang, P.; Velthuis, R.; Emrich, S.; Kopnarski, M.: Induction Heated Joining of Aluminum and Carbon Fiber Reinforced Nylon 66, Journal of Thermoplastic Composite Materials 22, S. 767-801, 2009

Mit13 Mitschang, P.; Velthuis, R.; Didi, M.: Induction Spot Welding of Metal/CFRPC Hybrid Joints, Advanced Engineering Materials 15, Nr. 9, S. 804-813, 2013

Miy67 Miyasaka, K.; Makishima, K.: Transition of Nylon 6 γ-Phase Crystals by Stretching in the Chain Direction, Journal of Polymer Science 5, S. 3017-3027, 1967

Moi59 Moiseev, V. D.; Neimann, M. B.; Kriukova, A. I.: The Thermal Degradation of Polypropylene, Polymer Science U.S.S.R. 2, S. 55-62, 1959

Moo83 Moos, K.-H.: Einfluss der Nukleierung auf Struktur und mechanische Eigenschaften von Spritzgußteilen aus Polyhexamethylenadipinamid (PA 66), Die Angewandte Molekulare Chemie 111, Nr. 1749, S. 165-177, 1983

Mur02 Murthy, N. S.; Kagan, V. A.; Bray, R. G.: Effect of Melt Temperature and Skin-Core Morphology on the Mechanical Performance of Nylon 6, Polymer Engineering and Science 42, Nr. 5, S. 940-950, 2002

Mur85 Murthy, N. S.; Aharoni, S. M.; Szollosi, A. B.: Stability of the γ Form and the Development of the α Form in Nylon 6, Journal of Polymer Science: Polymer Physics Edition 23, S. 2549-2565, 1985

Mur89 Murthy, N. S.; Stamm, M.; Sibilia, J. P.; Krimm, S.: Structural Changes Accompanying Hydration in Nylon 6, Macromolecules 22, S. 1261-1267, 1989

Mur91 Murthy, N. S.: Metastabile crystalline phases in nylon 6, Polymer Communications 32, Nr. 10, S. 301-305, 1991

Mur91a Murthy, N. S.; Curran, S. A.; Aharoni, S. M.; Minor, H.: Premelting Crystalline Relaxations and Phase Transitions in Nylon 6 and 6,6, Macromolecules 24, S. 3215-3220, 1991

Neu02 Neumann, A.; Neuhoff, R.: Kompendium der Schweißtechnik. Band 4: Berechnung und Gestaltung von Schweißkonstruktionen, DVS-Verlag Düsseldorf, Fachbuchreihe Schweißtechnik Band 128/4, 2. Auflage, 2002

Neu14 Neudel, C.: Mikrostrukturelle und mechanisch-technologische Eigenschaften widerstandspunktgeschweißter Aluminium-Stahl-Verbindungen für den Fahrzeugbau, Friedrich-Alexander-Universität Erlangen-Nürnberg, Diss., Meisenbach Verlag Bamberg, 2014

Ngu11 Nguyen-Chung, T.; Löser, C.; Jüttner, G.; Obadal, M.; Pham, T.; Gehde, M.: Analyse der Morphologie spritzgegossener Mikrobauteile, Zeitschrift Kunststofftechnik 7, S. 87-114, 2011

Ngu94 Nguyen, T. Q.: Kinetics of mechanochemical degradation by gel permeation chromatography, Polymer Degradation and Stability 46, S. 99-111, 1994

Niw08 Niwa, Y.; Kawahito, Y.; Kubota, S.; Katayama, S.: Evolution of LAMP Joining to Dissimilar Metal Welding, ICALEO 2008 Congress Proceedings, Paper #606, S. 311-317, 2008

Ole07 Oleinik, E. F.; Rudnev, S. N.; Salamatina, O. B.: Evolution in Concepts Concerning the Mechanism of Plasticity in Solid Polymers after the 1950s, Polymer Science Series A 49, S. 1302-1327, 2007

Oss12 Osswald, T. A.; Menges, G.: Material Science of Polymers for Engineers, Carl Hanser Verlag, Munich, 2012

Pap16 Papanicolaou, G. C.; Charitidis, P. J.; Mouzakis, D. E.; Jiga, G.: Experimental and numerical investigation of unbalanced boron/epoxy-aluminum single lap joints subjected to a corrosive environment, Journal of Composite Materials 50, S. 145-157, 2016

Pat09 Patwa, R.; Herfurth, H.; Heinemann, S.; Ehrenmann, S.; Newaz, G.; Baird, R. J.: Fiber laser microjoining for novel dissimilar material combinations, Proceedings of SPIE 7202, Laser-based Micro- and Nanopackaging and Assembly III, 2009

Pau14 Paul, H.; Luke, M.; Henning, F.: Kunststoff-Metall-Hybridverbunde - Experimentelle Untersuchungen zum Verformungs- und Versagensverhalten, Zeitschrift Kunststofftechnik 10, S. 118-141, 2014

Paz14 Paz, G.; Goushegir, S. M.; Abibe, A. B.; dos Santos, J. F.; Mazzaferro, J. A. E.; Amancio-Filho, S. T.: Numerical Simulation of the Mechanical Behavior of Polymer-Metal Joints, Congresso Brasileiro de Engenharia e Ciencia dos Materiais, Cuiaba, Brasilien, S. 2782-2790, 2014

Pen01 Penel-Pierron, L.; Depecker, C.; Seguela, R.; Lefebvre, J.-M.: Structural and Mechanical Behavior of Nylon 6 Films Part I. Identification and Stability of the Crystalline Phases, Journal of Polymer Science: Part B: Polymer Physics 39, S. 484-495, 2001

Pep16 Pepin, J.; Miri, V.; Lefebvre, J.-M.: New Insights into the Brill Transition in Polyamide 11 and Polyamide 6, Macromolecules 49, S. 564-573, 2016

Pod15 Podlesak, F.; Hälsig, A.; Höfer, K.; Kaboli, R.; Mayr, P.: Spin-blind-riveting: secure joining of plastic with metal, Welding in the World 59, S. 927-932, 2015

Pod15a Podlesak, F.; Hälsig, A.; Mayr, P.: Spin-Blind-Riveting – A new joining technology for hybrid components, Materials Sciene Forum 825-826, S. 465-472, 2015

Pot04 Potente, H.: Fügen von Kunststoffen, Carl Hanser Verlag München Wien, 2004

Qiu07 Qui, J.; Tsuboi, A.; Izumi, K.; Wu, H.; Guo, S.; Huang, Y.: Effects of Interfacial Morphology on the Welding Strength of Injection-Molded Polyamide, Polymer Engineering and Science, S. 2160-2171, 2007

Que14 Quentin, U.; Brockmann, R.; Löffler, K.: Laser Based Metal and Plastics Joining for Lightweight Design, ICALEO 2014 Congress Proceedings, Paper #604, S. 446-448, 2014

Rad94 Radaj, D.; Koller, R.; Dilthey, U.; Buxbaum, O.; Welsch, F.; Fuest, D.; Sonsino, C. M.; Müller, F.; Rief, A.; Hornig, H.; Weibel, K.-P.; Steib, E.: Laserschweißgerechtes Konstruieren. Beiträge zu innovativen Fertigungsverfahren, DVS-Verlag GmbH Düsseldorf, Fachbuchreihe Schweißtechnik Band 116, 1994

Rad99 Radaj, D.: Schweißprozesssimulation: Grundlagen und Anwendungen, DVS-Verlag Düsseldorf, 1999

Ram92 Ramarathnam, G.; Libertucci, M.; Sadowski, M. M.; North, T. H.: Joining of Polymers to Metal, Welding Research Supplement, Dezember 1992, S. 483-490, 1992

Rau15 Rauschenberger, J.; Cenigaonaindia, A.; Keseberg, J.; Vogler, D.; Gubler, U.; Liebana, F.: Laser hybrid joining of plastic and metal components for lightweight components, Proceedings of SPIE 9356, High-Power Laser Materials Processing: Lasers, Beam Delivery, Diagnostics, and Applications IV, DOI: 10.1117/12.2080226, 2015

Raz15 Raza, M.; Rahmat, F.; Farazila, Y.; Mohsen, A. H.; Hamdi, M.; Fadzil, M.: Dissimilar friction stir welding between polycarbonate and AA 7075 aluminum alloy, International Journal of Materials Research 106, S. 1-9, 2015

Rod14 Rodriguez-Vidal, E.; Lambarri, J.; Soriano, C.; Sanz, C.; Verhaeghe, G.: A combined experimental and numerical approach to the laser joining of hybrid Polymer – Metal parts, Physics Procedia 56, S. 835-844, 2014

Rod16 Rodriguez-Vidal, E.; Sanz, C.; Lambarri, J.; Renard, J.; Gantchenko, V.: Laser joining of different polymer-metal configurations: analysis of mechanical performance and failure mechanisms, Physics Procedia 83, S. 1110-1117, 2016

Roe11 Roesner, A.; Scheik, S.; Olowinsky, A.; Gillner, A.; Reisgen, U.; Schleser, M.: Laser Assisted Joining of Plastic Metal Hybrids, Physics Procedia 12, S. 370-377, 2011

Roe13 Roesner, A.; Olowinsky, A.; Gillner, A.: Long term stability of laser joined plastic metal parts, Physics Procedia 41, S. 169-171, 2013

Roe14 Roesner, A.: Laserbasiertes Fügeverfahren zur Herstellung von Kunststoff-Metall-Hybridbauteilen, RWTH Aachen University, Diss., Fraunhofer Verlag, 2014

Ros46 Rosenthal, D.: The theory of moving sources of heat and its application to metal treatments, Transaction of the American Society of Mechanical Engineers 68, S. 849-866, 1946

Ryk52 Rykalin, N. N.: Die Wärmegrundlagen des Schweißvorganges: Die Wärmeausbreitungsvorgänge bei der Lichtbogenschweißung, VEB Verlag Technik Berlin, 1952

San10 Santhanakrishnan, S.; Kong, F.; Kovacevic, R.: An experimentally based thermo-kinetic phase transformation model for multi-pass laser heat treatment by using high power direct diode laser, International Journal of Advanced Manufacturing Technology 64, Nr. 1, S. 219-238, 2010

Sch00 Scheirs, J.: Compositional and Failure Analysis of Polymers. A Practical Approach, John Wiley & Sons, 2000

Sch02 Schwarz, O.; Ebeling, F.-W.; Huberth, H.; Schirber, H.; Schlör, N.: Kunststoffkunde. Aufbau, Eigenschaften, Verarbeitung, Anwendungen der Thermoplaste, Duroplaste und Elastomere, Vogel Verlag Würzburg, 2002

Sch03 Schepper, B.; Ewering, J.: Teilkristalline und amorphe Kunststoffe: Deutliche Unterschiede, Plastverarbeiter 55, S. 40-41, 2003

Sch04 Schrauwen, B. A. G.; Breemen, L. C. A. van; Spoelstra, A. B.; Govaert, L. E.; Peters, G. W. M.; Meijer, H. E. H.: Structure, Deformation, and Failure of Flow-Oriented Semicrystalline Polymers, Macromolecules 37, S. 8618-8633, 2004

Sch13 Schreckenberger, H.: Risiko der Kontaktkorrosion bei CFK-Bauteilen, WoMag - Kompetenz in Werkstoff und funktioneller Oberfläche, S. 6-7, 2013

Sch13a Schmeer, S.; Balle, F.; Didi, M.; Wagner, G.; Maier, M.; Mitschang, P.: Experimental and Numerical Characterization of Spot Welded Hybrid Al/CFRP-Joints on Coupon Level, Advanced Engineering Materials 15, Nr. 9, S. 853-860, 2013

Sch13b Schmeer, S.; Balle, F.; Didi, M.; Huxhold, S.; Wagner, G.; Mitschang, P.; Maier, M.: Experimental and Computantional Analysis of Multi-Spot Welded Hybrid Al/CFRP-Structures on Component Level, Advanced Engineering Materials 15, Nr. 9, S. 868-873, 2013

Sch13c Schwarzwälder Metallhandel GmbH (Hrsg.): Werkstoffdatenblatt EN AW 6082 [EN AW-Al Si1MgMn], 2013

Sch14 Schricker, K.; Stambke, M.; Bergmann, J. P.; Bräutigam, K.; Henckell, P.: Macroscopic Surface Structures for Polymer-Metal Hybrid Joint manufactured by Laser Based Thermal Joining, Physics Procedia 56, S. 782-790, 2014

Sch14a Schuster, T. H.: Dreidimensionale Charakterisierung von beta-nukleierten Polypropylen-Rohren mit Bildgebungsverfahren, Technische Universität Darmstadt, Diss., 2014

Sch15 Schmitt, R.; Mallmann, G.; Ackermann, P.; Bergmann, J. P.; Stambke, M.; Schricker, K.: 3D weld seam characterization based on optical coherence tomography for laser-based thermal joining of thermoplastics to metals, Lasers in Manufacturing Conference, 2015

Sch16 Scheik, S.: Untersuchungen des Verbundverhaltens von thermisch direkt gefügten Metall-Kunststoff-Verbindungen unter veränderlichen Umgebungsbedingungen, Rheinisch-Westfälische Technische Hochschule Aachen, Diss., 2016

Sch89 Schlarb, A. K.; Ehrenstein, G. W.: The impact strength of butt welded vibration welds related to microstructure and welding history, Polymer Engineering and Science 29, S. 1677-1682, 1989

Sha10 Shan, G.-F.; Yang, W.; Tang, X.-E.; Yang, M.-B.; Xie, B.-H.; Fu, Q.; Mai, Y.-W.: Multiple melting behaviour of annealed crystalline polymers, Polymer Testing 29, S. 273-280, 2010

She06 Shen, L.; Phang, I. Y.; Liu, T.: Nanoindentation studies on polymorphism of nylon 6, Polymer Testing 25, S. 249-253, 2006

Sic14 Sickert, M.; Haberstroh, E.: Thermal Direct Joining for Hybrid Plastic Metal Structures, Proceedings of Euro Hybrid Materials and Structures 2014, Stade, S. 42-45, 2014

Sil11 da Silva, L.; Öchsner, A.; Adams, R. D.: Handbook of Adhesion Technology, Springer-Verlag Berlin Heidelberg, 2011

Sim97 Simal, A. L.; Martin, A. R.: Structure of Heat-Treated Nylon 6 and 6.6 Fibers. I. The Shrinkage Mechanism, Journal of Applied Polymer Science 68, S. 441-452, 1997

Ski04 SkidMark Multimedia Productions (Hrsg.): Nexus III Thermoplastic Properties Database, Web Edition, Version 1.1, 2004

Sob07 Sobek, W.: Entwerfen im Leichtbau, Themenheft Forschung Leichtbau 3/2007, Universität Stuttgart, S. 70-82, 2007

Sta16 Stambke, M.; Bielenin, M.; Nagel, F.; Schricker, K.; Bergmann, J. P.: Potentiale angepasster Intensitätsverteilungen für laserbasierte Fügeprozesse, DVS-Berichte Band 328, Lasermaterialbearbeitung in der digitalen Produktion, DVS Media GmbH, S. 113-123, 2016

Sta56 Starkweather, H. W.; Moore, G. E.; Hansen, J. E.; Roder, T. M.; Brooks, R. E.: Effect of Crystallinity on the Properties of Nylons, Journal of Polymer Science, S. 189-204, 1956

Sta59 Starkweather, H. W.; Brooks, R. E.: Effect of Spherulites on the Mechanical Properties of Nylon 66, Journal of Applied Polymer Science 1, Nr. 2, S. 236-239, 1959

Sto03 Stokes, V. K.: Comparision of Vibration and Hot-Tool Thermoplastic Weld Morphologies, Polymer Engineering and Science 43, Nr. 9, S. 1576-1602, 2003

Str16 Straeten van der, K.; Burkhardt, I.; Olowinsky, A.; Gillner, A.: Laser-induced self-organzising microstructures on steel for joining with polymers, Physics Procedia 83, S. 1137-1144, 2016

Str77 Struik, L. C. E.: Physical aging in amorphous polymers and other materials, Technische Hochschule Delft, Diss., 1977

Sue88 Sue, H.-J.; Li, C. K.-Y.: Control of orientation of lamellar structure in linear low density polyethylene via a novel equal channel angular extrusion process, Journal of Material Science Letters 17, S. 853-856, 1998

Sun04 Sun, X.; Stephens, E. V.; Davies, R. W.; Khaleel, M. A.; Spinella, D. J.: Resistance Spot Welding of Aluminum Alloy to Steel with Transition Material - From Process to Performance - Part I: Experimental Study, Welding Journal June 2004, S. 188-195, 2004

Tan09 Tang, D.; Guo, Y.; Zhang, X.; Liu, J.: Interfacial reactions in an interpenetrating polymer network thin film on an aluminum substrate, Surface and Interface Analysis 41, Nr. 12-13, S. 974-980, 2009

Tan15 Tan, X.; Zhang, J.; Shan, J.; Yang, S.; Ren, J.: Characteristics and formation mechanism of porosities in CFRP during laser joining of CFRP and steel, Composites: Part B 70, S. 35-43, 2015

Tas81 Tashiro, K.; Tadokoro, H.: Calculation of Three-Dimensional Elastic Constants of Polymer Crystals. 3. α and γ Forms of Nylon 6, Macromolecules 14, S. 781-785, 1981

Til10 Tillmann, W.; Elrefaey, A.; Wojarski, L.: Toward process optimization in laser welding of metal to polymer, Materialwissenschaft und Werkstofftechnik 41, Nr. 11, S. 879-883, 2010

Ucs10 Ucsnik, S.; Scheerer, M.; Zaremba, S.; Pahr, D. H.: Experimental investigation of a novel hybrid metal-composite joining technology, Composites: Part A 41, S. 369-374, 2010

Ueb95 Uebbing, M.: Berechnungsmöglichkeiten und Qualitätssicherung beim Vibrationsschweißen, Universität Paderborn, Diss., 1995

Val17 Valbruna Edel Inox GmbH (Hrsg.): Werkstoffdatenblatt: Valbruna AISL / 1.4301 / AISI 304, 2017

Var08 Varga, J.; Ehrenstein, G. W.; Schlarb, A. K.: Vibration welding of alpha and beta isotactic polypropylenes: Mechanical properties and structure, Polymer Letters 2, Nr. 3, S. 148-156, 2008

Var89 Varga, J.: β-Modification of Polypropylene and ist Two-Component Systems, Journal of Thermal Analysis, S. 1891-1912, 1989

Var92 Varga, J.: Supermolecular structure of isotactic polypropylene, Journal of Materials Science 27, S. 2557-2579, 1992

Vas15 Vassilopoulos, A. P. (Hrsg.); da Silva, L. F. M.; Campilho, R. D. S. G.: Fatigue and Fracture of Adhesively-Bonded Composite Joints. Behavior, Simulation and Modelling: Design of adhesively-bonded composite joints, Woodhead Publishing, Elsevier, 2015

VDI04 Verein Deutscher Ingenieure VDI; VDI-Gesellschaft Entwicklung Konstruktion Vertrieb (Hrsg.): VDI-Richtlinie 2232: Methodische Auswahl fester Verbindungen. Systematik, Konstruktionskataloge, Arbeitshilfen, Beuth Verlag GmbH, 2004

VDI12 Verein Deutscher Ingenieure VDI; Verband der Elektrotechnik Elektronik und Informationstechnik (VDE), VDI/VDE-Gesellschaft Mess- und Automatisierungstechnik (Hrsg.): VDI/VDE-Richtlinie 2616: Härteprüfung an Kunststoffen und Elastomeren, Beuth Verlag GmbH, 2012

VDI13 Verein Deutscher Ingenieure; VDI-Gesellschaft Verfahrenstechnik und Chemieingenieurwesen (GVC) (Hrsg.): VDI-Wärmeatlas, Springer Verlag Berlin Heidelberg, 11. bearbeitete und erweiterte Auflage, 2013

Vel05 Velthuis, R.; Mitschang, P.; Schlarb, A. K.: Prozessführung zur Herstellung und Eigenschaften von Metall/Faser-Kunststoff-Verbunden, 15. Symposium Verbundwerkstoffe und Werkstoffverbunde, Verbundwerkstoffe, Kassel, 2005

Vel07 Velthuis, R.; Kötter, M. P.; Geiss, P. L.; Mitschang, P.; Schlarb, A. K.: Leichtbau aus Metall und Faser-Kunststoff-Verbunden, Kunststoffe, Nr. 11, S. 52-55, 2007

Vel07a Velthuis, R.: Induction Welding of Fiber Reinforced Thermoplastic Polymer Composites to Metals, IVW-Schriftenreihe 75, Institut für Verbundwerkstoffe GmbH, Kaiserslautern, Diss., 2007

Wag13 Wagner, G.; Balle, F.; Eifler, D.: Ultrasonic Welding of Aluminum Alloys to Fiber Reinforced Polymers, Advanced Engineering Materials 15, Nr. 9, S. 792-803, 2013

Wah11 Wahba, M.; Kawahito, Y.; Katayama, S.: Laser direct joining of AZ91D thixomolded Mg alloy and amorphous polyethylene terephthalate, Journal of Materials Processing Technology 211, S. 1166-1174, 2011

Wan10 Wang, X.; Li, P.; Xu, Z.; Song, X.; Liu, H.: Laser transmission joint between PET and titanium for biomedical application, Journal of Materials Processing Technology 210, S. 1767-1771, 2010

Wir14 Wirth, F. X.; Zaeh, M. F.; Krutzlinger, M.; Silvanus, J.: Analysis of the Bonding Behavior and Joining Mechanism during Friction Press Joining of Aluminium Alloys with Thermoplastics, Procedia CIRP 18, S. 215-220, 2014

Woh12 Al-Wohoush, M. H.; Kamal, M. R.: Characterization of Thermoplastic Laser-welded Joints, International Polymer Processing 27, Nr. 5, S. 574-583, 2012

Wol57 Wolf, K. L.: Physik und Chemie der Grenzflächen: Erster Band. Die Phänomene im Allgemeinen, Springer Verlag Berlin Göttingen Heidelberg, 1957

Wor11 Worch, H. (Hrsg.); Pompe, W. (Hrsg.); Schatt, W. (Hrsg.): Werkstoffwissenschaft, Wiley VCH-Verlag Weinheim, 10. vollständig überarbeitete Auflage, 2011

Xie05 Xie, S.; Zhang, S.; Liu, H.; Chen, G.; Feng, M.; Huaili, Q.; Wang, F.; Yang, M.: Effects of processing history and annealing on polymorphic structure of nylon-6/monomorillonite nanocomposites, Polymer 46, S. 5417-5427, 2005

Yeh16 Yeh, R.-Y.; Hsu, R.-Q.: Development of ultrasonic direct joining of thermoplastic to laser structured metal, International Journal of Adhesion and Adhesives 65, S. 28-32, 2016

Zha15 Zhang, J.; Yang, S.: Self-piercing riveting of aluminum alloy and thermoplastic composites, Journal of Composite Materials 49, S. 1493-1502, 2015

Zha16 Zhang, Z.; Shan, J.-G.; Tan, X.-H.; Zhang, J.: Effect of anodizing pretreatment on laser joining CFRP to aluminum alloy A6061, International Journal of Adhesion and Adhesives 70, S. 142-151, 2016

Vorträge und Veröffentlichungen

Auszüge und Abbildungen aus der vorliegenden Arbeit wurden in den genannten Vorträgen und Veröffentlichungen publiziert.

Schricker, K.; Bergmann, J. P.: Temperature- and time-dependent penetration of surface structures in thermal joining of plastics to metals. In: 22. Symposium Verbundwerkstoffe und Werkstoffverbunde, zur Veröffentlichung eingereicht, 2019

Schricker, K.; Diller, S.; Bergmann, J. P.: Bubble Formation in Laser Direct Joining of Thermoplastics to Metals. In: 10th CIRP Conference on Photonic Technologies, Procedia CIRP 74, S. 518-523, 2018

Schricker, K.; Bergmann, J. P.: Determination of Sensitivity and Thermal Efficiency in Laser Assisted Metal-Plastic Joining by Numerical Simulation In: 10th CIRP Conference on Photonic Technologies, Procedia CIRP 74, S. 511-517, 2018

Schricker, K.; Bergmann, J. P.; Hopfeld, M.; Spieß, L.: Characterization of the joining zone in laser direct joining between thermoplastics and metals. In: Proceedings of Hybrid Materials and Structures 2018, S. 210-215, 2018

Schricker, K.; Diller, S.; Bergmann, J. P.: Investigations on Bubble Formation, Flow Field and Melting/Solidification Process in Laser-Based Joining of Metals to Plastics. In: IIW Annual Assembly 2017, XVI-1013-17, Shanghai/CHN, 2017

Abbildungsverzeichnis

Tabellenverzeichnis

Formelverzeichnis

Abkürzungsverzeichnis

Abkürzung	Bezeichnung
DSC	Dynamische Differenzkalorimetrie
HUK	halbunendlicher Körper
PA 6	Polyamid 6
PA 6.6	Polyamid 6.6
PP	Polypropylen
TGA	Thermogravimetrische Analyse
XRD	Röntgendiffraktometrie

Formelzeichenverzeichnis

Formelzeichen	Bezeichnung	Einheit
A	Absorptionsgrad	1
a	Temperaturleitfähigkeit	$m^2 \cdot s^{-1}$
c_p	spezifische Wärmekapazität	$J \cdot (kg \cdot K)^{-1}$
cps	Zählrate („counts per second“)	s^{-1}
d_L	Fokusdurchmesser Laserstrahl	mm
E	Streckenenergie	$kJ \cdot m^{-1}$
F	Kraft	N
Fo	Fourier-Zahl	1
h	Wärmeübergangskoeffizient	$W \cdot m^{-2} \cdot K^{-1}$
ΔH	Schmelzenthalpie	$kJ \cdot kg^{-1}$
Δm	Masseverlust in der thermischen Analyse	%
n	Stichprobenumfang	1
P_A	absorbierte Laserstrahlleistung	W
P_L	Laserstrahlleistung	W
P_P	Prozessleistung	W
$\dot{q}$	Wärmestromdichte	$W \cdot m^{-2}$
$\dot{Q}$	Wärmestrom	W
R	Spannungsverhältnis in der dynamisch-mechanischen Prüfung	1
T	Temperatur	K bzw. °C
T_0	Ausgangstemperatur	K bzw. °C
T_{em}	Endtemperatur Schmelzintervall	°C
T_{ec}	Endtemperatur Kristallisationsintervall	°C
T_g	Glasübergangstemperatur	°C
T_g^*	Temperatur zur Ausbildung der Wärmeeinflusszone im Kunststoff	°C
T_{ic}	Anfangstemperatur Kristallisationsintervall	°C

Formel-zeichen	Bezeichnung	Einheit
T_{im}	Anfangstemperatur Schmelzintervall	°C
T_{pc}	Kristallisationstemperatur	°C
T_{pm}	Schmelztemperatur	°C
T_{WEZ}	Temperatur zur Ausbildung der Wärmeeinflusszone im Metall	°C
T_{∞}	Umgebungstemperatur	*K bzw. °C*
ΔT	Temperaturintervall	*K*
t	Zeit	*s*
t_M	Materialstärke Metall	*mm*
t_K	Materialstärke Kunststoff	*mm*
t_L	Fügezeit	*s*
ü	Überlappbreite	*mm*
V	Volumen der Schmelzzone	mm^3
v_s	Fügegeschwindigkeit	$mm \cdot s^{-1}$
α	thermischer Kontaktwiderstand	$W \cdot m^{-2} \cdot K^{-1}$
ε	Emissionsgrad	*1*
η_{th}	thermischer Wirkungsgrad	*1*
λ	Wärmeleitfähigkeit	$W \cdot (m \cdot K)^{-1}$
ρ	Dichte	$kg \cdot m^{-3}$
σ	Stefan-Boltzmann-Konstante	$W \cdot m^{-2} \cdot K^{-4}$